기계 속의 악마

기계 속의 악마

Paul Davies

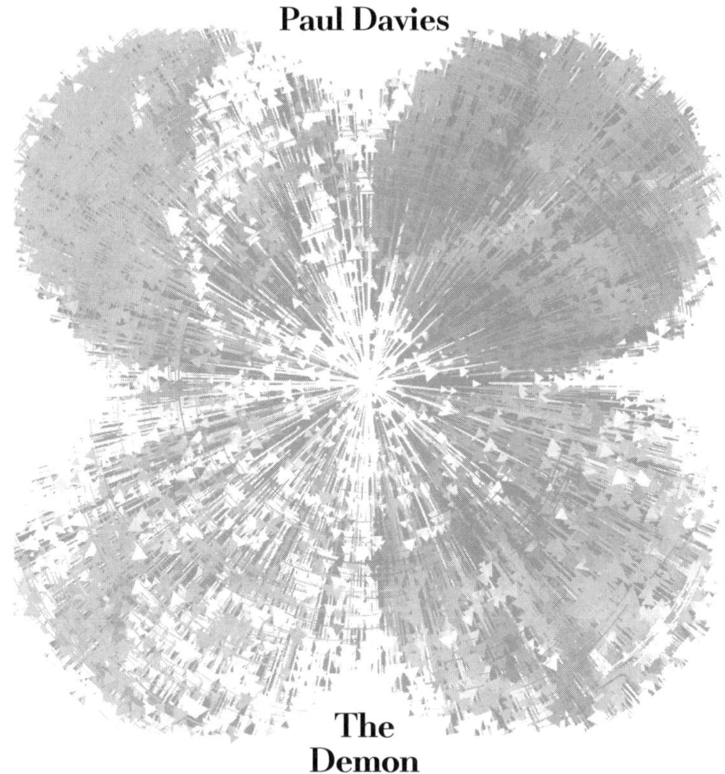

The Demon in the Machine

생명은 어떻게 물질에 깃드는가

폴 데이비스 지음　류운 옮김

바다출판사

"호기심은 여전하다…… 물리학과 화학에서는 질서정연하고 재생산 가능하고 상대적으로 단순한 속성들을 내보이는 물질, 어떻게 바로 그 물질이 생명을 가진 유기체의 궤도 안으로 끌려 들어가자마자 지극히 놀라운 방식으로 스스로를 배열해나가는지 더욱 명료하게 파악하고 싶은 마음 말이다. 생물에서 물질이 펼쳐내는 이런 모습들을 더 가까이에서 살펴보면 볼수록 그 쇼는 더욱 인상적인 모습을 띤다. 가장 하찮은 생체세포조차 정교하고 변화무쌍한 분자들로 가득 찬 마법의 퍼즐상자가 된다……."

—막스 델브뤽Max Delbrück*

* Max Delbrück, *Transactions of the Connecticut Academy of Arts and Sciences*, vol. 38, 173~190 (1949년 12월)

차례

들어가는 말

생명이 무슨 일을 하는지 다룬 책은 많이 있다. 이 책은 생명이란 **무엇이냐**를 다루는 책이다. 생물을 똑딱똑딱 가게 하는 것이 무엇이고, 생명을 가진 물질이 그토록 놀라운 일들—생명 없는 물질이 할 수 있는 범위를 넘어선 일들—을 할 수 있게끔 하는 것이 무엇이냐에 나는 흥미를 가지고 있다. 그 차이는 어디에서 오는 것일까? 하찮은 미물인 세균조차도 인간 기술자는 상대도 되지 못할 만큼 지극히 놀랍고 눈부신 일들을 해낼 수 있다. 생명은 안을 들여다볼 수 없는 복잡성의 장막으로 그 비밀이 가려져 있는 마법처럼 보인다. 지난 수십 년 사이에 생물학에서는 엄청난 발전이 있었지만, 그 수수께끼를 더욱 깊게 해주었을 따름이다. 생명을 가진 것들을 다른 물리계들과 차별되는 놀랍고 특별한 계로 만들어주는 불가해한 **권능**을 주는 것이 무엇일까? 무엇보다도 이 모든 특별함은 어디에서 온 것일까?

물음이 많기도 하지만, 하나같이 큰 물음이기도 하다. 나는 이제까지 걸어온 학자 인생의 상당 부분을 이 물음들에 빠져 지냈다. 나는 생물학자가 아니라 물리학자이자 우주론자이기 때문에, 큰 물음들을 상대할 때 내가 취하는 접근법은 전문적인 것들은 대부분 피하면서 기본 원리들에 집중하는 것이다. 이 책에서도 그렇게 했다. **생명이란 무엇인가?** 나는 둘도 없이 중요한 이 물음에 답하고자 할 때 진정으로 문제가 되는 수수께끼들과 개념들에 초점을 맞추려고 했다. 내가 이 물음을 처음으로 던진 물리학자는 결코 아니다. 내가 출발점으로 삼은 것은 위대한 양자 물리학자인 에르빈 슈뢰딩거Erwin Schrödinger가 세 세대 전에 '생명이란 무엇인가?'라는 제목으로 했던 일련의 유명한 강연이다. 그 강연에서 슈뢰딩거는 다윈이 피해갔던 그 물음을 던졌다. 그런데 나는 지금 우리가 슈뢰딩거가 던졌던 물음에 답을 줄 문턱에 이르렀으며, 그 답은 앞으로 완전히 새로운 과학의 시대로 안내할 것이라고 본다.

물리학과 생물학—원자 및 분자의 영역과 생물의 영역—을 가르는 크나큰 간극은 근본적으로 새로운 개념들 없이는 다리를 놓을 수 없다. 생물에는 목표와 목적—수십억 년에 걸친 진화의 산물—이 있다. 반면에 원자와 분자는 물리법칙을 맹목적으로 따를 뿐이다. 그럼에도 불구하고 어떻게든 전자는 후자에서 나와야만 한다. 과학계에서는 비록 생명을 하나의 **물리** 현상으로 다시 개념화할 필요가 있음을 널리 인정하고는 있지만, 생명의 본성과 기원을 완전하게 이해하기가 얼마나 힘에 겨운 일인지 밝혀졌음에도 불구하고 과학자들은 그것을 종종 경시하곤 한다.

생명 아닌 것과 생명을 단일한 틀 안에서 이어줄 수 있는 어떤 '빠진 고리missing link'를 찾아온 결과, 생물학과 물리학과 컴퓨팅과 수학의 경계면에서 전혀 새로운 과학 분야가 하나 생겨나게 되었다. 그 분야는 드디어 생명을 설명해낼 기약뿐만 아니라, 나노기술을 탈바꿈시켜 의학에서 전면적인 발전을 이끌어낼 응용의 길을 열어줄 가망성으로도 충만하다. 이 탈바꿈의 바탕에 자리하는 통일적 개념이 바로 **정보**이다. 그러나 이는 일상에서 쓰는 무미건조한 의미의 정보가 아니라, 에너지처럼 물질에 생기를 불어넣는 능력을 가진 하나의 추상적 양으로서의 정보이다. 정보 흐름의 패턴들은 말 그대로 저만의 생명을 가질 수 있다. 말인즉슨, 세포 속에서 몰아치고, 뇌 속을 회오리치며 흐르고, 생태계와 생태계, 사회와 사회를 가로질러 네트워크로 만들면서 저만의 체계적인 동역학을 내보이는 것이다. 바로 이 풍요롭고 복잡한 정보의 도가니로부터 행위성agency 개념이 떠오르며, 그 개념은 의식, 자유의지 등의 까다로운 수수께끼들과 연결되어 있다. 이렇게 생체계living system가 정보를 조직적인 패턴으로 정렬하는 방식에서 생명을 생명으로 만드는 질서가 분자 영역의 혼돈으로부터 떠오른다.

정보가 이 세계에서 실제로 차이를 만들어내는 **원인**이 될 수 있는 힘을 가졌음을 과학자들은 이제 막 이해하기 시작했다. 아주 최근에 이르러서는 정보와 에너지와 열과 일을 짜 엮는 법칙들이 DNA 수준부터 세포 메커니즘 수준 그리고 신경과학과 사회조직, 심지어 행성 규모로 확장해서까지 생물들에게 적용되었다. 정보이론의 렌즈를 통해서 보면, 거기서 떠오르는 생명의 그림은 해부와 생리에 역점을 두는 전통적인 생물학의 설명과는 매우 다르다.

이 책에 담은 내용들을 짜 맞추기까지 많은 사람들의 도움을 받았다. 내가 이 책에서 제시한 생각들 중에는 내 동료이자 과학의 근본 개념 초월 센터Beyond Center for Fundamental Concepts in Science 부소장인 새라 워커Sara Walker에게서 비롯한 것들이 많다. 새라는 지난 5년 동안 내 생각에 막대한 영향을 끼쳤다. 정보 개념을 중심으로 물리학과 생물학을 합치는 일종의 대통일이론을 찾고자 하는 내 열정을 새라도 함께 가지고 있다. 새라는 이렇게 선언한다. "물리학이 다음에 개척해 나가야 할 큰 영역은 바로 생명이다!" 나는 애리조나주립대학교Arizona State University(ASU) 소속의 우리 연구팀에서 공부하고 연구하는 학생들과 박사후과정생들과의 토론에서도 많은 것을 얻었으며, 그들 중에서 앨리사 애덤스Alyssa Adams, 김현주, 콜 매티스Cole Matthis의 이름을 특별히 거론하고 싶다. ASU의 뛰어난 동료 중에서 특히 어테나 액티피스Athena Aktipis, 에리얼 안바Ariel Anbar, 맨프레드 라우비클러 Manfred Laubichler, 스튜어트 린지Stuart Lindsay, 마이클 린치Michael Lynch, 카를로 말리Carlo Maley, 티모시어 뉴먼Timothea Newman(지금은 던디대학교에 있다), 테드 패블릭Ted Pavlic이 내게 도움을 주었다. ASU 외부의 인물로는, 다음 분들과 수년간 나누었던 많은 대화의 덕을 크게 입었다. 미시간주립대학교의 크리스토프 아다미Christoph Adami, 리우데자네이루연방대학교의 그레고리 차이틴 Gregory Chaitin, 캘리포니아대학교 데이비스의 제임스 크러치필드 James Crutchfield, 옥스퍼드대학교의 앤드루 브릭스Andrew Briggs, 뉴욕대학교의 데이비드 차머스David Chalmers, 글래스고대학교의 리 크로닌Lee Cronin, MIT의 맥스 테그마크Max Tegmark, 응용분자진화재단Foundation for Applied Molecular Evolution의 스티븐 베너Steven

Benner, 브리스틀대학교의 마이클 베리Michael Berry, 케이프타운대학교의 조지 엘리스George Ellis, 도쿄 지구생명과학연구소Earth Life Sciences Institute와 프린스턴 고등연구소Institute for Advanced Study의 피에트 후트Piet Hut, 시스템생물학연구소Institute of Systems Biology의 스튜어트 카우프만Stuart Kauffman, 오스트레일리아국립대학교의 찰스 라인위버Charles Lineweaver—그는 내가 말하고 쓰는 거의 모든 것에 장난스럽게 딴지를 건다—그리고 NASA 에임스연구센터의 크리스토퍼 맥케이Christopher McKay가 그들이다.

오스트레일리아에서는 애들레이드대학교의 데릭 애벗Derek Abbott이 생명의 물리가 가진 여러 측면들을 내게 명확히 해주었으며, 시드니 가반연구소Garvan Institute의 통찰력 있는 소장인 존 매틱John Mattick은 유전학과 미생물학이 아직 완결된 분야가 아님을 가르쳐주었다. 시드니대학교의 폴 그리피스Paul Griffiths는 진화와 후성유전학의 본성에 대한 깊은 통찰을 내게 전해주었으며, 같은 대학교의 미하일 프로코펜코Mikhail Prokopenko와 조 리지어Joe Lizier는 네트워크 이론에 대한 내 생각의 틀을 잡아주고 비판적인 피드백을 주기도 했다. 서리대학교의 존조 맥패든Johnjoe McFadden과 짐 알칼릴리Jim Al-Khalili, 캘리포니아대학교 버클리의 버지타 웨일리Birgitta Whaley, 과학저술가 필립 볼Philip Ball은 5장의 내용에 대해 소중한 의견을 주었다. 웨인주립대학교의 피터 호프만Peter Hoffmann은 래칫의 미묘한 면들을 명확히 해주었다. 위스콘신대학교 매디슨의 줄리오 토노니Giulio Tononi, 그의 동료인 라리사 알반타키스Larissa Albantakis와 지금은 컬럼비아대학교에 있는 에릭 호엘Erik Hoel은 통합 정보에 대해 뒤죽박죽 헝클어진 내 생각을 인내심을 갖고 가닥가닥 풀어주었다. 산타페 연구소Santa Fe Institute도 내가 영감을 얻은 곳 가운데 하나이다. 그곳의 데이비드 크라카우어David Krakauer와 데이비드 월퍼트 David Wolpert의 박식함은 혀를 내두를 정도이다. 터프츠대학교의 마이클 레빈Michael Levin은 매우 소중한 동료이자, 내가 아는 가장 모험적인 생물학자의 한 사람이다. 컴퓨터공학자이면서 사업 자문가인 페리 마셜Perry Marshall과 활발히 의견을 나누었던 것도 큰 도움이 되었다.

나는 암 연구에도 관여했는데, 그 덕분에 특수하게는 암, 일반적으로는 생명에 대한 이해의 틀을 잡는 데에 도움을 준 뛰어나고 총명한 인물들과 많은 연을 맺게 되었다. 나는 ASU에서 킴벌리 버시Kimberly Bussey와 루이스 시스네로스Luis Cisneros와 함께 암 관련 프로젝트를 수행했고, 웨스턴온타리오대학교의 마크 빈센트Mark Vincent와 프린스턴대학교의 로버트 오스틴Robert Austin에게서 중요한 도움을 받았다. 멜버른 피터맥캘럼암센터Peter MacCallum Cancer Center의 데이비드 구드David Goode와 애나 트리고스Anna Trigos, 시카고대학교의 제임스 샤피로James Shapiro와 대화를 나누면서 암 유전학에 대한 지식을 크게 높일 수 있었다. 그리고 그동안 나는 미나 비셀Mina Bissell, 브렌든 코번트리Brendon Coventry, 티어 틀스티Thea Tlsty가 해온 연구의 영향을 받았다. 이 밖에도 많은 사람들의 연구에서 영향을 받았으나, 이 자리에서 열거하기에는 너무나 많다. 국립암연구소National Cancer Institute에도 고마움을 표해야 한다. 이 책에서 보고한 암 연구의 많은 부분을 그곳에서 5년간 연구보조금을 받으면서 진행했는데, 그동안 매우 넓은 아량으로 지원해주었다. 그 암 연구를 지금까지 계속 지원하고 있는 낸트워크스NantWorks 사에도 고마움을 전한다. 국립암연구소 전임 부소장이고 현재 ASU에서 함께 하는 동료인 애나 바커Anna Barker의 식견이 나로 하여금 처음에 암 연구를 할 생각을 하게 만들었다. 또한 템플턴세계자선재단Templeton World Charity Foundation은 자체적으로 벌이고 있는 '정보의 힘Power of Information' 프로그램을 통해 우리 생명의 기원 연구진을 힘 있게 지원해주었다.

나와 끈끈한 연을 맺고 있는 출판사 펭귄북스에도 고마움을 전하고 싶다. 특히 더없이 훌륭한 편집진인 톰 펜Tom Penn, 클로이 커렌스Chloe Currens, 새라 데이Sarah Day에게 고마움을 전한다.

마지막 감사의 말은 아내인 폴린 데이비스Pauline Davies에게 전해야 한다. 아내는 세 번에 걸쳐 쓴 초고 전체를 세심하게 읽고, 매번 수정 사항과 많은 주석을 달아서 내게 돌려보냈다. 우리는 지난 한 해 동안 날마다 이 책의 수많은 전문적인 측면들을 놓고 의견을 나누었으며, 아내의 도움 덕분에 내용이 대폭 개선되었다. 이 책을 집필하는 동안 아내의 흔들림 없는 지원, 가차 없는 부추김, 서슬 퍼런 지성이 아니었다면, 결코 만족스러운 결과를 내지 못했을 것이다.

폴 데이비스

2017년 12월 시드니와 피닉스에서

1

생명이란 무엇인가?

1943년 2월, 물리학자 에르빈 슈뢰딩거는 더블린의 트리니티칼리지에서 '생명이란 무엇인가?'라는 제목으로 일련의 강의를 했다. 슈뢰딩거는 노벨상을 수상한 명사였으며, 역대 가장 큰 성공을 거둔 과학이론인 양자역학을 구축한 과학자의 한 명으로 세계에서 이름이 높았다. 1920년대에 꼴을 갖춰가던 양자역학은 처음 몇 년 사이에 벌써 원자의 구조, 원자핵의 속성, 방사능, 아원자 입자들의 행동, 화학결합, 고체의 열적 및 전기적 속성, 별의 안정성을 설명해냈다.

슈뢰딩거는 1926년에 새로운 방정식을 내놓으면서 양자역학에 기여하기 시작했다. 아직까지도 슈뢰딩거의 이름이 붙어 있는 이 방정식은 전자를 비롯한 아원자 입자들이 어떤 식으로 운동하고 상호작용하는지 서술한다. 그리고 뒤이은 10년 남짓은 물리학의 황금기였다. 반물질과 팽창하는 우주를 발견한 것부터 중성미자와 블랙홀을 예측한 것에 이르기까지 거의 모든 분야의 최전선에서 중대한 진전이 이루어졌으며, 이런 성과를 거두게 된 것은 대부분 양자역학이 원자세계와 아원자세계를 설명해내는 힘 덕분이었다. 그러나 1939년에 세계가 전쟁의 소용돌이에 휩쓸리면서 그 흥분의 나날은 돌연 끝장나고 말았다. 많은 과학자들이 나치 치하의 유럽을 빠져나와 영국이나 미국으로 도주해서 연합군의 전쟁지원업무에 힘을 보탰다. 슈뢰딩거도 1938년에 조국인 오스트리아를 나치가 점령하자 그 탈주 행렬에 동참했으나, 다른 사람들과는 달리 중립국인 아일랜드를 망명지로 택했다. 1940년에 고등과학연구소Institute for Advanced Studies를 더블린에 새로 설립했던 아일랜드의 대통령 에이먼 데벌레라Éamon de Valera—그 자신도 물리학자였다—가 슈뢰딩거를 아일랜드로 초대했던 것이다. 슈뢰딩거는 아내, 정부情婦와 함께 한 지붕 아래 살면서 아일랜드에 16년 동안 머물렀다.

1940년대의 생물학은 물리학에 비해 많이 뒤처져 있었다. 생명을 이루는 기본 과정들의 세세한 면모들은 대부분 여전히 수수께끼로 남아 있었다. 더군다나 생명의 본성 자체가 물리학의 근본 법칙 가운데 하나인 이른바 열역학 제2법칙을 거스르는 것처럼 보였다. 그 법칙은 범우주적으로 쇠퇴와 무질서를 향해 가는 경향이 있다고 말한다. 더블린 강연에서 슈뢰딩거는 그 문제를 어떻게 보고 있는지 다음과 같이 정리했다. "생물이라는 공간적 경계 안에서 일어나는 공간과 시간상의 사건들을 어떻게 하면 물리학과 화학으로 설명해낼 수 있을까?" 달리 말하면 이렇다. 생물이 가진 당혹스러운 성질들은 과연 궁극적으로 원자물리로 환원될 수 있을까? 아니면 다른 무언가가 진행되고 있는 것일까? 슈뢰딩거는 문제의 핵심을 바로 짚어낸 것이었다. 생명이 무질서에서 질서를 만들어내고 열역학 제2법칙을 거슬러 나아가기 위해서는 방대한 양의 정보를 담아낼 만큼 복잡한 동시에 열역학의 퇴행 효과를 견뎌낼 만큼 안정적인 유기체를 지어내기 위한 명령어들이 어떤 식으로인가 **부호화된** 분자 수준의 무엇이 있어야만 했다. 지금 우리는 그 무엇이 바로 DNA라는 것을 알고 있다.

슈뢰딩거가 강연에서 제시한 예리한 통찰들은 그 이듬해에 책으로 출간되었고, 뒤이어 분자생물학 분야가 폭발적으로 성장하게 되었다. DNA 구조 규명, 유전 부호 해독, 유전학과 진화이론의 통합이 신속하게 뒤따랐다. 분자생물학이 워낙 빠르고 전면적으로 성공을 거두었기 때문에, 대부분의 과학자들은 강한 환원주의적 시각을 가지게 되었다. 곧, 생명 물질living matter이 보이는 놀라운 속성들은 달리 근본적으로 새로운 것은 전혀 필요 없이 정말이지 원자와 분자의 물리만을 가지고 궁극적으로 설명해낼 수 있는 것처럼 보였다. 하지만 슈뢰딩거 자신은 별로 낙관하지 않았다. 그는 이렇게 적었다. "…… 생명 물질이 비록 지금까지 정립된 '물리법칙들'에서 벗어나지는 않지만, 지금은 모르는 '다른 물리법칙들'이 관련되었을 가능성도 있다……."[1] 이는 슈뢰딩거 혼자만의 생각이 아니었다. 슈뢰딩거와 더불어 양자역학을 구축했던 닐스 보어Niels Bohr와 베르너 하이젠베르크Werner Heisenberg 같은 동료 과학자들도 생명 물질에는 새로운 물리학이 필요할지도 모른다고 느꼈다.

강한 환원주의는 생물학에서 여전히 우세하다. 말하자면

설사 세부적인 면면들의 대부분은 아직 완전히 풀리지 않았다 해도, 지금까지 우리가 알고 있는 물리학만으로도 생명을 모두 설명해낼 수 있다는 것이 여전히 생물학의 정통적인 시각이다. 그러나 나는 생각이 다르다. 슈뢰딩거처럼 나 또한 생물은 깊고 새로운 물리적 원리들을 나타내고 있으며, 그 원리들을 밝혀내 거두어 쓰게 될 문턱까지 우리가 와 있다고 생각한다. 이번이 과거와 다른 점이라면 그리고 생명의 진짜 비밀을 발견하기까지 왜 이렇게 수십 년씩이나 걸렸는지 이유를 따져보자면, 그 새로운 물리학이란 단순히 또 하나의 힘—'생명력life force'—을 추가하는 것이 아니라, 전적으로 더욱 미묘한 무엇, 물질과 정보, 전체와 부분, 단순성과 복잡성을 엮는 무엇이라는 것이다.

그 '무엇'이 바로 이 책의 중심 주제이다.

글상자 1: 마법의 퍼즐상자

'생명이란 무엇인가?'라고 물으면, 생명이 가진 수많은 성질들이 와글와글 우리의 주목을 끌려고 아우성을 친다. 생물은 자기 자신을 다시 생산하고, 진화를 통해 새로운 것들을 무한히 찾아나가고, 예측이 불가능한 궤적을 그리며 가능성의 공간을 항해하면서 완전히 새로운 계와 구조를 발명하고, 정교한 알고리듬을 써서 생존전략을 계산하고, 쇠퇴와 붕괴를 향해가는 우주적 조류를 거슬러 혼돈으로부터 질서를 창조하고, 목표한 바가 무엇인지 분명하게 표명하면서 그것을 얻기 위해 다양한 에너지원을 거두어 쓰고, 상상도 할 수 없이 복잡한 네트워크를 형성하고, 서로 협력하기도 하고 경쟁하기도 하고……. 이밖에도 목록은 계속 이어진다. 슈뢰딩거의 물음에 답하기 위해서는 이 속성들을 **모두** 보듬어 과학의 스펙트럼 전체에 걸쳐 점들을 이어나가 하나의 체계화된 이론을 만들어내야 한다. 이 과정은 논리학과 수학의 토대, 자기지시self-reference의 역설, 계산이론, 열기관의 과학, 급성장하는 나노기술의 성과, 목하 떠오르고 있는 평형으로부터 멀리 떨어진 열역학far-from-equilibrium thermodynamics 그리고 불가해한 양자물리학 영역을 엮어나가는 지적 모험이다. 이 모든 주제들을 하나로 묶어주는 특징이 바로 **정보**로서, 친숙하고 실용적인 동시에 추상적이고 수학적인 개념이며, 생물학과 물리학의 토대에 자리하고 있다.

찰스 다윈은 다음과 같은 유명한 글을 적었다. "수많은 종류의 식물이 수없이 뒤덮고 있고, 덤불숲에서 새들이 노래하고, 갖가지 곤충들이 붕붕 날아다니고, 축축한 땅속을 벌레들이 기어 다니는 북적북적한 기슭을 생각해보는 것, 정교하게 구성된 이 꼴들, 서로 너무나 다르면서도 매우 복잡한 방식으로 서로서로 의존하는 이 꼴들 모두가 우리 주변에서 작용하는 법칙들이 낳은 것임을 되새겨보는 것은 흥미진진한 일이다."[2] 그러나 다윈이 눈에 그려내지 못했던 것이 있다. 이 명확한 물질적 복잡성(생명의 하드웨어)을 꿰어 잇고 있는 것은 그보다 훨씬 숨이 멎을 것 같은 **정보**의 복잡성(생명의 소프트웨어)이라는 것이다. 이 복잡성은 시야에는 드러나지 않지만, 적응과 새로움을 인도하는 손길이 되어준다. 바로 이 정보의 영역에서 우리는 생명의 진정한 창조적 힘을 만나게 된다. 현재 과학자들은 생명의 하드웨어 이야기와 소프트웨어 이야기를 하나로 합쳐서 새로운 생명 이론, 우주생물학부터 의학에 이르기까지 모든 갈래 분야들을 아우르는 새로운 이론을 만들어나가고 있다.

잘 가라 생명력이여

인류 역사의 어느 시기에나 사람들은 생물에 기이한 힘들, 이를테면 혼자 힘으로 움직이는 능력, 주변 환경을 재정돈하는 능력, 자기 자신을 재생산하는 능력이 있음을 인식했다. 철학자 아리스토텔레스는 생명이 보여주는 이 손에 잡히지 않는 다름을 **목적론**teleology—'목표'나 '끝'을 뜻하는 그리스어 텔로스telos에서 비롯한 말이다—이라는 개념으로 잡아내려고 했다. 아리스토텔레스가 관찰하기에 생물은 미리 안배된 어떤 계획이나 기획에 따라 목적을 가지고 행동하는 것처럼 보였다. 말하자면 생물의 활동들은 먹잇감을 잡거나 둥지를 짓거나 성행위를 해서 자식을 낳거나 하는 최종 상태를 향해 나아가거나 끌려가는 것처럼 보였다.

과학시대의 초창기에는 어떤 마법의 물질, 또는 적어도 정상적인 물질이기는 하지만 따로 추가 성분이 주입된 물질로 산

것들이 만들어졌다는 시각이 끈질기게 남아 있었다. 이것이 바로 **생기론**vitalism이라는 관점이었다. 그 추가된 정수의 정체는 분명치 않았다. 공기(생명의 숨)가 들어갔다는 생각도 나왔고, 열, 전기 또는 영혼처럼 신비로운 무엇인가가 들어갔다는 생각도 나왔다. 그것이 무엇일지는 상관없이, 어떤 특별한 '생명력'이나 에테르적인 에너지가 물질에 생기를 불어넣어 주는 구실을 한다는 가정은 19세기에 널리 퍼져 있었다.

강력한 현미경 같은 과학적 기법이 발전하면서 생물학자들은 생명력이라는 것이 꼭 있어야만 할 것 같은 놀라운 모습들을 점점 더 많이 발견해나갔다. 그 가운데에서 배아 발생과 관련하여 한 가지 큰 수수께끼가 있었다. 너무 작아서 맨눈으로는 보이지도 않는 수정란 세포 하나가 자라서 아기가 되어가는 과정을 보고 놀라지 않을 이가 어디 있을까? 배아의 그 복잡한 조직화 과정을 인도하는 것은 과연 무엇일까? 배아가 어떻게 그처럼 어긋남 없이 펼쳐져서 그토록 절묘하게 배열된 결과물을 낳을 수 있는 것일까? 독일의 발생학자 한스 드리슈Hans Driesch는 1885년에 일련의 실험들을 하면서 특히나 큰 인상을 받았다. 드리슈는 성게의 배아—생물학자들이 즐겨 희생양으로 삼곤 한다—를 여러 조각으로 썰어서 나눠보려고 했으나, 어떻게 해서인가 매번 그 조각들이 원상복구되어 정상적으로 발생해가는 모습만을 볼 뿐이었다. 그는 심지어 발생 중인 4세포기의 세포공ball of cells을 분할해서 각 세포를 완전한 성게로 자라게 하는 것도 가능하다는 것을 발견했다. 이런 결과들을 본 드리슈는 배아세포들에게는 장차 만들고자 하는 최종 모양에 대한 어떤 '생각을 미리' 가지고 있어서 실험자가 훼방을 놓아도 영리하게 보정해나가는 게 아닐까 하는 인상을 받았다. 마치 어떤 보이지 않는 손이 배아세포의 성장과 발달을 감독하는—필요하다면 '중간경로수정'까지 가하는—것 같았다. 드리슈가 보기에 이 사실들은 무언가 생명의 정수 같은 것이 있다는 강력한 증거가 되어주었고, 그는 그 정수를 **엔텔레키**entelechy라고 일컬었다. 이 말은 그리스어로 '완전하고 완벽하고 최종적인 꼴'이라는 뜻으로, 이런 생각은 아리스토텔레스의 목적론 관념과 가까이 관련되어 있다.

그러나 생명력 관념을 놓고 문제점이 모습을 드러내고 있었다. 그런 힘이 실제로 무언가를 해내려면 다른 모든 힘들처럼 그 힘도 물질을 움직일 수 있어야 한다. 얼른 보면 실제로 생물은 자기 힘으로 움직이고 어떤 내적인 동력원을 가진 것처럼 보인다. 그러나 어떤 종류의 힘이든 그 힘을 행사하려면 에너지를 소비해야만 한다. 따라서 '생명력'이 진짜 있다면, 에너지 전달을 측정할 수 있어야 한다. 1840년대에 물리학자 헤르만 폰 헬름홀츠Hermann von Helmholtz가 바로 이 문제를 깊이 파고들었다. 일련의 실험에서 헬름홀츠는 개구리에서 추출한 근육에 전기펄스를 가했더니 근육이 씰룩거렸고, 세심하게 측정해보았더니 미세한 온도 변화가 그 운동에 수반되었다. 헬름홀츠는 근육에 저장되어 있던 화학에너지가 전기충격이 가해지자 근육을 씰룩이는 역학에너지로 전환되었고, 그 역학에너지가 열로 손실되었다고 결론을 내렸다. 생명력을 추가로 끌어들일 필요가 있다는 증거가 전혀 없이도, 에너지는 깔끔하게 수지균형을 이루었다.

그러나 생기론이 완전히 스러지기까지는 그 뒤로도 수십 년이 더 걸렸다.*

그러나 비록 생명력이 존재하지 않는다 할지라도, 생명 물질에 **무언가** 특별한 것이 있다는 인상을 떨쳐버리기는 힘들다. 그렇다면 문제는 이것이다. 그것이 대체 무엇인가?

학창시절에 슈뢰딩거의 《생명이란 무엇인가?》를 읽고 난 뒤로 나는 이 난제에 푹 빠져들었다. 어떤 수준에서 보면 답은 명약관화하다. 곧, 생물은 생식을 하고 물질대사를 하고 자극에 반응을 하는 등 이런저런 일들을 한다는 것이다. 하지만 생명이 가진 속성들을 나열하는 것만으로는 **설명**이 되지 못한다. 슈뢰딩거가 찾고자 한 것이 바로 설명이었다. 슈뢰딩거의 책에 고무되었던 만큼이나 나는 그가 풀어놓는 이야기가 실망스러울 정도로 불완전하다는 생각이 들었다. 내가 보기에 분명 생명에는 단순히 원자와 분자의 물리 이상의 것이 관련되어 있어야 했다. 슈뢰딩거는 어떤 새로운 물리가 작용하고 있을지도 모른다는 생각을 제시했지만, 그것이 무엇인지는 말하지 않았다. 뒤이어 분자생물학과 생물물리학이 발전했어도, 실마리는 얼마 쥐어주지 못했다. 그러다 아주 최근에 와서 해답의 윤곽이 떠올랐고, 그것도 완전히 새로운 방향에서 나왔다.

* 생기론은 19세기에 유행했던 또 하나의 사조인 심령주의(spiritualism)와 개념적으로 너무 가깝다는 결점도 있었다. 심령주의는 엑토플라즘(ectoplasm)이니 에테르적 몸이니 하는 기괴한 이야기들을 펼쳤다.

생명은 예상치 못한 일들을 한다

"우주에서 기본 금속들을 금으로 바꿀 수 있는 존재는 별, 그리고 별이 동력을 얻는 과정을 이해하는 지적 존재들이다. 그들뿐이다."

—데이비드 도이치David Deutsch[3]

슈뢰딩거가 던진 물음 '생명이란 무엇인가?'에 대한 답을 이해한다는 것은, 생물학자들이 생명의 속성들을 줄줄 읊어대는 전통적인 방식을 포기하고, 생명을 가진 상태를 완전히 새로운 방식으로 생각하기 시작한다는 것을 뜻한다. 이렇게 물어보자. "만일 생명이 없었다면 세계는 어떻게 달라졌겠는가?" 우리 행성을 지금 모습으로 빚어온 것들 중에 생명 활동도 있다는 것은 상식이며, 대기 중 산소 축적, 광물 퇴적층의 형성, 인간의 기술이 범세계적으로 미치는 효과가 그 예들이다. 수많은 비생명적 과정들도 지구의 모습을 바꾸며, 화산 활동, 소행성 충돌, 빙하 작용 등이 그런 예들이다. 그러나 결정적으로 다른 점이 있다. 생명이 일으키는 과정들은 생명이 아닌 방식으로 만들어내기에는 그냥 가능성이 떨어지는 정도가 아니라 아예 **불가능하다**는 것이다. 한 치의 오차도 없이 세계를 반 바퀴나 비행할 수 있는 것(극제비갈매기), 90퍼센트 효율로 햇빛을 전기에너지로 전환할 수 있는 것(잎), 지하에 복잡한 터널망을 구축할 수 있는 것(흰개미)이 생명 말고 달리 어디 있는가?

물론 인간의 기술—이것 또한 생명의 산물이다—도 이런 일들을 해낼 수 있을 뿐만 아니라 더 많은 일도 해낼 수 있다.

예를 들어보자. 태양계가 형성된 뒤로 45억 년 동안 지구는 소행성과 혜성의 충돌을 통해 물질을 축적해왔다. 이를 전문용어로는 '강착accretion'이라고 한다. 지구의 역사 내내 지름이 수백 킬로미터인 것부터 자잘한 운석 알갱이에 이르기까지 갖가지 크기의 천체들이 비처럼 쏟아졌다. 6500만 년 전에 지금의 멕시코를 강타한 혜성이 공룡을 파멸시켰음을 모르는 사람은 별로 없을 것이다. 그러나 그건 그저 한 예에 지나지 않는다. 그런 폭격이 아득히 오랫동안 일어났다는 것은 오늘날의 지구가 과거보다 약간 더 무거워졌음을 뜻한다. 하지만 1958년부터는 '반강착anti-accretion'이 일어났다.[4] 지질적 격변이 일어나지 않았어도 다량의 물체들이 반대방향으로—말하자면 지구를 떠나 우주로—날아갔다. 달과 다른 행성들까지 여행한 것들도 있고, 영영 우주의 허공 속을 여행하는 것들도 있다. 그러나 지구 주위를 돌게 된 것들이 대부분이다. 순수하게 역학법칙들과 행성의 진화에만 기초해서 이렇게 되기는 불가능할 것이다. 하지만 인간의 로켓기술을 끌어들이면 어떻게 이렇게 되었는지 쉽사리 설명할 수 있다.

또 다른 예를 들어보자. 태양계가 형성되었을 때, 초기 화학물질 가운데에는 플루토늄 원소도 약간 있었다. 가장 수명이 긴 플루토늄 동위원소는 반감기가 약 8100만 년이기 때문에, 사실상 초기에 있었던 모든 플루토늄은 붕괴해서 지금은 없다. 그러나 1940년에 벌어진 핵물리학 실험의 결과로 플루토늄이 지구에 다시 등장했다. 그리고 현재는 1000톤가량의 플루토늄이 있는 것으로 추정된다. 생명이 아니고서는 지구상에서 플루토늄이 급증한 것을 설명하기란 전혀 불가능할 것이다. 45억 살 먹은 죽은—생명이 없는—행성을 플루토늄 광상을 가진 행성으로 바꿀 수 있을 만한 무생물적 경로는 존재하지 않는다.

생명은 단순히 기회가 왔을 때에만 이런 변화를 일으키는 것이 아니다. 생명은 분화하고 적응해서 새로운 생태자리로 침투해 들어가 목숨을 이어나갈 교묘한 메커니즘을—때로는 기상천외한 방식으로—발명한다. 남아프리카 음포넹 금광의 지하 3킬로미터 지점에는 뜨겁게 달구어진 금광석의 미세한 구멍 속에 특이한 세균 군체들이 자리 잡고 지구 위 생물권과 유리된 채 살아가고 있다. 녀석들을 건사해줄 빛도 없고 먹을 만한 유기물 원료도 없다. 그 미생물들의 위태위태한 존재를 받쳐주는 원천은 놀랍게도 방사능이다. 암석에서 발산되는 핵복사는 보통의 경우에는 생명에 치명적이지만, 지하의 그 거주민들에게는 물을 산소와 수소로 쪼개줄 만한 에너지가 되어준다. 학명이 데술포루디스 아우닥스비아토르*Desulforudis audaxviator*인 그 녀석들은 그 복사의 화학적 부산물을 활용할 메커니즘을 진화시켜, 암석을 뒤덮은 뜨거운 물속에 녹아 있는 이산화탄소를 수소와 결합해서 생물질biomass을 만들어낸다.

거기서 8000킬로미터 떨어진 곳, 칠레 아타카마 사막의 메마른 한복판에서는 독특한 풍경 위로 맹렬하게 타오르는 태양이 떠오른다. 눈길 닿는 곳 어디나 모래와 바위뿐이며, 생명이 있다는 표시는 어디에도 없다. 새도 없고, 곤충도 없고, 푸나무가 경치를 알록달록 꾸며주는 일도 없다. 모래 속을 휘젓고 다니는 것도 없고, 단순한 조류藻類라도 있음을 드러내줄 초록빛 조각 하나 눈에 들어오지 않는다. 우리가 아는 생명은 모두 액체 상태의 물을 필요로 하는데, 아타카마 사막의 이 지역은 사실상 비가 단 한 방울도 내리지 않기에 지표면에서 가장 메마른 불모의 땅이 되었다.

아타카마 사막의 한복판은 지구에서 화성의 표면과 가장 비슷한 곳이기 때문에, NASA는 화성의 토양에 대한 이론들을 시험하는 현장연구기지를 그곳에 두고 있다. 처음에 과학자들은 생명의 외부 환경적 한계가 어느 만큼일지 연구하려고 그곳에 갔었다—그들은 자기들이 찾고 있는 것은 생명이 아니라 죽음이라는 말을 즐겨 했다. 그런데 거기서 그들이 찾아낸 것은 생각지도 못했던 놀라운 것이었다. 사막의 암석 노두露頭들 사이에는 모래로 뒤덮인 이상한 모양의 기둥들이 여기저기 흩어져 있다. 1미터 남짓까지 솟아오른 그 기둥들은 둥글둥글하고 혹이 달려 있어서, 살바도르 달리가 디자인했을 법한 조각들이 난립한 모양새를 하고 있다. 그 둔덕들은 사실 소금으로 이루어져 있는데, 고대의 호수가 오래전에 말라붙고 남은 것들이다. 기둥 속에는 미생물들이 살고 있는데, 말 그대로 소금 속에 매장된 채 온갖 고난을 이겨내면서 처절하게 목숨을 이어가고 있다. 매우 색다르고 이상한 이 생물—이름은 크로오코키디옵시스*Chroococcidiopsis*—은 에너지를 방사능에서 얻는 것이 아니라 전통적인 광합성을 해서 얻는다. 그렇게 할 수 있는 까닭은 사막의 강한 햇빛이 그들이 살고 있는 반투명한 거주지까지 파고들기 때문이다. 그러나 아직 물 문제가 남아 있다. 아타카마 사막에서 이 지역은 차가운 태평양으로부터 약 100킬로미터 떨어진 내륙에 자리하고 있으며, 중간에 산맥이 가로막고 있다. 조건이 맞으면, 밤에 기온이 떨어졌을 때 해무가 스멀스멀 고개를 넘어 밀려든다. 그 축축한 공기가 소금 기질 속으로 물 분자들을 넣어준다. 그때 물은 액체 상태의 방울을 형성하는 것이 아니다. 그 대신 소금이 축축하고 끈적끈적해진다. 습한 기후에 사는 독자라면 소금이 소금통에 달라붙는 모습을 익히 보았을 텐데, 바로 그 현상이다. 수증기가 소금에 흡수되는 것을 일컬어 조해潮解, deliquescence라고 하며, 아침 해가 소금을 바싹 굽기 전까지 한동안 그 미생물들을 그런대로—딱 그동안만—행복하게 해준다.

데술포루디스 아우닥스비아토르와 크로오코키디옵시스는 가혹한 상황에서 생물이 생존할 수 있는 예사롭지 않은 능력을 보여주는 두 가지 예이다. 이 외에도 극한의 추위와 더위, 염도, 금속 오염, 사람의 피부를 태울 정도로 강한 산도acidity를 견뎌낼 수 있는 미생물들의 존재도 알려져 있다. 한계 상황에서 살아가는 탄력성 높은 이 진기한 미생물들—뭉뚱그려서 극한환경미생물extremophiles이라고 부른다—의 발견은 온도, 압력, 산도 등의 측면에서 오직 좁은 범위에서만 생명이 번성할 수 있다는 오래 묵은 믿음을 뒤엎었다. 그러나 새로운 물리적 및 화학적 경로를 만들어내고 도저히 가망이 없을 것 같은 다양한 에너지원을 활용할 수 있는 대단한 능력을 생명이 가지고 있다는 것은, 생명이 일단 걸음을 떼면 처음의 서식지를 벗어나 멀리까지 퍼져나가 예상치 못한 꼴바꿈을 일으킬 잠재력이 있음을 입증해준다. 먼 미래에는 사람 또는 사람의 기계 후예들이 태양계 전체 또는 심지어 은하계 전체까지 재구성해낼지도 모른다. 우주의 어디 다른 곳에서 다른 꼴의 생명이 벌써 이와 비슷한 일을 하고 있을 수도 있고, 아직은 아니더라도 언젠가는 결국 그런 일을 하게 될지도 모른다. 생명이 우주 속에 풀려났으니만큼, 생명은 글자 그대로 우주적으로 의미가 있는 변화를 만들어낼 잠재력을 내면에 가지고 있다.

생명계량기라는 당혹스러운 문제

과학에는 이런 속담이 있다. 무언가가 진짜 있다면, 마땅히 그것을 측정할(그리고 아마 거기에 세금을 물릴) 수 있어야 한다는 것이다. 그런데 생명을 측정할 수 있을까? 말하자면 '살아 있는 정도'를 잴 수 있을까? 추상적인 물음처럼 들리기도 하겠지만, 최근 들어서는 어느 정도 서둘러 답을 구해야 할 당면 문제가 되었다. 1997년에 미국과 유럽의 우주국이 협력하여 카시니Cassini라는 이름의 우주선을 토성과 그 위성들로 보냈다. 큰 관심이 집중된 곳은 태양계에서 가장 큰 위성인 타이탄Titan이었다. 타이탄은 1655년에 크리스티안 하위헌스Christiaan Huygens가 발견한 이후로 오랫동안 천문학자들에게 호기심의 대상이 되어 왔다. 비단 그 크기 때문만이 아니라 구름이 덮고 있기 때문이기도 했다. 카시니호 탐사가 있기 전까지 그 구름 아래에 있는 것들은 글자 그대로 신비 속에 잠겨 있었다. 카시니호에는 작은 탐사선이 실려 있었다. '하위헌스'라는 맞춤한 이름을 가진 그 탐사선은 타이탄의 구름을 뚫고 강하해 지면에 안전하게 착륙했다. 하위헌스를 통해 드러난 풍경에 바다와 해변이 등장하기는 했으나, 그 바다를 이루는 것은 액체 상태의 에탄과 메탄이었고, 암석은 얼음으로 이루어져 있었다. 말인즉슨, 타이탄은 평균기온이 -180℃로 매우 추운 곳이었다.

우주생물학자들은 카시니호의 탐사에 각별한 관심을 기울였다. 두꺼운 석유화학 스모그가 타이탄의 대기를 이루고 있고 구름에 유기분자들이 풍부하다는 것은 이미 알려져 있었다. 하지만 그런 극한의 추위로는 우리가 아는 모습의 생명을 타이탄이 건사할 수는 없을 것이었다. 물 대신 액체 상태의 메탄을 사용할 수 있는 이색적인 생명꼴이 있지 않을까도 생각해보았지만, 대부분의 우주생물학자들은 그럴 가능성은 없다고 생각한다. 하지만 타이탄이 완전히 죽은 곳이라 할지라도, 생명의 수수께끼와 관련해서는 매우 큰 의미를 지닌다. 사실상 타이탄은 45억 년 평생을 줄곧 복잡한 유기분자들을 요리하는 자연의 화학실험실이 되어주었다. 좀 더 힘을 주어 말해보면, 타이탄은 일종의 실패한 거대한 생물학 실험이다. 바로 이 실패한 실험이 우리를 '생명이란 무엇인가?'라는 문제의 핵심으로 곧장 안내한다. 화학적으로 말해서, 만일 지구에서 마침내 생명을 탄생시켰던 길고 구불구불한 여정의 일부를 타이탄도 따라갔다면, '생명이 여기에서 시작된다'라는 표지가 붙은 결승선까지 타이탄은 **얼마만큼 가까이** 간 것일까? 어떤 의미에서 보면, 지금 타이탄은 생명을 잉태하기까지 상당히 가까이 이르렀다고 할 수도 있을까? 타이탄에 잔뜩 낀 구름 속에 '거의 생명'이라고 할 만한 것이 잠복해 있는 모습을 발견할 수도 있을까?

좀 더 엄격하게 말해보자. 유기물이 담긴 타이탄의 대기 표본을 추출해서 수치를 매길 수 있는 생명계량기 같은 것을 만드는 게 가능할까? 미래에 탐사를 마치고 과학연구진이 이렇게 선언하는 모습을 상상해보자. "45억 년 세월 동안 타이탄의 스모그는 생명에 이르는 길의 87.3퍼센트 지점까지 도달하는 데 성공했다." 또는 "타이탄은 유기물 밑감부터 단순한 생체 세포까지 이르는 기나긴 여정의 4퍼센트만 밟아왔다."

이런 식의 진술은 터무니없게 들린다. 그러나 왜일까?

물론 우리에게 생명계량기란 것은 없다. 여기서 더 중요한 것은, 그런 장치가 원리적인 측면에서 어떻게 작동할 것인지조차 매우 불분명하다는 것이다. 그 계량기로 측정해야 할 것이 정확히 무엇인가? 리처드 도킨스Richard Dawkins는 생명의 진화 과정을 그려내는 매력적인 비유를 하나 소개했다. 곧, 그 과정을 '불가능의 산Mount Improbable'이라고 본 것이다.[5] 따로 떼어서 보면, 복잡한 생명은 존재할 가능성이 지극히 적다. 복잡한 생명은 매우 단순한 미생물적 유기체에서 출발하여 자연선택에 의한 진화가 어마어마한 세월에 걸쳐 점증적으로 만들어냈기에 존재할 뿐이다. 도킨스의 비유로 보면, 오늘날 존재하는 복잡한 생명꼴들(이를테면 사람)의 조상들이 수십억 년에 걸쳐 산을 타고 (복잡성의 의미에서) 점점 더 높이 올라가고 있는 모습으로 그려볼 수 있다. 그럴듯하다. 그러나 첫걸음은 어떻게 봐야 할까? 말하자면 비생명에서 생명으로의 꼴바꿈, 단순한 화학물질 범벅에서 원시적인 생체 세포까지 이르는 길에 대해서는 어떻게 말해야 할까? 그것 또한 생명 이전 단계의 화학적인 '불가능의 산'을 오르는 것이었을까? 틀림없이 그래야 했을 것처럼 보인다. 단순한 분자들이 무작위로 섞인 상태에서 완전한 기능을 하는 유기체로 넘어가는 과정이 엄청나고 놀라운 화학적 도약 한 번으로 일어나지 않았음은 분명하다. 중간 단계들을 거쳐나가는 기나긴 여정이 있어야 했을 것이다. 중간에 어떤 단계들을 거쳤을지는 아무도 모른다(아마 맨 처음에 거쳤던 단계들은 예외일 것이다. 293쪽을 참고하라). 사실 우리는 이보다 훨씬 기본이 되는 물음에 대해서도 답을 알지 못한다. 곧, 비생명에서 생명으로 올라감은, 생명 없는 물질에서 출발해 완만하게 경사지고 끊어진 데 없이 매끄러운 긴 여정을 거쳐 생명에 도달하는 길이었을까, 아니면 물리학에서 상전이phase transitions라고 하는 것(이를테면 액체 상태의 물이 기체 상태의 수증기로 떰뛰기하는 것)과 비슷하게 돌연히 일어난 일련의 큰 꼴바꿈들을 거친 길이었을까? 아무도 모른다. 하지만 어느 쪽이 되었든, '생명 이전의 불가능의 산prebiotic Mount Improbable'이라는 비유는 쓸모가 있다. 말하자면 산을 얼마만큼 높이 올라갔느냐가 화학적 복잡성의 척도가 되는 것이다. 가설상의 생명계량기를 타이탄으로 보낸 이야기로 다시 돌아가 보자. 만일 그런 계량기가 존재한다면, 타이탄의 대기가 생명 이전의 불가능의 산을 얼마만큼 높이 올랐느냐를 측정하는 일종의 복잡성 고도계 같은 것으로 간주할 수 있을 것이다.

화학적 복잡성에만 초점을 맞춘 설명에는 분명 무언가 빠져 있다. 갓 죽은 생쥐의 화학적 복잡성은 살아 있는 생쥐와 다를 게 없다. 그러나 죽은 생쥐가 이를테면 99.9퍼센트 살아 있다고 생각하지는 않을 것이다. 그 생쥐는 그냥 죽은 것이다.* 잠복하고 있을 뿐이지 실제로 죽은 것은 아닌 미생물의 경우는 어떨까? 예를 들어 불리한 조건을 만나면 포자를 형성하는 세균은 더 좋은 상황을 만나 다시 '똑딱거리기 시작할' 때까지 줄곧 비활성 상태로 있는데, 그런 경우는 어떨까? 완보동물tardigrades(공벌레나 물곰)이라고 불리는 작디작은 여덟 다리 동물은 액체 헬륨 온도까지 냉각되어도 단순히 몸 기능을 꺼버릴 뿐이고 다시 몸이 따뜻해지면 평소 하던 모습으로 되돌아가는데, 이 경우는 어떨까? 물론 이렇게 탄력성이 높은 생물이라 하더라도 생존력에 한계는 있을 것이다. 세균 포자나 완보동물이 귀환불능지점을 지나 '다시는 깨어나지 못할' 때가 언제일지 생명계량기가 말해줄 수 있을까?

이 문제는 단순히 철학적 난제에 불과한 것이 아니다. 토성의 위성 가운데에는 최근에 와서 많은 주목을 받게 된 얼음질 위성이 하나 더 있다. 엔셀라두스Enceladus라고 불리는 이 위성은 고체 핵의 조석가열tidal flexing—위성이 거대한 행성 둘레를 돌면 일어나는 일이다—로 인해 내부에서 열이 가해진다. 그래서 비록 엔셀라두스가 태양으로부터 매우 멀리 떨어져 있어서 지표면이 꽁꽁 얼어붙어 있을지라도, 얼음질 지각 아래에는 액체 상태의 바다가 자리하고 있다. 하지만 그 지각은 아무 변화 없이 그 상태 그대로 있지는 않다. 카시니호는 엔셀라두스가 얼음에 난 거대한 균열을 통해 우주 공간 속으로 물질을 내뿜고 있음을 알

* 이는 지나치게 단순하게 말한 것이다. 몸속 기관들은 죽는 속도가 저마다 다르며, 생쥐 몸속에 서식하는 세균들은 아마 길이길이 살아갈 것이기 때문이다.

아냈다. 내부에서 방출되는 물질 가운데에는 유기분자들도 있다. 그렇다면 꽁꽁 언 지표면 아래에 생명이 잠복해 있음을 그 분자들이 암시하는 것일까? 그걸 우리는 어떻게 분간할 수 있을까?

현재 NASA는 생명 활동의 흔적을 찾아보겠다는 명확한 목적을 가지고 2020년대에 엔셀라두스의 분출류를 통과해 비행하는 탐사 임무를 계획하고 있다. 그러나 그전에 시급히 답해야 할 물음이 있다. 어떤 도구들을 탐사선에 실어 보내고, 그 도구들로 찾아야 할 것은 무엇인가? 그 여행에 쓸 생명계량기를 설계할 수 있을까? 설령 '살아 있는 정도'를 정밀하게 측정하기가 불가능하다 하더라도, 적어도 '생명과는 거리가 먼 상태' '거의 살아 있는 상태' '살아 있는 상태' '한때는 살아 있었으나 지금은 죽은 상태'의 차이만큼은 구분할 수 있지 않을까? 이런 식의 물음이 의미있는 물음이기는 한가?

생명계량기를 만들기 어려움은 이보다 더 큰 문제를 가리킨다. 다른 태양계 행성들의 대기를 충분히 자세히 조사하여 그곳에 생명이 활동하고 있음을 알려주는 확실한 신호를 밝혀낼 가망성을 생각하면 대단히 신바람이 나지만, 과연 무엇이 생명의 존재를 알려줄 확실하고 설득력 있는 증거가 되어주겠는가? 일부 우주생물학자들은 대기 중 산소가 광합성을 암시할 것이기에 그 후보일 것이라고 생각한다. 또 어떤 우주생물학자들은 메탄 또는 메탄과 산소의 혼합이 그 후보일 것이라고 생각한다. 사실 일치된 의견은 없다. 일반적인 기체는 모두 비생물적인 메커니즘들로도 만들어질 수 있기 때문이다.

미리 생명을 정의했을 때 어떤 위험을 초래할 수 있는지 이로운 교훈을 얻은 적이 있다. 1976년에 NASA는 바이킹Viking이라는 이름의 우주선 두 대를 화성에 착륙시켰다. 미국의 우주국이 생명을 위한 **조건들**이 다른 행성에도 있는지 없는지 단순히 조사하는 대신에 실제로 그곳에서 생물학 실험을 해보기로 한 것은 그때가 처음이자 마지막이었다. 바이킹호의 실험 가운데에는 현재 ASU의 부교수인 공학자 길 레빈Gil Levin이 설계한 '표식해서 풀어놓기Labelled Release'가 있었다. 화성의 흙에 영양배지nutrient medium를 부은 다음, 그 액을 소비해서 이산화탄소를 노폐물로 배출하는 미생물이 흙 속에 있는지 살펴보는 실험이었다. 영양액 속의 탄소는 CO_2로 나타날 경우에 탐지할 수 있게끔 방사선 표식을 해놓았다. 실험 결과, 탄소가 실제로 탐지되었다. 더군다나 표본을 굽자 그 반응이 멈추기까지 했다. 열 때문에 화성의 미생물이 죽었다면 나타날 결과였다. 화성의 각기 다른 장소에서 두 바이킹호가 한 실험에서 모두 같은 결과를 얻었으며, 여러 번 실험을 거듭해도 결과는 같았다. 오늘날까지도 길 레빈은 자신이 화성에서 생명을 검출했으며 역사는 결국 자신이 옳았음을 증명해줄 것이라고 주장하고 있다. 그와 반대로 NASA의 공식 발표는 바이킹호가 생명을 발견하지 **못했으며**, '표식해서 풀어놓기' 실험에서 얻은 결과들은 독특한 토양 조건 때문에 나왔다는 것이다. 아마 그 이후에 우주국이 그 실험을 다시 해볼 동기를 전혀 느끼지 못했던 까닭이 바로 그 때문일 것이다.

탐사 임무를 맡은 과학자와 NASA가 보여준 이런 첨예한 의견의 불일치는 우리가 해볼 방도가 화학밖에 없을 경우에 다른 세계에 생명이 있는지 없는지 결정하기가 현실적으로 얼마나 어려운지 보여준다. 바이킹호의 실험은 우리가 아는 모습의 생명이 가진 화학적 자취를 찾도록 설계되었다. 만일 지구상의 생명만이 유일하게 가능한 생명임을 확신할 수 있다면, 우리가 아는 생물성에 의해서만 만들어질 수 있는 충분히 복잡한 유기 분자들을 탐지하는 장비를 설계할 수 있을 것이다. 만일 그 장비가 이를테면 리보솜(단백질을 만드는 데 필요한 분자기계)을 찾아낸다면, 생물학자들은 그 표본이 현재 살아 있거나 아니면 가까운 과거에 살아 있었다고 확신할 것이다. 그러나 우리가 아는 생명이 이용하는 더 단순한 분자들, 이를테면 아미노산 같은 분자들의 경우는 어떨까? 이런 분자들로 생명 여부를 판단하기에는 모자람이 있다. 왜냐하면 일부 운석에는 생물학적 과정을 거칠 필요 없이 우주공간에서 형성된 아미노산이 함유되어 있기 때문이다. 최근에 400광년 떨어진 별 근처의 기체구름 속에 글리콜알데히드glycolaldehyde라는 당이 있음이 발견되었다. 그러나 그것 자체만으로는 생명이 있다는 뚜렷한 표시로 보기는 어렵다. 그런 분자들은 단순한 화학으로도 형성될 수 있기 때문이다. 그래서 화학적 복잡성의 **범위**를 따지는 것은 보류해도 될 것이다. 그런데 아미노산과 당에서 리보솜과 단백질까지 이어지는 분자 선상에서 **확실하게** 생명이 관여했다고 말할 수 있는 지점은 과연 어디일까? **순수하게 생명의 화학적 지문만을 가지고** 생명 여부를 식별하는 것이 가능하기나 한가?* 많은 과학자들은 생명

* 글래스고대학교의 리 크로닌(Lee Cronin)은 주어진 큰 분자를 만들어내는 데 필요한 단계의 수에 기초해서 화학적 복잡성을 측정하자고 제안했다.

을 어떤 사물이라기보다 하나의 **과정**—아마 행성 규모에서 보았을 때에만 이해할 수 있는 과정—으로 생각하는 쪽을 선호한다.[6](6장의 글상자 12를 참고하라.)

고대 분자 이야기

지구에는 약 40억 년 동안 존재해온 생명도 있다. 그 세월이 흐르는 동안 소행성과 혜성의 폭격도 있었고, 대규모 화산 활동과 범지구적인 빙하 작용도 있었고, 햇볕이 가차 없이 내리쬐는 일도 있었다. 그런 상황에서도 이런저런 꼴의 생명이 번성해왔다. 지구상 생명의 이야기를 관통하는 공통된 가닥—이 경우에는 글자 그대로 진짜 가닥이다—은 DNA라고 하는 긴 분자로, 1869년에 스위스의 화학자 프리드리히 미셔Friedrich Miescher가 발견했다. 라틴어로 '덩어리'를 뜻하는 낱말인 moles에서 유래한 '분자molecule'라는 용어가 '극도로 작은 덩어리'라는 뜻으로 18세기 프랑스에서 유행하기 시작했다. 그러나 DNA는 결코 작다고 할 수 없다. 여러분의 몸에 있는 세포 하나하나는 길이가 2미터 정도 되는 DNA를 담고 있다. 분자 중에서도 거대한 분자이다. DNA의 그 유명한 이중나선 구조에는 바로 생명의 사용설명서가 새겨져 있다. 우리가 아는 모든 생명은 기본 조제법이 똑같아서, 사람은 침팬지와 유전자의 98퍼센트를 공유하고, 생쥐와는 85퍼센트, 닭과는 60퍼센트, 수많은 세균과도 절반 이상의 유전자를 공유한다.

글상자 2: 생명의 기본 장치

지구상 모든 생명의 정보적 기초는 보편적인 유전 부호이다. 주어진 단백질을 짓는 데 필요한 정보는 DNA 분절들에 특수한 '문자' 순서로 저장되어 있다. 그 '문자'는 A, C, G, T로 아데노신adenosine, 시토신cytosine, 구아닌guanine, 티민thymine이라는 분자를 각각 상징하고, 이 분자들은 집합적으로 염기bases라고 하며, DNA 분자를 따라 어떤 식으로든 조합되어 배열될 수 있다. 조합이 다르면, 그것이 부호화하는 단백질도 달라진다. 단백질은 아미노산이라는 또 다른 분자들로 만들어진다. 보통의 단백질이라면 아미노산 수백 개가 끝과 끝이 이어져 사슬을 형성하여 만들어지곤 한다. 아미노산에는 많은 종류가 있지만, 우리가 아는 생명이 쓰는 아미노산은 20가지(때에 따라 21가지)뿐이다. 단백질의 화학적 속성은 아미노산이 정확히 어떤 순서로 있느냐에 따라 달라질 것이다. 염기는 4가지뿐이고 아미노산은 20가지이기 때문에, DNA는 염기 하나씩만 써서 각각의 아미노산을 지정할 수는 없다. 그 대신 DNA는 세 염기를 잇달아 나열해서 각각의 아미노산을 지정한다. 네 문자로 조합 가능한 셋잇단부호 곧 코돈codon은 64가지가 있다(예를 들면 ACT, GCA 하는 식). 64라면 20가지 아미노산을 충분히 표현하고도 남기 때문에 불필요한 조합도 있다. 그래서 아미노산 하나를 지정하는 코돈이 둘 이상일 때가 많다. 몇 가지 코돈은 구두점(이를테면 '멈춤' 부호)으로 쓰인다.

주어진 단백질을 짓는 명령어를 '읽어내기' 위해 세포는 먼저 해당 코돈 서열을 DNA에서 mRNA(전령 RNA)라고 하는 분자로 옮겨 적는다[전사한다]. 그러면 리보솜이 단백질을 조립하는데, 리보솜이란 mRNA에서 코돈 서열을 읽어들여 아미노산을 하나씩 하나씩 화학적으로 연결해서 차근차근 단백질을 합성하는 작은 기계이다. 이 계가 올바로 작동하려면 코돈 하나마다 올바른 아미노산을 가져와야 한다. 그 일은 운반 RNA(줄여서 tRNA)라는 또 다른 RNA의 도움을 받아 이루어진다. 이 짧은 RNA 가닥들은 20가지 변이형으로 등장하며, 각각은 특정 코돈을 인식해서 그것과 결합하도록 맞춰져 있다. 이때 관건은 이 tRNA에 붙들린 아미노산이 해당 코돈이 부호화하는 바로 그 아미노산이어야 한다는 것이다. tRNA에 붙들린 아미노산은 리보솜이 아미노산 사슬을 엮어가는 옆에서 자기 차례가 올 때까지 기다린다. 리보솜이 그 아미노산까지 사슬로 엮어서 일을 마치면 온전한 기능을 하는 단백질이 만들어진다. 이 모든 일이 이루어지려면, 20가지 아미노산 가운데에서 올바른 녀석이 그에 대응하는 tRNA 변이형에 반드시 부착되어야 한다. 이 단계는 아미노아실 tRNA 합성효소aminoacyl-tRNA synthetase라는 살벌한 이름을 가진 특별한 단백질의 시중을 받는다. 이름은 중요치 않다. 여기서 중요한 것은 이 단백질의 모양이 tRNA와 그에 대응하는 아미노산 **둘 모두**에 특이적이어서 아미노산을 해당 tRNA 변이형에 정확하게 부착할 수 있다는 것이다. 아미노산이 20가지이기 때문에 아미노아실 tRNA 합성효소도 20가지가 있다. 그 정보 사슬에서 아미노아실 tRNA 합성효소가 결정적인 연결고리가 되고 있음에 주목하라. 생물학적 정보가 저장되는 분자가 따로 있고(핵산의 하나인 DNA가 그것으로, 네 문자를 알파벳으로 하는 셋잇단부호를 사용한다), 그 정보가 목표로 삼는 대상은 그것과는 완전히 다른 부류의 분자이다(단백질이 그것으로, 20개의 문자를 알파벳으로 사용한다). 이 두 유형의 분자가 서로 다른 언어를 구사하는 것이다! 그런데 아미노아실 tRNA 합성효소들은 두 언어를 구사한다. 곧, 코돈도 인식하고 20가지 아미노산 변종들도 인식한다는 말이다. 그래서 우리가 아는 모든 생명이 사용하는 보편적인 유전 장치에서 절대적으로 중요한 것이 바로 이 연결고리 분자이다. 따라서 그 분자들은 매우 오래된 것임이 틀림없기 때문에 매우 잘 작동해야만 한다. 모든 생명이 바로 거기에 의존하고 있으니까 말이다! 실험이 보여준 바에 따르면, 정말로 그 분자들은 신뢰도가 극도로 높아서, 잘못되는 경우(말하자면 번역이 삐끗한 경우)는 겨우 3000분의 1 정도에 불과하다. 이 모든 장치가 얼마나 **교묘한지**, 수십억 년 동안 그 모습 그대로 변화가 없었다는 것이 얼마나 놀라운지 어안이 벙벙해지지 않을 수 없다.

알려진 모든 생명이 보편적인 대본을 따른다는 사실은 생명의 공통 기원이 있음을 암시한다. 지구에서 가장 오래된 생명의 흔적들은 적어도 35억 년 전으로 거슬러 올라가며, DNA의 몇몇 부분들은 그 오랜 세월 동안 대체로 아무 변화 없이 그대로 유지되었다고들 생각한다. 생명의 언어도 그동안 변화 없이 이어져 왔다. DNA 규정집은 부호로 적혀 있으며, 그 부호는 4가지 핵산 염기를 나타내는 네 글자 A, C, G, T를 사용하고, 이 네 염기들이 비계飛階에 함께 엮여서 바로 그 고대의 분자 DNA의 구조를 만든다.* 그 염기들이 엮인 순서는 (해독해서 보면) 단백질 조립법을 지정하고 있다. 단백질은 생물에서 일말workhorses 역할을 한다. 사람의 DNA는 약 2만 가지의 단백질을 부호화하고 있다. 비록 생물마다 단백질이 다를 수는 있지만, 부호화 도식과 해독 도식은 모두 똑같다(글상자 2에서 자세히 살펴보았다). 단백질은 아미노산들이 줄지어 엮여서 만들어진다. 보통의 단백질은 아미노산 수백 개가 엮인 사슬로 이루어져 있으며, 복잡한 3차원 모양—단백질이 기능을 하는 꼴—으로 접혀 있다. 생명은 20가지(때에 따라 21가지) 아미노산 변종들을 다양하게 조합해서 이용한다. A, C, G, T 염기들의 서열로 20가지 아미노산을 부호화할 수 있는 방법은 무수히 많다. 그러나 우리가 아는 생명은 모두 **동일한** 문자 할당법을 사용한다(표 1을 참고하라). 이는 그 방식이 매우 오래전부터 지구상 생명에 깊이 심겨진 것으로서, 수십억 년 전의 공통조상에게 있었던 것임을 암시한다.**

---

* DNA에서 RNA로 정보가 옮겨 적힐 때, T는 그와 살짝 다른 분자인 U—우라실(uracil)을 상징한다—로 바뀌 적힌다.

** 용어상의 주의할 점: 과학자들이 생물의 '부호'라는 말을 쓸 때 실제로는 부호화된 유전자 데이터(coded genetic data)를 뜻하는 말로 쓰기도 해서 큰 혼동을 유발하기도 한다. 여러분이 가진 유전자 데이터는 내 것과 다르지만, 우리가 가진 유전 부호(genetic code)는 모두 똑같다.

	T		C		A		G	
T	TTT	Phe	TCT	Ser	TAT	Tyr	TGT	Cys
	TTC		TCC		TAC		TGC	
	TTA	Leu	TCA		TAA	STOP	TGA	STOP
	TTG		TCG		TAG		TGG	Trp
C	CTT	Leu	CCT	Pro	CAT	His	CGT	Atg
	CTC		CCC		CAC		CGC	
	CTA		CCA		CCA	Gln	CGA	
	CTG		CCG		CAG		CGG	
A	ATT	Ile	ACT	Thr	AAT	Asn	AGT	Ser
	ATC		ACC		AAC		AGC	
	ATA		ACA		AAA	Lys	AGA	Arg
	ATG	Met	ACG		AAG		AGG	
G	GTT	Val	GCT	Ala	GAT	Asp	GGT	Gly
	GTC		GCC		GAC		GGC	
	GTA		GCA		GAA	Glu	GGA	
	GTG		GCG		GAG		GGG	

표 1. 보편적인 유전 부호

위의 표는 우리가 아는 모든 생명이 사용하는 부호 할당법coding assignments을 보여주고 있다. 각각의 셋잇단문자(코돈)가 부호화하는 아미노산은 코돈 오른쪽에 열거했으며, 약자로 썼다(이를테면 Phe=페닐알라닌phenylalanine이다. 이 책의 목적에서 보면 분자들의 이름은 중요하지 않다). 역사에 관한 호기심: 어떤 꼴을 갖춘 유전 부호가 있을 것이라는 생각이 처음 제시된 곳은 빅뱅에 대한 선구적인 연구로 더 유명한 우주론자 조지 가모프George Gamow가 1953년 7월 8일에 크릭과 왓슨에게 보낸 편지였다.

비록 DNA가 매우 오래된 분자이기는 해도, 다른 것들도 그만한 내구성을 가진 것들이 있다. 이를테면 결정이 그렇다. 오스트레일리아와 캐나다에는 지구의 지각 속으로 섭입攝入되는 사건들을 모면하면서 40억 년 넘게 살아남은 지르콘 결정들이 있다. 그러나 생물과 지르콘 결정의 큰 차이는 생물은 환경과의 평형상태를 벗어나 있다는 것이다. 사실 일반적으로 생명은 평형상태로부터 매우 **멀리** 있다. 생물이 기능을 계속 이어가기 위해서는 환경으로부터 에너지를 획득하고(이를테면 햇빛을 쐬거나 음식을 먹어서) 무언가를 배출해야 한다(이를테면 산소나 이산화탄소). 그래서 생물과 주변 환경 사이에서는 에너지와 물질이 끊임없이 교환된다. 반면에 결정은 내적으로 불활성이다. 생물이 죽으면 그 모든 활동은 멈추게 되고, 그러면 썩어가면서 서서히 평형상태에 진입한다.

생명이 없는데도 생명처럼 평형에서 먼 상태에 있으며 생명처럼 내구성이 좋은 계들도 분명 있다. 내가 즐겨 드는 예는 목성의 대적점Great Red Spot이다. 대적점이란 목성을 망원경으로 관측한 이래 지금까지 줄곧 관측되어온 기체 소용돌이를 말하며, 사라질 기미가 전혀 보이지 않는다(그림 1). 이처럼 자율적으로 존재하는 화학적 계나 물리적 계의 예들은 많이 알려져 있다. 그 가운데 하나가 대류 세포convection cell로, 밑에서 열을 가했을 때 유체(이를테면 액체 상태의 물)가 체계적인 패턴을 보이며 오르락내리락하는 것을 말한다. 나선 모양을 만들어 내거나 리듬 있게 박동하는 화학반응들도 있다(그림 2). 화학자 일리야 프리고진Ilya Prigogine은 이렇게 조직적인 복잡성이 자발적으로 출현하는 모습을 내보이는 계를 '흩어지기 구조dissipative structure'라고 불렀다. 1970년대에 이 구조를 앞장서서 연구했던 프리고진은 평형과는 먼 상태에서 작동하면서 물질과 에너지의 지속적인 처리량을 감당해내는 이런 화학적 흩어지기 구조들이, 생명에 이르는 기나긴 도상에서 일종의 중간역을 대표한다고 여겼다. 아직까지도 많은 과학자들이 그렇게 믿고 있다.

그림 1. 목성의 대적점

산 것들에서는 대부분의 화학적 활동을 단백질이 처리한다. 생명이 뭐라도 하기 위해서는 물질대사—생물 내에서 에너지와 물질의 흐름—가 반드시 필요하고, 그 일에서 가장 큰 몫을 하는 것이 단백질이다. 만일 생명이 (프리고진이 믿었던 대로) 에너지가 끌고 가는 정교한 화학적 순환들을 통해 시작되었다면, 생명의 대드라마에서 단백질은 일찍부터 배역을 맡았음이 틀림없다. 그러나 단백질 혼자만으로는 별 쓸모가 없다. 무엇보다도 생명이 **조직**되는 것이 중요한데, 그러려면 매우 많은 안무

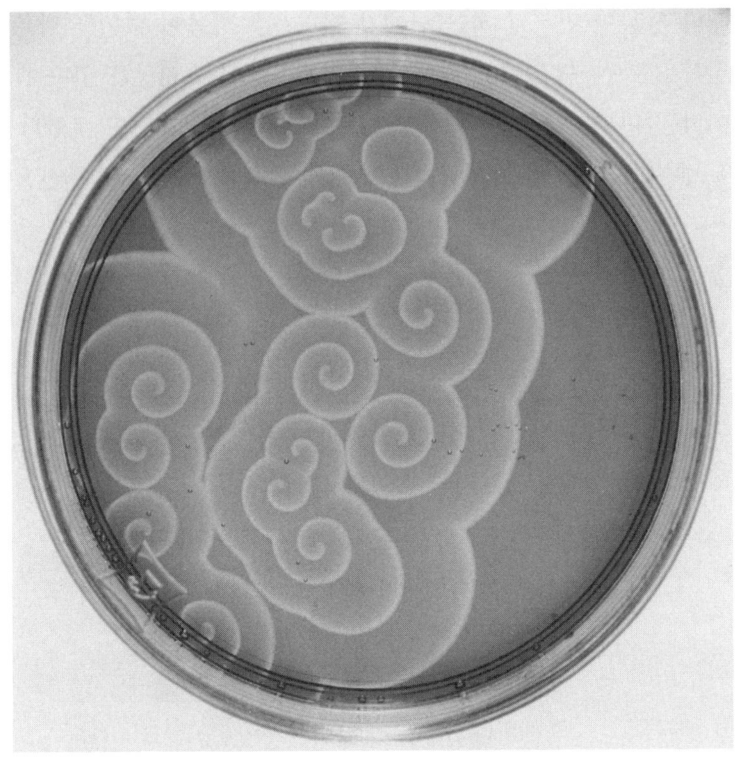

그림 2. 화학적 '흩어지기 구조'

특정 화학적 혼합물을 평형상태에서 멀어지게 하면, 위에서 보이는 것 같은 안정된 모양들이 자발적으로 진화할 수 있다. 화학자 일리야 프리고진은 이런 계들이 바로 생명에 이르는 기나긴 도상의 첫 단계들을 대표한다고 주장했다.

가 필요하다. 곧, 단백질을 어디에 어떻게 배치할지 명령하고 제어하는 것이 필요하다는 말이다. 이 일을 하는 것이 바로 핵산(DNA와 RNA)이다. 우리가 아는 모습의 생명은 서로 매우 다른 부류의 이 두 분자들—핵산과 단백질—사이의 타협과 관련되어 있다. 대부분의 과학자들이 보기에, 생명의 본성에는 닭이 먼저냐 달걀이 먼저냐 하는 난제가 있다. 곧, 한쪽이 없이는 다른 한쪽도 가질 수 없다는 말이다. 여기저기에서 오지랖을 떨며 관여하는 단백질 군단이 없으면 DNA 분자는 이도 저도 못한다. 두 분자가 하는 일을 지극히 단순하게 말해보면 이렇다. 핵산은 '생명의 얼개'와 관련된 세부사항들을 저장하고, 단백질은 궂은 일을 도맡아 하며 생물을 경영한다. **둘 다** 필요하다. 따라서 생명을 정의하려면 이 점을 반드시 고려해야 한다. 말하자면 패턴을 만들어내며 복잡하게 조직하는 화학만이 아니라, 그 일을 **지휘**하거나 **정보를 전달**하는 화학까지 고려해야 한다. 간단히 말해서 화학 더하기 **정보**라는 것이다.

생명=물질+정보

"생물학에서는 정보에 비추어보지 않으면 아무것도 이해되지 않는다."

—베른트-올라프 퀴퍼스Bernd-Olaf Küppers[7]

이제 우리는 중요한 접합점에 도달했다.

생명과 생명 아닌 것을 가르는 것은 정보이다.

말하기는 쉽지만, 여기에는 풀어내야 할 것들이 있다. 단순한 것부터 시작해보자. 생물은 생식하며reproduce, 그렇게 해서 자신의 꼴에 대한 정보를 자손에게 전달한다. 이런 점에서 생식은 생산production과 다르다. 개들은 생식해서 더 많은 개들을 만들고, 고양이는 더 많은 고양이를, 사람은 더 많은 사람을 만든다. 기본 몸얼개body plan는 세대에서 세대로 전해진다. 그러나 생식을 단순히 종을 영속시키는 것이라고만 볼 수 없는 점이 있다. 예를 들어 사람의 아기는 부모나 조부모로부터 세세한 특성들—빨간 머리, 파란 눈, 주근깨, 긴 다리 등—을 물려받는다. 유전을 가장 훌륭하게 표현하는 방법은, 이전 세대들에 관한 **정보**—이전 유기체와 비슷하게 새 유기체를 짓는 데 필요한 정보—가 다음 세대로 전달되는 것이라고 말하는 것이다. 이 정보는 생물의 유전자에 부호화되어 있으며, 생식 과정에서 그 유전자들이 복제된다. 그렇다면 생물학적 생식의 본질은 바로 **상속 가능한 정보**heritable information를 복제하는 것이다.

슈뢰딩거가 '생명이란 무엇인가?' 강연을 했던 1943년 당시의 과학자들은 유전 정보가 어떻게 복사되어 전달되는지 아는 바가 별로 없었다. 이 정보가 어디에 저장되고 어떻게 복제되는지 실제로 아는 사람은 아무도 없었다. 그로부터 10년이 지나서야 유전학에서 DNA의 역할을 발견하게 될 터였다. 슈뢰딩거의 위대한 통찰은 정보의 저장, 처리, 전달이 생체세포 내의 **분자** 수준에서, 곧 나노 규모에서 일어날 수밖에 없음을 짚어낸 것이었다.* 나아가 정보 저장의 안정성을 설명하기 위해서는 양자역학—슈뢰딩거의 두뇌가 낳은 자식이다—이 필요했다. 비록 유전 물질이 무엇인지는 알지 못했지만, 슈뢰딩거는 '주기 없는 결정aperiodic crystal[비주기적 결정]'이라고 일컬은 명확한 구조

* 1나노미터는 10억 분의 1미터이다. '나노기술'이란 이 분자 규모에서 구조를 만드는 것을 일컫는다.

를 갖춘 분자가 유전 물질과 관련되었을 것이라고 결론을 내렸다. 지극히 통찰력 있는 생각이었다. 결정은 안정성을 가지고 있다. 그러나 우리에게 친숙한 다이아몬드나 소금 같은 결정들은 주기를 가지고 있다. 말하자면 원자들이 단순하고 규칙적으로 배열되어 있다는 것이다. 반면에 결정 수준의 안정성을 가지면서 구조가 **임의적일** 수 있는 분자라면 다량의 정보를 부호화해서 저장할 수 있을 것이었다. 뒤에 밝혀낸 DNA가 바로 정확히 그런 '주기 없는 결정'이다. 슈뢰딩거의 강연이 있고 10년 뒤에 DNA의 구조를 발견했던 프랜시스 크릭Francis Crick과 제임스 왓슨James Watson은 그동안 좀처럼 손에 잡히지 않았던 유전 물질의 꼴과 기능을 규명하는 데에서 슈뢰딩거의 책이 생각의 필수 양식이 되어주었다고 털어놓았다.

오늘날에는 생명의 기초가 정보라는 것이 과학의 모든 측면에 두루 배어들었다. 생물학자들은 유전자(DNA에 배열된 염기들의 명확한 서열)에는 '부호화된 명령어들'이 담겨 있으며, 그 명령어들이 '옮겨 적히고' '번역된다'고들 말한다. 유전자가 복제되면 맨 먼저 정보가 복사되고, 그다음에 교정을 거치면서 필요하면 오류를 바로잡는다. 세포조직 규모에서는 '신호를 발하는' 분자들이 이웃한 세포들 사이에서 정보를 교신한다. 또 어떤 분자들은 혈액을 따라 몸속을 순환하면서 기관에서 기관으로 신호를 보낸다. 심지어 단일 세포도 주변 환경에 대한 정보를 모아 내적으로 처리하여 거기에 따라 반응을 한다. 생명에서 단연 출중한 정보처리계는 뇌이며, 종종 디지털 컴퓨터에 비견되곤 한다(그러나 별로 설득력 있는 비교는 아니다). 그리고 생물 개체의 수준 위에는 사회적 구조들과 생태계가 자리한다. 개미와 벌 같은 사회적 곤충들은 먹이를 찾거나 집 지을 장소를 물색하는 것 같은 집단 활동을 편성하는 데 도움이 되는 정보를 서로 주고받는다. 새들도 무리를 짓고 물고기도 떼를 짓는다. 그들의 일사불란한 행동의 중심에는 바로 정보 교환이 있다. 영장류도 복잡한 사회적 규범들을 가지고 군체를 조직하며, 미묘한 형태의 의사소통을 수없이 벌이면서 그 규범들을 유지관리한다. 인간 사회는 월드와이드웹 같은 행성 규모의 정보처리계들을 만들어냈다. 그래서 현재 많은 과학자들이 생명을 정보적 속성의 관점에서 **정의**하는 쪽을 선택하는 것도 놀랄 일은 아니다. 이를테면 생물물리학자 에릭 스미스Eric Smith는 생명을 "에너지의 흐름 및 저장이 정보의 흐름 및 저장과 관련되는 화학적 계"라는 식으로 표현한다.[8]

지금 우리는 서로 별개의 영역이었던 생물학과 물리학, 생명과 무생명이 만나는 교차점에 이르렀다. 슈뢰딩거가 비록 분자 구조와 정보 저장 사이에 연결점이 있음을 올바로 짚어내기는 했지만, 그가 제시한 '주기 없는 결정'이란 생각은 크나큰 개념적 간극을 얼버무리고 있다. 분자는 물리적 구조인 반면, 정보는 추상적 개념으로서, 본래 인간이 의사소통하는 세계에서 유래했다. 그 간극을 어떻게 하면 메울 수 있을까? 어떻게 추상적인 정보를 분자의 물리와 이을 수 있을까? 우연찮게도 그 한 가지 답이 어렴풋한 서광을 던진 때는 산업혁명이 끓어오르던 중인 150년 전이었다. 게다가 생물학과는 별 관련이 없고 기계공학의 기초 분야와 더 관련이 있는 주제에서 그 빛이 나왔다.

2

악마의 등장

"생명의 기계가 혼돈에서 질서를 만들어내는
맥스웰의 악마일 수 있을까……?"
—페터 호프만Peter Hoffmann[1]

1867년 12월에 스코틀랜드의 물리학자 제임스 클러크 맥스웰James Clerk Maxwell은 친구인 피터 거스리 테이트Peter Guthrie Tait에게 편지를 한 통 썼다. 그 서한에는 한 세기 하고도 반세기가 더 지난 뒤인 지금까지도 울림이 남아 있는 폭탄 같은 생각이 담겨 있었다. 그 폭발을 일으킨 것은 상상 속의 존재, 곧 "분자 하나하나가 움직이는 길을 다 따라갈 수 있을 만큼 재주를 매우 예리하게 갈고닦은 존재"였다. 맥스웰은 간단한 논증을 하나 써서, 이 소인국의 존재—머잖아 **악마**demon라는 별명이 붙게 된다—가 "우리로서는 불가능한 일을 할 수 있을 것"이라는 결론을 내렸다. 얼른 보면 그 악마가 하는 일은 혼돈에서 질서를 불러내는 마술처럼 보일 수 있으며, 그럼으로써 추상적인 정보의 세계와 물리적인 분자들의 세계가 연결되어 있다는 첫 암시를 주었다.

맥스웰은 지성의 거장으로서 뉴턴과 아인슈타인에 비견되는 위치에 있다—이는 마땅히 강조해야 한다. 1850년대에 맥스웰은 전자기 법칙들을 통일하고 전파radio waves의 존재를 예측했다. 또한 그는 컬러사진의 선구자였고, 토성의 고리를 설명해냈다. 이 책의 주제와 더 관련해서는, 주어진 온도의 기체에서 어떻게 열에너지가 어지럽게 운동하는 무수히 많은 기체 분자들에게 분배되는지 계산해냄으로써 열이론에 크나큰 이바지를 했다.

맥스웰의 악마는 역설이었고, 불가해한 수수께끼였고, 우주의 법칙성을 모욕하는 것이었다. 그 악마는 질서와 혼돈, 성장과 붕괴, 의미와 목적의 본성에 대한 수수께끼들이 담긴 판도라의 상자를 열었다. 그리고 비록 맥스웰은 물리학자였으나, 그 악마에 대한 생각이 가장 힘 있게 적용되는 곳은 물리학이 아니라 생물학임이 밝혀졌다. 맥스웰의 악마가 펼치는 마술이 생명의 마술을 설명하는 데 도움을 줄 수 있다는 것을 지금의 우리는 알고 있다. 그러나 생명에 적용하는 것은 당시로서는 아직 먼 미래의 일이었다. 처음에 맥스웰이 그 악마를 등장시킨 의도는 '생명이란 무엇인가?'라는 물음이 아닌 그보다 훨씬 단순하고 더 실제적인 물음을 밝히기 위함이었다. 곧, 열이란 무엇인가?

분자 마술

맥스웰이 테이트에게 편지를 쓴 시기는 산업혁명의 절정기였다. 그로부터 수천 년 앞서 일어났던 신석기시대의 농업혁명

과 달리, 산업혁명은 시행착오를 겪으며 진행되지 않았다. 증기기관과 디젤기관 같은 기계들은 17세기에 아이작 뉴턴이 처음 발표했던 역학의 원리들을 잘 아는 과학자들과 공학자들이 세심하게 설계한 것들이었다. 뉴턴이 발견한 운동법칙들은 물체에 작용하는 힘을 운동의 본성과 관련시켰으며, 그 모두가 간단한 수학 공식 하나에 싸 담겼다. 19세기에 이르면, 터널과 다리를 설계하고, 피스톤과 바퀴의 행동, 그것들이 전달하는 견인력과 거기에 필요한 에너지를 예측할 때 뉴턴의 법칙들을 이용하는 것이 흔한 일이었다.

19세기 중반에 이르자 물리학은 성숙한 과학이 되었고, 새로운 산업들이 토해낸 온갖 공학적 문제들은 물리학자들에게 흥미로운 분석 과제가 되어주었다. 지금과 마찬가지로 그 당시에도 산업 성장의 열쇠는 에너지에 있었다. 증기계를 돌릴 때 석탄은 가장 쓰기 편한 동력원이 되어주었고, 석탄이 가진 화학에너지를 역학적 견인력으로 바꾸는 수단으로 선호된 것은 증기기관이었다. 에너지, 열, 일, 노폐물 사이의 주고받음 관계를 최적화하는 것은 단순히 대학의 연습문제 정도로 그치는 것이 아니었다. 효율을 약간이라도 높이는 것에 막대한 이익이 걸려 있었기 때문이다.

비록 그 당시에 역학법칙들은 잘 이해하고 있었지만, 열의 본성은 아직 알쏭달쏭했다. 공학자들은 열이 일종의 에너지로서 다른 에너지 꼴로 변환될 수 있음은 알고 있었다. 이를테면 열은 운동에너지로 변환될 수 있으며, 이것이 바로 증기기관차의 밑바탕에 깔린 원리이다. 그러나 열을 활용해서 쓸모 있는 일을 하

는 것에는 단순히 이 에너지에서 저 에너지로 꼴을 바꾸는 것만 관련된 것이 아님을 알게 되었다. 만일 우리가 모든 열에너지를 무제한 사용할 수 있다면, 세계는 매우 다른 곳이 되었을 것이다. 왜냐하면 열은 우주에서 굉장히 풍부한 에너지원이기 때문이다.* 예를 들어 열에너지를 무제한 퍼서 쓰게 된다면, 빅뱅의 열적 잔광thermal afterglow만으로도 우주선의 추진력을 얻을 수 있을 것이다. 그보다 더 가깝게는, 물만 가지고도 모든 산업을 돌릴 수 있을 것이다. 물 한 병에는 내 거실을 한 시간 동안 밝힐 만큼의 열에너지가 있기 때문이다. 다른 연료 없이 바다의 열만 가지고 배를 운항하는 모습을 상상해보라.

그러나 애석하게도 그렇게 되지 못한다. 성가신 물리학자들이 유용한 역학적 활동으로 변환될 수 있는 열의 양에는 엄밀한 한계가 있음을 1860년대에 발견했던 것이다. 그런 구속성은 일을 수행할 수 있는 것이 열에너지 자체가 아니라 열의 **흐름**이라는 사실에서 비롯한다. 열에너지를 거두어 쓰려면 반드시 어딘가에 온도 **차이**가 있어야 한다. 간단한 예를 들어보자. 온수탱크와 냉수탱크가 가까이 놓여 있고, 두 탱크에 열기관을 연결했다고 해보자. 그러면 열기관은 그 온도 기울기를 이용해서 플라이휠flywheel을 돌리거나 추를 들어 올리는 것 같은 물리적인 일을 수행할 수 있다. 그 열기관은 온수에서 열을 가져와 냉수로 전달하고, 그 과정에서 약간의 에너지를 추출해 유용하게 쓰는

* 여기서 나는 대부분 비활성 상태인 물질의 질량-에너지 그리고 텅 빈 우주공간의 수수께끼 같은 암흑에너지는 무시했다. 그 에너지들은 열에너지보다 훨씬 더 풍부하다.

것이다. 그러나 온수탱크에서 냉수탱크로 열이 전해지면서 온수는 점점 차가워지고 냉수는 점점 따뜻해질 것이고, 마침내는 두 탱크 사이의 온도 차이가 줄어들어 모터는 끼익 멈추고 말 것이다. 이를 설명할 최선의 각본은 무엇일까? 답은 두 탱크의 온도에 달려 있다. 그러나 (어떤 외부 장비를 써서) 한쪽 탱크는 물의 끓는점(100℃)을 유지하도록 하고 다른 쪽 탱크는 물의 어는점(0℃)을 유지하도록 할 경우, 기대할 수 있는 최선의 결과는 열에너지의 27퍼센트 정도만을 유용한 일의 꼴로 추출할 수 있다는 것이다. 주변으로 새어나가 허비된 열이 전혀 없다 할지라도 말이다. 우주의 어떤 공학자도 그보다 열에너지를 더 잘 뽑아낼 수는 없다. 자연의 근본법칙이 바로 그러니까 말이다.

일단 물리학자들이 이를 이해하게 되자, 열역학이라고 하는 과학이 탄생했다. 열에너지를 모두 일로 전환할 수 없다고 말하는 법칙이 바로 열역학 제2법칙이다.** 열이 뜨거운 쪽에서 차가운 쪽으로 흐르며(이를테면 수증기에서 얼음으로) 그 반대로는 흐르지 않는다는 친숙한 사실을 설명해내는 법칙도 바로 제2법칙이다. 이는 만일 에너지를 쓰면 열을 차가운 쪽에서 뜨거운 쪽으로 전달할 **수 있다**는 말이기도 하다. 열기관을 거꾸로 돌리는 것—에너지를 **써서** 열을 차가운 쪽에서 뜨거운 쪽으로 펌프질하는 것—이 바로 냉장고의 기초이다. 냉장고는 산업혁명의 발명품들 중 돈벌이가 한층 더 잘 되었다. 냉장고 덕분에 고기를

** 열역학 제1법칙은 열을 에너지의 한 꼴로 포함했을 때 에너지가 보존된다고 말할 뿐이다.

얼린 상태로 수천 킬로미터 떨어진 곳까지 운반할 수 있었기 때문이다.

여기서 맥스웰의 악마가 어떻게 등장하게 되는지 이해하기 위해, 튼튼한 상자 안에 기체가 담겨 있고, 한쪽 끝이 다른 쪽 끝보다 뜨겁다고 상상해보자. 미시 수준에서 보면, 열에너지란 운동에너지—분자들의 쉼 없는 들썩임—와 다를 것이 없다. 계가 뜨거울수록 분자들은 더 빠르게 운동한다. 평균적으로 보면, 상자의 뜨거운 쪽에 있는 분자들이 차가운 쪽에 있는 분자들보다 더 빠르게 운동한다. 빠르게 운동하는 분자들이 느리게 운동하는 분자들과 충돌하면, 빠르게 운동하는 분자들은 (이번에도 역시 평균적으로) 그 알짜 운동에너지량을 느리게 운동하는 기체 분자들에게 전달해서 기체의 온도를 높인다. 얼마 뒤면 계는 열적 평형상태에 도달하여, 처음에 양쪽 기체가 가졌던 온도의 높고 낮은 두 끝점 사이의 어느 온도를 균일하게 가지게 될 것이다. 열역학 제2법칙은 그 과정이 거꾸로 되는 것을 금지한다. 곧, 빠르게 운동하는 분자들이 한쪽 끝에 모이고 느리게 운동하는 분자들이 다른 한쪽에 모이게끔 기체가 자발적으로 분자들을 재배열하는 일이 못 일어나게 하는 것이다. 만일 이런 일이 일어나는 모습을 본다면, 기적과 같다고 생각할 것이다.

비록 기체 상자의 맥락에서 보면 열역학 제2법칙을 쉽게 이해할 수 있지만, 이 법칙은 모든 물리계, 실로 우주 전체에 적용된다. 우주에 시간의 화살을 박아 넣는 것이 바로 이 열역학 제2법칙이다(글상자 3 참고). 가장 일반적인 형태의 제2법칙은 **엔트로피**entropy라는 양을 쓰면 가장 잘 이해할 수 있다. 나는 앞

으로 이야기를 해나가면서 거듭 엔트로피로 되돌아가 다양한 개념으로 살펴볼 것이다. 그러나 지금 당장은 엔트로피를 계의 무질서를 재는 척도로 생각할 것이다. 이를테면 열은 분자들의 어지러운 요동 상태를 서술하기 때문에 엔트로피로 표상될 수 있다. 말하자면 열이 발생하면 엔트로피가 올라가는 것이다. 어느 계의 엔트로피가 감소하는 모습을 보이면, 그 계보다 더 큰 그림을 보면 된다. 그러면 그 계 말고 다른 어딘가에서 엔트로피가 올라가고 있음을 알게 될 것이다. 예를 들어 냉장고 속의 엔트로피는 내려가지만, 냉장고 뒷면에서는 열이 나와 부엌의 엔트로피를 올린다. 그뿐만 아니라, 전기를 쓴 만큼 비용을 지불해야 하고, 그 전기도 만들어야 하는 것이다. 발전 과정 자체도 열을 만들어내기 때문에 발전소의 엔트로피가 올라간다. 장부를 면밀히 검토해보면, 이기는 쪽은 언제나 엔트로피이다. 우주 규모에서 보았을 때 제2법칙이 함축하는 바는 다음과 같다. **우주의 엔트로피는 결코 내려가지 않는다.***

---

* 영국의 위대한 천문학자 아서 에딩턴 경(Sir Arthur Eddington)은 이렇게 쓴 적이 있다. "엔트로피가 언제나 높아진다는 법칙은 자연의 법칙들 가운데에서도 으뜸 자리를 차지한다고 생각한다. 만일 우주에 관해 여러분이 가진 지론이 맥스웰의 [전자기마당] 방정식과 일치하지 않는다고 누가 지적했다고 해보자. 그러면 맥스웰의 방정식 입장이 매우 난처해진다. 만일 그 지론이 관찰과 모순되는 모습을 보인다면, 음, 관찰하는 실험가들도 때때로 실수를 하는 법이니까 하고 생각할 수도 있다. 그런데 여러분의 이론이 열역학 제2법칙을 거스른다는 것이 발견된다면, 나는 여러분에게 아무 희망도 줄 수 없다. 그 이론이 깊디깊은 굴욕감에 빠져 무너지는 것 말고는 도리가 없다는 말이다."(Arthur Eddington, *The Nature of the Physical World* (Cambridge University Press, 1928), p.74)

글상자 3: 엔트로피와 시간의 화살

일상의 장면을 영화로 찍고 나서 거꾸로 재생해보자. 그러면 사람들이 보고 웃을 것이다. 왜냐하면 눈에 보이는 모습이 너무나 앞뒤가 안 맞기 때문이다. 많이들 들어본 적 있는 '시간의 화살'을 서술할 때 물리학자들은 **엔트로피**라는 개념에 의지한다. '엔트로피'라는 말은 쓰임새도 많고 다양하게 정의되기 때문에 혼동을 유발할 수도 있지만, 이 책의 목적에서 보면 많은 성분들로 이루어진 계에서 **무질서**를 재는 척도를 엔트로피라고 보는 것이 가장 편할 것이다. 일상의 예를 들어보자. 카드 한 벌을 새로 사서 개봉했다고 해보자. 카드는 패별로 1, 2, 3, 4…… 순서로 정렬되어 있다. 이제 카드를 섞어보자. 그러면 카드는 처음보다 덜 순서대로 정렬될 것이다. 엔트로피는 많은 부분들로 이루어진 계가 질서를 잃을 수 있는 방법들의 수를 셈으로써 계의 상태가 바뀐 것을 양화한다. 주어진 카드 패가 순서대로(에이스, 2, 3 …… 잭, 퀸, 킹) 정렬될 수 있는 방법은 단 **하나**뿐이지만, 무질서하게 정렬될 수 있는 방법은 **많다**. 이 간단한 사실이 함축하는 바는, 카드를 무작위로 섞었을 때 무질서—엔트로피—가 증가할 가능성이 압도적으로 높다는 것이다. 왜냐하면 깔끔하게 정렬될 방법보다 어지럽게 정렬될 방법의 수가 훨씬 많기 때문이다. 하지만 이것은 통계적인 논증일 뿐이라는 것을 염두에 두어야 한다. 아무렇게나 정렬된 카드 패를 섞었을 때 우연하게 순서대로 정렬될 확률은 지극히 작기는 하지만 0은 아니다. 기체 상자의 경우도 마찬가지이다. 분자들이 아무렇게나 쌩쌩 돌아다니기 때문에, 빠른 분자들이 상자의 한쪽 끝에 모이고 느린 분자들이 다른 쪽 끝에 모일 유한 확률finite probability이 있다—지극히 낮은 확률이기는 해도 확실히 있다. 따라서 정확하게 진술하면, 닫힌계에서 엔트로피(또는 무질서의 정도)가 올라가거나 동일한 상태로 머무를 **가능성이 압도적으로 높**지만 100퍼센트 확실하지는 않다고 할 수 있다. 기체의 최대 엔트로피—구분 불가능한 배열indistinguishable arrangements의 수가 가장 많을 때 도달할 수 있는 거시적인 상태—는 기체가 균일한 온도와 밀도를 가지는 열역학적 평형상태thermodynamic equilibrium에 해당된다.

19세기 중반에 이르러 열, 일, 엔트로피, 열역학 법칙들의 기본 원리들이 잘 정립되었다. 그래서 마침내 열을 이해했으며 열의 속성들이 나머지 물리학과 아무 걸림 없이 조화를 이룬다고 크게 자신하게 되었다. 그러나 그때 악마가 뒤따라 왔다. 맥스웰이 제시한 간단한 추측 하나가 열역학 제2법칙의 바로 그 기초를 공격하여, 새로 찾아낸 이 이해를 전복해버렸던 것이다.

맥스웰이 테이트에게 보낸 편지에서 제안했던 바의 요체를 말해보면 다음과 같다. 앞서 나는 기체 분자들이 이리저리 쌩쌩 돌아다니고, 기체가 뜨거울수록 분자들은 더 빨리 운동한다는 말을 했다. 그러나 모든 분자들이 **똑같은** 속력으로 운동하는 것은 아니다. 기체의 온도가 일정하다고 해도, 에너지 배분은 균일하지 않고 무작위적이다. 이는 다른 녀석들보다 빠르게 운동하는 분자들이 있다는 뜻이다. 분자들 사이에서 에너지가 어떤 식으로 분포하는지—전체 중에 평균 속력의 절반을 가진 분자들은 얼마만큼이고 평균의 두 배 속력을 가진 것들은 얼마만큼인지 하는 식으로—정확하게 풀어낸 사람이 바로 맥스웰이었다. 열역학적 평형상태에서조차 기체 분자들의 속력이(따라서 에너지도) 저마다 다르다는 것을 깨달은 맥스웰은 호기심 어린 생각 하나에 사로잡혔다. 어떤 교묘한 장치를 써서 아무 에너지도 쓰지 않고 빠른 분자들과 느린 분자들을 분리해낼 수 있다고 하면 어떨까? 이 분류 절차는 결과적으로 온도 차이를 만들어낼 것이고(한쪽에는 빠른 분자들, 다른 쪽에는 느린 분자들이 있기 때문에), 그 온도 기울기를 이용해 열기관을 돌리면 일을 수행할 수 있을 것이었다. 이 절차를 이용하면, 균일한 온도의 기체로 출발해서 그 열에너지의 일부를 아무 외적 변화 없이 일로 전환할 수 있을 것이고, 그러면 가증스럽게도 열역학 제2법칙을 위반하게 될 것이었다. 결과적으로 시간의 화살을 거꾸로 돌려 일종의 영구운동을 이루어낼 길을 열게 될 것이었다.

여기까지만 보면 매우 충격적이다. 그러나 자연의 규정집을 쓰레기통에 던져넣기 전에, 우리는 빠른 분자와 느린 분자를 분리하는 일을 실제로 어떻게 해낼 수 있겠느냐는 매우 당연한 물음을 상대해야 한다. 맥스웰은 어떻게 하면 될지 심중에 담아둔 바를 편지에 적었다. 맥스웰의 기본 생각은, 튼튼한 칸막이로 기체 상자 안을 둘로 나누고 그 칸막이에 매우 작은 구멍을 뚫는 것이다(그림 3 참고). 바글바글한 분자 무리들이 그 칸막이를

때릴 텐데, 개중에는 마침 구멍이 위치한 곳에 도달하는 녀석들도 얼마 있을 것이고, 그러면 구멍을 통과해서 상자의 다른 편으로 건너갈 것이다. 구멍을 충분히 작게 하면, 한 번에 분자 하나만 구멍을 통과할 것이다. 상자를 그대로 두면, 분자들의 양방향 통행이 균형을 이루게 되어 온도는 안정된 상태를 유지할 것이다. 그런데 이제 여닫이 덧문으로 그 구멍을 막을 수 있다고 상상해보자. 거기에 더해 그 구멍 근처에 어떤 미세한 존재—악마—가 하나 자리를 잡고 앉아서 그 덧문을 작동시킬 수 있다고 상상해보자. 악마가 충분히 민첩하다면, 느리게 운동하는 분자들만 따로 구멍을 통과시켜 한쪽으로, 빠르게 운동하는 분자들만 따로 구멍을 통과시켜 반대쪽으로 가게 할 수 있을 것이다. 이 선별 과정을 오래 계속하면, 악마는 칸막이를 사이에 두고 한쪽의 온도는 올리고 다른 쪽의 온도는 낮출 수 있게 될 것이다. 그래서 에너지를 하나도 소비하지 않은 듯 보이는데도 온도 차이를 만들어낼 것이다.* 말인즉슨 분자적 혼돈에서 질서를 만들어내는 것이다. 그것도 공짜로 말이다.

맥스웰을 비롯해서 그 시대 사람들에게는, 마땅히 자연법

---

* 맥스웰은 악마와 덧문이 아무 마찰력 없이 또는 어떤 동력원도 필요 없이 완벽하게 기능하는 장치들이라고 가정했다. 어느 모로 보나 조건을 이상화하기는 했지만, 그만한 역학적 완전성에 임의로 가까이 다가가는 것을 막는 원리는 아직까지 알려진 것이 없다. 마찰이란 질서를 가진 운동—이를테면 바닥을 구르는 공—이 무질서한 운동—열—으로 전환되는 거시적 규모의 속성임을 기억하라. 이때 공이 가진 에너지는 수조 개의 미세한 입자들 사이에 분산되어 있다. 그런데 분자적 규모에서 보면 모든 것이 작디작다. 마찰은 존재하지 않는다. 나중에 나는 악마학에서 몇 가지 실제적인 면들을 서술할 생각이다.

칙이어야 하는 바—엔트로피는 결코 감소하지 않는다는 것—를 어떤 손놀림 빠른 악마가 거스른다는 생각 자체가 앞뒤가 안 맞는 것으로 보였다. 분명 이 논증에는 무언가 빠져 있었다. 그런데 무엇이 빠졌을까? 음, 실제 세계에 악마는 존재하지 않는다는 사실은 어떨까? 그건 문제가 안 된다. 맥스웰의 논증은 '사고실험'이라는 범주에 해당되는 것으로, 가상의 각본을 짜서 거기에 어떤 중요한 원리가 있음을 가리키는 것이다. 따라서 실제로 그렇다고 생각할 필요는 없다. 물리학에서 이런 사고실험의 역사는 매우 오래되었고, 이해에 크나큰 진전을 이루어내고 마침내는 실제적인 장치로 귀결되는 경우가 종종 있었다. 어쨌든, 맥스웰에게는 덧문을 작동시킬 지각력 있는 존재가 실제로 있을 필요는 없었고, 그 선별 작업을 수행할 수 있는 분자 규모의 장치만 있으면 되었다. 테이트에게 편지를 썼을 당시, 맥스웰이 제안한 악마는 상상 속에만 있었다. 맥스웰은 그 악마 같은 존재가 실제로 존재한다는 낌새를 전혀 채지 못했다. 사실 그 녀석들은 맥스웰 자신의 몸속에 존재했는데도 말이다! 그러나 분자 악마와 생명이 연결되어 있다는 깨달음은 그로부터 한 세기 뒤에나 가능한 것이었다.

어쨌든 그동안 "어디, 악마를 보여줘 봐!"라는 반발을 제외하고, 맥스웰의 논증에는 심하게 잘못된 것처럼 보이는 구석이 전혀 없었으며, 그 뒤로 수십 년 동안, 물리학의 복판에 자리한 불편한 진실, 대부분의 과학자들이 무시하기로 선택한 추한 역설 같은 것으로 남아 있었다. 지나고 나면 그때는 못 봤던 것을 볼 수 있는 법이니만큼, 지금의 우리는 그 역설의 해법이 그동안

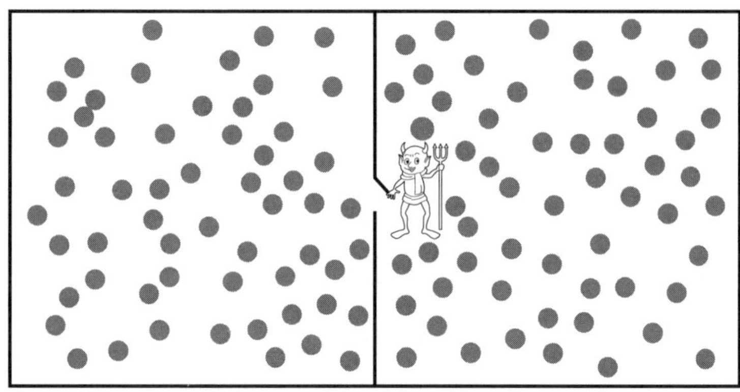

그림 3. 맥스웰의 악마

기체 상자 안에 칸막이를 두어 두 방으로 나누고, 칸막이에는 분자가 하나씩만 통과할 수 있는 작은 구멍이 하나 나 있다. 그 구멍은 덧문을 달아 막을 수 있다. 미세한 악마 하나가 무작위로 운동하는 분자들을 관찰하다가 빠르게 운동하는 분자들이 다가오면 덧문을 열어 왼쪽 방에서 오른쪽 방으로 건너가게 하고, 느리게 운동하는 분자들이 다가오면 오른쪽 방에서 왼쪽 방으로 건너가게 한다. 시간이 좀 흐르고 나면, 오른쪽 방에 있는 분자들의 평균 속력은 왼쪽 방의 분자들보다 훨씬 커질 것이며, 이는 두 방 사이에 온도 차이가 확립되었음을 함축한다. 그러면 그 열 기울기를 이용해서 모터를 돌려 유용한 일을 수행할 수 있을 것이다. 이렇게 해서 악마는 체계가 없는 분자들의 운동을 제어된 기계적 운동으로 전환함으로써, 혼돈에서 질서를 만들어내고 영구운동 기계가 만들어질 길을 연 것이다.

줄곧 바로 눈앞에 놓여 있었음을 볼 수 있다. 빠르게 운동하는 것들과 느리게 운동하는 것들로 분자의 범주를 나누는 일을 효율적으로 하려면, 악마는 분자들의 속력과 방향에 대한 **정보**를 반드시 얻어야만 한다. 그리고 이제 와서 알게 되었지만, 정보를 물리학 안으로 들인 것이, 오늘날에 와서야 펼쳐지기 시작한 어떤 과학혁명을 향한 문을 열어젖혔다.

정보 측정하기

큰 그림으로 들어가기에 앞서, 정보 개념을 약간 파고들 필요가 있다. 일상 속에서 우리는 버스 시간표부터 군사 첩보에 이르기까지 온갖 맥락에서 '정보'라는 말을 많이들 사용한다. 정보기술 회사들에서 일하는 사람들만 수백만 명이고, 목하 성장 중인 생물정보학bioinformatics 분야에는 수십억 달러의 지원금이 몰린다. 미국 경제의 상당 부분은 정보에 기초한 산업을 기반으로 하고 있으며, 현재는 그 분야가 일상사에서 워낙 큰 부분을 차지하기에 우리는 간단히 줄여서 'IT'라는 말로 그 산업을 지칭하곤 한다. 그러나 이런 일상 속의 친숙함으로 인해 몇 가지 깊은 개념적 문제들이 가려지곤 한다. 먼저, 정보란 정확히 **무엇인가**? 정보란 눈으로 볼 수도 손으로 만질 수도 코로 냄새를 맡을 수도 없지만, 그럼에도 불구하고 모든 사람에게 영향을 준다. 따지고 보면 캘리포니아의 자금줄이 바로 정보이다!

앞서 말했다시피, 정보 관념은 원래 인간의 담론 영역에서 유래했다. 이를테면 나는 학생들에게 시험 결과를 '알려주고inform', 가장 가까운 식당을 찾는 데 필요한 정보information를 여러분이 내게 줄 수도 있다. 이런 의미에서 보면, 정보란 순수하게 추상적인 개념이다. 애국심이나 정치적 편의주의나 사랑처럼 말이다. 다른 한편으로 정보는 분명히 이 세계에서 어떤 **물리적인** 역할을 한다. 특히 생물에서 그렇다. 생물의 DNA에 저장된 정보에 변화가 생기면 돌연변이 자손이 나와 진화의 과정을 바꿀 수도 있기 때문이다. **정보는 세계에 차이를 만들어낸다.** 우리는 정보가 '인과력causal power'을 가졌다고 말할 수도 있을 것이다. 어떻게 하면 추상적인 정보를 물리적 대상들로 이루어진 구체적 세계와 연결할 수 있을지, 그 길을 알아내는 것이 과학의 도전과제이다.

이처럼 심원한 문제들에서 진전을 보기 위해서는 먼저 조금도 윤색되지 않은 날것 그대로의 의미로 정보를 정확하게 정의해내야 한다. 내가 이 책을 키보드로 입력하고 있는 컴퓨터에 따르면 C드라이브는 237Gb의 정보를 저장할 수 있고, 정보를 3GHz의 속도로 처리할 수 있다고 주장하고 있다. 저장 공간을 더 늘리고 처리 속도를 더 빠르게 하고 싶다면, 돈을 더 지불해야 할 것이다. 우리는 이런 숫자들을 늘상 입에 올리곤 한다. 그런데 Gb와 GHz라는 것들이 대체 무엇일까? (경고: 이번 절에서 기본 수학을 얼마간 다룰 생각인데, 이 책에서 수학을 말하는 부분은 이곳뿐이다.)

정보의 양화量化는 1940년대 중반에 공학자 클로드 섀넌Claude Shannon이 했던 연구와 함께 본격적으로 시작되었다. 괴짜이고 약간 은둔자 기질이 있었던 섀넌이 일한 곳은 미국의 벨 연구소Bell Labs였다. 그곳에서 섀넌이 일차적으로 관심을 두었던 것은 부호화한 메시지를 정확하게 전송하는 방법을 찾는 것이었다. 그 과제는 제2차 세계대전 당시의 군역으로 시작되었다. 여러분에게 지글거리는 라디오나 지직거리는 전화선이 주어진 고약한 경우를 생각해보자. 오류 가능성을 최소화하여 말을 전달할 때 쓸 수 있는 최선의 전략이 무엇일까? 섀넌은 메시지가 왜곡될 위험을 최대한 줄여 정보를 부호화할 방법을 찾는 연구에 착수했다. 그 과제의 정점을 보여준 것이 1949년에 출간된 《통신의 수학이론*The Mathematical Theory of Communication*》이었다.[2] 그 책은 비록 팡파르 없이 세상에 나왔으나, 장차 역사는 과학의 중추적인 사건, 곧 슈뢰딩거의 '생명이란 무엇인가?'라는 물음의 심장부를 파고드는 사건에 해당하는 것으로 판단할 것이다.

섀넌의 출발점은 정보를 수학적으로 엄밀하게 정의하는 것이었다. 그는 불확실성 관념에 의거한 정의를 선택했다. 이를 간단하게 표현해보자. 정보를 획득하면, 전에는 몰랐던 무엇을 배우게 된다. 따라서 불확실성이 덜해진다. 공정한 동전fair coin 던지기를 생각해보자. 동전이 앞면으로 착지할 가능성과 뒷면으로 착지할 가능성은 50 대 50이다. 동전이 어느 쪽으로 착지했는지 보지 않는 한, 그 결과는 완전하게 불확실하다. 그러나 동전을 보게 되면, 그 불확실성은 줄어든다(이 예에서는 불확실성이 0이 된다). 앞면이냐 뒷면이냐처럼 선택지가 둘인 선택binary choices은 생각할 수 있는 가장 단순한 선택이며, 컴퓨팅과 직접적으로 관련된다. 왜냐하면 컴퓨터가 쓰는 부호의 형식은 1과 0으로만 이루어진 이진산술binary arithmetic로 이루어지기 때문이다. 이 기호들을 물리적으로 실행하려면, 켜진 상태 아니면 꺼진 상태인 스위치처럼 두 상태만 가지는 계two-state system가 있으면 된다. 섀넌 이후로 '이진수binary digit' 또는 줄여서 '비트bit'가 정보를 양화하는 표준적인 방법이 되었다. 여기에 덧붙이자면, 바이트byte는 8비트(2^3)로서, Gb에 쓰인 b가 이것이다(Gb: 기가바이트 또는 10억 바이트). 정보를 처리하는 속도는 '기가헤르츠'를 나타내는 GHz로 표현하며, 1초에 10억 번 비트전환을 한다는 뜻이다. 공정한 동전을 한 번 던져서 그 결과를 눈으로 확인하면, 두 가지 동일한 확률 상태가 한 가지 확실한 상태로 붕괴함으로써 1비트의 정보를 얻게 된다.

동전 두 개를 동시에 던진 경우는 어떨까? 그 결과를 확인하면, 두 단위의 정보(2비트)가 산출된다. 그러나 동전이 두 개이니 이제 가능한 상태가 앞면-앞면, 앞면-뒷면, 뒷면-앞면, 뒷면-뒷면, 이렇게 **4가지**라는 것에 주목하라. 동전이 3개이면 가능한 상태는 8가지가 되고, 결과 확인하기로 얻는 정보는 3비트이다. 동전이 4개이면 가능한 상태는 16가지이고, 얻게 되는 정보는 4비트이다. 동전이 5개이면 가능한 상태는 32가지이고…… 이렇게 계속된다. 어떤 식으로 진행되는지 눈여겨보라. $4=2^2$, $8=2^3$, $16=2^4$, $32=2^5$……이다. 가능한 상태의 수는 2를 동전의 개수만큼 **거듭제곱**한 것이다. 반대로 동전 던지기의 결과를 관찰해서 얻게 되는 비트의 수를 알고 싶다면, 2를 밑으로 하는 **로그**를 써서 위 지수함수의 역함수를 만들어야 한다. 그렇게 하면 $2=\log_2 4$, $3=\log_2 8$, $4=\log_2 16$, $5=\log_2 32$……이다. 로그를 잘 아는 독자라면 이 식을 써서 정보 비트들을 더할 수도 있음을 눈치챌 것이다. 이를테면 2비트+3비트=5비트이다. 왜냐하면 $\log_2 4+\log_2 8=\log_2 32$이기 때문이다. 공정한 동전이 5개일 때 동일한 확률을 가지는 상태의 수는 실제로 32가지이다.

이제 그 상태들이 동일한 확률상태가 **아니라고** 상상해보자. 이를테면 동전의 무게가 편중된loaded 경우를 생각해보자. 그런 경우에는 결과 확인하기로 얻을 수 있는 정보가 더 적을 것이다. 결과가 완전하게 예측 가능하다면(확률 1), 결과를 확인하고 추가로 얻을 정보는 없을 것이다. 말하자면 0비트의 정보를 얻게 된다. 실제 세계에서 이루어지는 통신을 보면 확률이 실제로 균등하지 않은 경우가 대부분이다. 예를 들어 영어에서 글자 a는 x보다 훨씬 높은 확률로 나타난다. 보드게임인 스크래블Scrabble에서 점수를 매길 때 글자마다 다르게 가중치를 주는 까닭이 바로 이 때문이다. 예를 하나 더 들어보자. 영어에서 글자 q 뒤에는 항상 u가 붙기 때문에, u는 군더더기가 된다. q 다음에 u를 수신해서 추가로 얻는 정보 비트는 없기 때문에, 부호화한 메시지에서 u는 자원을 허비하면서까지 전송할 가치가 없을 것이다.

섀넌은 비균등확률non-uniform probability의 경우에 가중평균을 취해서 정보를 양화할 방법을 찾아냈다. 매우 간단한 예를 하나 들어서 그 방법이 무엇인지 보도록 하자. 평균적으로 앞면이 뒷면보다 두 배 더 자주 나오도록 편중된 동전loaded coin을 던진다고 생각해보자. 이는 앞면이 나올 확률은 2/3이고 뒷면이 나올 확률은 1/3이라는 뜻이다(확률은 더해서 1이 되어야 한다). 섀넌이 제시한 생각에 따르면, 앞면이나 뒷면에 대응되는 비트의 수는 단순히 둘의 상대적 확률에 의해 가중된다. 그래서 여기서 예로 든 편중된 동전을 던진 결과를 확인해서 얻게 되는 정보 비트 수의 평균은 $-\frac{2}{3}\log_2\frac{2}{3}-\frac{1}{3}\log_2\frac{1}{3}=0.92$이며, 결과가 동일한 확률을 가질 때 얻게 될 1비트보다 약간 적다. 이해가 가는 일이다. 앞면이 나올 가능성이 뒷면보다 두 배 높다는 것을 알고 있다면, 공정한 동전을 던진 경우보다 결과에 대한 불확실성이 덜할 것이고, 따라서 결과를 관찰함으로써 불확실성이 감소하는 정도도 덜하기 때문이다. 더욱 극단적인 예를 들어보자. 앞면이 나올 확률이 뒷면보다 7배 높다고 해보자. 동전을 던질 때마다 얻게 될 정보 비트 수의 평균은 $-\frac{7}{8}\log_2\frac{7}{8}-\frac{1}{8}\log_2\frac{1}{8}=0.54$비트에 불과하다. 물음에 대한 답의 정보량을 표현하는 한 가지 방법은 답을 알게 되었을 때 느끼는 놀라움의 정도를 평균해서 표현하는 것이다. 앞면 쪽으로 매우 크게 편중된 동전을 던졌을 때에는 대개 결과에 대한 놀라움이 대단치 않다.*

잠시 이를 되새겨보면, 섀넌의 분석을 곧바로 생물학에 적용할 수 있음을 알 수 있다. 정보는 보편적인 유전 부호를 사용해서 DNA에 저장된다. 유전자에 담긴 정보는 mRNA를 거쳐 리보솜으로 전송되고, 거기서 부호가 판독된 다음, 그 정보를 써서 아미노산을 엮어 단백질을 짓는다. 하지만 mRNA의 정보채널information channel은 본래 잡음이 많다. 말하자면 오류가 나기 쉽다(110~111쪽을 참고하라). 따라서 생명의 사용설명서는 잡음이 많은 통신채널을 통해 보내진 부호화된 정보에 대한 섀넌의 분석과 논리적으로 동등하다.

생물 하나에 담긴 정보량에 대해 '놀라움' 인자는 우리에게 무엇을 말해줄까? 음, 생명은 지극히 놀라운 현상이므로,** 생명

---

* 일반적인 공식은 $n=-\log_2 p$이다. 여기서 n은 비트의 수이고, p는 각 상태의 확률이다. n은 0과 1 사이여야 하므로 로그에 음수부호를 붙일 필요가 있다.

** 확실히 생명은 놀라운 현상이다. 나는 시드니 인근의 해변에 앉아서 이 절을 적었다. 놀라움에 관한 부분을 적어나갈 때, 떠돌이 개 한 마리가 걸어와 키보드 위로 불쑥 머리를 들이밀었다. 지금 하고 있는 논의에 이런 말을 덧붙이지 않을 수 없다. "V tvtgvtvfaal." 개가 들려준 이 감탄사에 담긴 정보를 평가할 몫은 독자에게 남겨두겠다.

에는 섀넌 정보Shannon information가 **많이** 간직되어 있으리라고 예상할 수 있다. 그리고 진짜 그렇다. 우리 몸을 이루는 세포 하나하나에는 DNA 염기들이 약 10억 개 담겨 있으며, 생명의 알파벳인 네 문자가 특정 순서로 배열되어 있다. 가능한 조합 수는 4를 10억 번 거듭제곱한 정도이다. 이는 1 다음에 0이 약 6억 개나 되는 수이다. 여기에 견주면 우주에 있는 원자의 수—1 다음에 0이 약 80개 온다—는 보잘것없다. DNA 가닥에 담긴 정보가 얼마만큼인지 구하는 섀넌의 공식은 로그를 쓴다. 그 결과는 약 20억 비트이며, 국회도서관에 소장된 모든 책에 담긴 정보보다 많은 양이다. 이 모든 정보가 성냥 머리의 1조분의 1 부피에 다 꾸려 넣어져 있다. DNA에 담긴 정보는 세포 하나에 담긴 전체 정보 중 일부에 지나지 않는다. 이 모두는 생명이 정보에 얼마나 깊게 투자하고 있는지 보여준다.*

---

* DNA가 데이터를 인상적으로 저장하는 성질을 가졌기에 과학자들 사이에서는 미생물의 DNA에 (미생물을 죽이지 않고) 시나 책, 심지어 영화까지 업로드하는 일종의 가내공업 같은 것이 생겨났다. 크레이그 벤터(Craig Venter)가 자기 작품에 '워터마크'를 삽입하는 것으로 이 분야를 개척했다. 그는 연구실에서 미생물을 재공학하여 원하는 대로 유전체를 바꾼 뒤, 거기에 물리학자 리처드 파인만(Richard Feynman)이 했던 말—그 상황에 적절한 말—을 심어넣었다. 더 최근에 와서는, 하버드의 생물학자 연구진이 1878년에 에드워드 마이브리지(Eadweard Muybridge)가 (말이 네 발을 동시에 지면에서 띄울 수 있음을 입증하기 위해) 구보하는 말을 찍은 유명한 영화를 디지털 버전으로 부호화하여 살아 있는 *E.coli*(대장균) 개체군의 유전체 속에 심었다. (참고: Seth L. Shipman et al., 'CRISPR—Cas encoding of a digital movie into the genomes of a population of living bacteria', *Nature*, vol. 547, 345-9 (2017).) 이런 묘기는 재미 삼아 조금 만지작거리는 정도에 지나는 것이 아니라, 세포 속에 '데이터 기록' 장치를 삽입해서 생체 과정들을 추적할 길을 닦을 수 있는 기술이 가능함을 생생하게 보여주는 것이다.

섀넌은 정보를 비트로 양화하는 자신의 수학공식이 음수부호를 제외하면 물리학자들의 엔트로피 공식과 동일하다는 것을 간파했다. 이는 어떤 의미에서 보면 정보가 엔트로피의 반대임을 암시한다. 엔트로피를 무지無知로 생각해보면 이런 연관성은 놀랄 것이 아니다. 그걸 설명해보겠다. 나는 앞서 엔트로피가 어떻게 무질서 또는 무작위성을 재는 척도가 되는지 서술했다(글상자 3을 참고하라). 무질서는 큰 규모의 모둠들이 가지는 **집합적** 속성이다. 분자 하나가 무질서하다거나 무작위적이라고 말하는 것은 말이 안 되기 때문이다. 엔트로피와 열에너지 같은 열역학적 양들은 엄청난 수의 입자들—이를테면 이리저리 질주하는 기체 분자들—그리고 개개 입자들의 세부적인 면들은 고려하지 않은 채 그 입자들을 전반적으로 평균한 것을 기준으로 정의된다. (이런 평균화는 이따금 '뭉쳐서 보기coarse-grained view'라고 부르기도 한다.) 그래서 기체의 온도는 기체 분자들의 평균 운동에너지와 관련된다. 여기서 요점은, 평균을 취할 때마다 정보가 얼마 사라진다는 것이다. 말하자면 무지를 얼마 받아들인다는 뜻이다. 런던 시민의 평균키는 특정 개인의 키에 대해서는 아무것도 말해주지 못한다. 이와 마찬가지로, 기체의 온도는 특정 분자의 속력에 대해서는 아무것도 말해주지 못한다. 간추려보자. **정보는 우리가 아는 바에 관한 것이고, 엔트로피는 우리가 모르는 바에 관한 것이다.**

앞서 설명했다시피, 공정한 동전을 던진 다음에 결과를 보고 나서 얻게 되는 정보는 정확히 1비트이다. 그렇다면 모든 동전에 정확히 1비트의 정보가 '담겨 있다'라는 뜻일까? 음, 그렇기도 하고 아니기도 하다. '동전에 1비트가 담겨 있다'라는 대답은, 가능한 상태의 수가 둘(앞면 아니면 뒷면)이라고 가정한다. 이것이 바로 동전 던지기에 대해 우리가 보통 생각하는 방식이지만, 이런 추가적 기준은 결코 절대적이지 않다. 이런 기준은 관찰의 본성 및 우리가 측정하기로 선택한 대상에 상대적이다. 이를테면 동전 앞면에 있는 '사람 머리' 모양에는 많은 정보가 있다(뒷면도 마찬가지이다). 만일 여러분이 열성 화폐연구가이고 그 동전이 어느 나라의 동전인지 또는 몇 년도의 동전인지 사전 지식이 없다면, 여러분의 상대적인 무지의 양("동전 앞면의 머리는 누구의 머리일까?")은 1비트보다 훨씬 클 것이다. 어쩌면 1000비트가 될 수도 있다. 동전을 던진 다음에 앞면을 관찰하면("오, 조지 5세의 얼굴이고 1927년 영국의 동전이군"), 여러분이 얻을 정보의 양은 훨씬 많을 것이다. 따라서 "동전에는 얼마나 많은 정보 비트가 있는가?"라는 물음은 그냥 그대로는 분명하게 정의되지 못한다.

DNA에서도 똑같은 문제가 발생한다. 유전체에는 얼마나 많은 정보가 저장되어 있을까? 앞서 나는 흔히들 하는 대답을 하나 제시했다(국회도서관에 있는 정보보다 많다는 것). 그러나 알파벳이 네 글자—A, T, C, G—라는 것 말고 네 글자가 배열되는 방식에 대해서는 아는 바가 없다면, DNA상의 어느 주어진 위치에 어떤 염기가 자리할지 추측할 때에는 넷 중에 하나를 골라야 함을 내포한다. 그래서 실제 염기를 측정하면 2비트의 정보($\log_2 4=2$)가 산출된다. 하지만 이 논리에는 모든 염기가 동일한 확률을 가진다는 가정이 깔려 있는데, 이는 참이 아닐 수도 있다. 예를 들어 생물 중에는 G와 C가 많고 A와 T는 적은 것들이 있다. 다루는 대상이 바로 그런 생물임을 알고 있다면, 불확실성을 다르게 계산해야 할 것이다. 곧, G가 있을 것이라고 추측했다면, A를 추측했을 때보다 맞을 가능성이 더 높을 것이라는 말이다. 결론: DNA 염기서열을 조사해서 얻는 정보는 우리가 무엇을 알고 있는가, 또는 더 정확하게 말하면, 무엇을 모르고 있는가에 따라 달라진다. 그렇다면 엔트로피는 보는 자의 눈에 있는 것이다.*

요점은, 어느 물리계에 얼마나 많은 정보가 있는지는 100퍼센트 확실하게 말할 수가 없다는 것이다.[3] 하지만 측정을 함으로써 얼마나 많은 정보를 **획득했는지**는 확실히 말할 수 있다. 앞서 말했듯이, 정보는 측정되고 있는 계에 관한 무지 또는 불확실성 정도의 감소이기 때문이다. 설사 전반적인 무지의 정도가 애매할지라도, 불확실성의 **감소**는 여전히 완벽하게 잘 정의할 수 있다.

---

* 이를 극단으로 밀고 가보자. 동전의 예로 다시 돌아가면, 동전을 이루는 원자들은 모두 공간상에 어떤 위치를 점하고 있다. 원자 하나하나가 어디에 위치하는지 측정할 수 있다면, 천문학적인 수의 정보를 얻게 될 것이다. 양자역학을 무시한다면, 전자—우리가 아는 바에 따르면 크기가 전혀 없다(그냥 점이다)—같은 입자 하나는 **무한한** 양의 정보를 나타낼 것이다. 왜냐하면 3차원 공간상에서 전자의 정확한 위치를 특정하려면 무한히 긴 세 수의 집합을 하나 취하게 될 것이기 때문이다. 그리고 입자 하나만도 무한한 정보를 가진다면, 우주의 총 정보량은 확실히 무한할 것이다.

조금 아는 것은 위험하다

세계에서 차이를 만들어내는 것이 정보라면, 우리는 정보를 어떤 식으로 보아야 할까? 정보는 자신만의 법칙에 따르는 것일까, 아니면 정보가 담긴 물리계들을 지배하는 법칙들의 단순한 노예에 불과한 것일까? 달리 말해보면, 정보는 어떻게 해서인가 물리학의 법칙들을 (설사 실제로 마음대로 바꾸지는 않을지라도) 초월해 있을까, 아니면, 전문어를 써서 말해보면, 물질의 뒤꽁무니에 올라탄 부수현상일 뿐일까? 정보 혼자서도 실제로 일을 할까, 아니면 물질의 인과적 활동을 추적하는 표지물에 불과할까? 정보의 흐름을 물질이나 에너지의 흐름으로부터 따로 떼어낼 수 있을까?

이 물음들과 씨름하려면, 먼저 정보와 물리법칙의 연결고리를 찾아내야 한다. 그런 연결고리가 있음을 알려주는 최초의 힌트는 이미 맥스웰의 악마에 있었지만, 1920년대 이전까지는 미결 상태로 남아 있었다. 1920년대에 베를린에 살고 있던 헝가리계 유대인 실라르드 레오Szilárd Leo는 맥스웰의 사고실험을 분석이 더 용이한 방향으로 새로이 해보자는 생각을 했다.* 〈지적

---

* 슈뢰딩거를 비롯해 다른 많은 이들처럼 실라르드도 결국은 나치 유럽을 도망쳐 나왔다. 그는 먼저 잉글랜드로 갔다가, 그 뒤에 미국으로 갔다. 연합군으로서는 다행스런 일이었다. 실라르드는 핵분열의 초기 실험들에 관여했기 때문이다. 독일이 원자폭탄을 만들 가능성을 내다보고, 1939년에 미국도 자체적으로 핵무기를 개발할 것을 촉구하며 루스벨트 대통령에게 보낸 연대편지에 아인슈타인도 서명하도록 설득한 사람이 바로 실라르드였다.

인 존재가 개입하여 열역학계의 엔트로피를 낮추는 것에 관하여On the decrease of entropy in a thermodynamic system by the intervention of intelligent beings〉[4]라는 제목의 논문에서 실라르드는 맥스웰의 설정을 단순화하여 상자 안에 분자가 단 **하나**만 담긴 경우를 고려했다(그림 4 참고). 상자의 끝쪽 벽들은 지속적으로 열을 공급하는 외부의 열원과 접하게 해서, 그 열 때문에 벽들이 덜덜거리게 했다. 상자 안에 갇힌 분자가 그 덜덜거리는 벽들에 부딪히면 에너지가 교환된다. 분자가 느리게 운동하고 있다면, 벽으로부터 튕김을 받아 속력이 올라갈 가능성이 높다. 외부 열원의 온도가 올라가면, 벽들은 더 심하게 흔들릴 것이고, 그러면 더욱 격렬하게 요동하는 벽들에 부딪혀 튕겨나간 분자는 평균적으로 볼 때 더욱 빠르게 운동하게 될 것이다.** 맥스웰처럼 실라르드도 (고도로 이상화한 것이 틀림없는) 사고실험에 악마와 칸막이를 집어넣었다. 그러나 구멍과 덧문 메커니즘은 버렸다. 그 대신 실라르드의 악마는 상자의 중간 지점과 양 끝 벽 지점에서 칸막이를 힘 하나 들이지 않고 넣거나 뺄 수 있다(그러려면 상자의 양쪽 끝에 칸막이를 끼웠다 뺄 수 있는 홈이 나 있어야 할 것이다). 그리고 그 칸막이는 상자 안에서 얼마든지 (마찰 없이) 앞뒤로 매끄럽게 움직일 수 있다. 이 전체 장치를 실라르드의 엔진Szilard's engine이

** 열적 요동thermal fluctuation은 무작위적이기 때문에, 분자는 종종 평균보다 더 느리거나 더 빠르게 운동할 것이다. 그러나 분자를 하나씩 담은 똑같은 상자들이 대규모로 모여 있는 모습을 상상해보자. 그 상자들 안에 담긴 분자들과 외부의 열원 사이에 일단 평형상태가 이루어지면, 그 분자상자 모둠의 속도 분포는 그와 동일한 온도의 기체 속도를 정확히 반영할 것이다.

라고 한다.

먼저 칸막이를 뺀 상태에서 출발한다. 이때 악마의 임무는 상자의 **어느 쪽**에 분자가 위치하는지 판정하는 것이다. 그리고 악마는 넣었다 뺐다 할 수 있는 칸막이를 상자의 중간 지점에 끼워 넣어서 상자의 내부를 두 부분으로 나눈다. 그다음 단계가 핵심이다. 분자가 칸막이를 때리면 칸막이가 조금 밀려난다. 칸막이는 자유롭게 움직일 수 있기 때문에 분자가 때리면 뒤로 물러날 것이고, 따라서 에너지를 얻는다. 반대로 분자는 에너지를 잃을 것이다. 사람의 기준으로 보면 이 작은 분자의 때림이 보잘것없을 테지만, 추를 들어 올리는 것 같은 쓸모 있는 일을 하도록 (이론적으로) 활용할 수 있다. 이렇게 하려면 상자 내부의 두 곳 중 분자가 담긴 쪽에서 칸막이에 밧줄을 매어 추를 달아야 한다. 그 반대쪽에다 매달면 추가 올라가는 것이 아니라 내려갈 것이다(그림 4c 참고). 악마는 분자가 어디에 위치하는지 알고 있기 때문에, 어느 쪽에다 밧줄을 매야 할지도 안다(밧줄을 매는 작업 또한 원리적으로 무시할 수 있을 만큼의 에너지를 써서 해낼 수 있다). 이제 약간의 지식—말하자면 **위치 정보**—으로 무장한 악마는 분자가 가진 무작위적인 열에너지의 일부를 방향을 가진 유용한 일로 전환하는 데 성공한다. 악마는 칸막이가 상자 끝까지 밀려날 때까지 기다린다. 칸막이가 상자 끝에 도달하면, 악마는 밧줄을 떼어내고 추를 자리에 고정시키고 칸막이를 상자의 끝 홈에서 빼낸다(이 모든 단계 또한 원리적으로 에너지가 없어도 된다). 분자는 추를 올리느라 에너지를 썼지만, 덜덜거리는 상자 벽들과 다시 충돌하면 에너지를 쉽사리 보충할 수 있다.

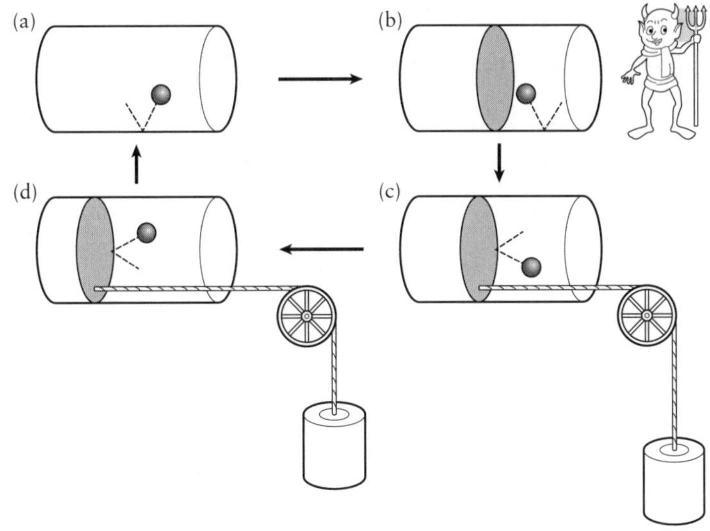

그림 4. 실라르드의 엔진

상자 안에는 기체 분자 하나가 들어 있으며, 상자의 오른편이나 왼편에서 발견될 수 있다. (a)처음에는 분자가 어디에 위치하는지 모른다. (b)악마가 상자의 중간에 칸막이를 하나 끼워 넣은 뒤, 분자가 칸막이의 오른쪽에 있는지 왼쪽에 있는지 관찰한다. (c)이 정보를 기억한 뒤, 악마는 칸막이의 적절한 한 면에 추를 하나 매단다. (그림에서 보듯이 분자가 오른쪽에 있으면, 악마는 칸막이 오른쪽 면에 추를 연결한다.) (d)열에너지를 받아 빠른 속력으로 운동하는 분자가 칸막이와 충돌하면 칸막이가 왼쪽으로 이동하게 되고, 그러면 추를 들어 올린다. 이런 식으로 악마는 분자의 위치에 대한 정보를 이용해서 무작위적인 열에너지를 질서 있는 일로 전환시킨다.

그러면 이때까지의 주기를 처음부터 끝까지 반복할 수 있을 것이다.* 이번에도 요지는, 에너지가 열탕에서 추로 지속적으로 전달되어, 열이 기계적인 일로 100퍼센트 효율로 전환된다는 것이다. 이렇게 해서 열역학 제2법칙의 기초 전체가 크나큰 위험에 빠지게 된다.

이것으로 이야기가 끝이라면, 실라르드의 엔진은 발명가

의 꿈이 될 것이다. 그러나 두말할 것도 없이, 이야기는 이것으로 끝이 아니다. 악마의 놀라운 능력에 대해 당연히 물어야 할 것이 있다. 먼저, 악마는 분자가 어느 쪽에 있는지 어떻게 알까? 악마가 볼 수 있는가? 볼 수 있다면 어떤 방법으로 보는가? 악마가 불빛을 상자 안으로 비춰서 분자를 조명한다고 해보자. 그렇게 하면 회수할 수 없는 빛에너지의 일부가 결국 열이 될 것임은 불가피할 것이다. 계산을 대강 해보면, 정보를 입수하는 과정이 악마의 작용이 가지는 모든 이점을 무효로 만들 것임을 암시한다. 제2법칙을 거슬러 나아가려고 하면 치러야 할 엔트로피 대가가 있다. 실라르드는 측정에 드는 비용이 바로 그 대가라고 충분히 합리적인 결론을 내렸다.

궁극의 노트북컴퓨터

완전히 다른 갈래의 과학인 컴퓨터 산업이 떠오르지 않았

---

* 섀넌의 공식을 쓰면 악마에 대해 더 정밀하게 말할 수 있다. 실라르드의 엔진에서는 분자가 상자의 왼편에 있을 가능성과 오른편에 있을 가능성이 동일하다. 악마는 분자가 어느 쪽에 있는지 관찰해서 불확실성을 50 대 50에서 0으로 줄이고, (섀넌의 공식에 따르면) 그렇게 해서 정확히 1비트의 정보를 얻게 된다. 이 단 한 비트를 추를 들어 올리는 데 쓸 때, 열원에서 추출한 에너지량은 온도 T에 따라 달라진다. 상자 안에 갇힌 분자가 때려서 칸막이에 가하는 힘이 어느 정도인지 간단한 계산으로 풀어낼 수 있다. 온도가 높을수록 힘도 커진다. 이렇게 계산을 해보면, 실라르드의 엔진에서 뽑아낼 이론적인 최대 일량은 $kT\ln 2$이다. 여기서 (볼츠만 상수라고 하는) 양 k는 줄(joule) 같은 에너지 단위로 답을 표현할 때 필요하다. 숫자를 넣어보면, 상온에서 정보 1비트는 3×10^{-21}줄의 에너지를 산출한다.

더라면, 문제는 거기에서 멈췄을지도 모른다. 악마가 분자의 위치에 대한 정보를 얻어야 하는 건 맞지만, 그것은 겨우 첫걸음에 불과할 뿐이다. 그 정보는 악마의 자그마한 뇌에서 **처리되어야** 한다. 그래야 악마는 어떻게 하면 적절한 방식으로 덧문을 작동시킬지 결정을 할 수 있다.

실라르드가 그 엔진을 발명했을 당시에서 보면 정보기술과 컴퓨터는 20년 이상 미래의 일이었다. 그러나 1950년대에 이르자, 오늘날 우리에게 친숙한 것(이를테면 내가 지금 이 책을 타이핑하고 있는 컴퓨터)과 같은 부류의 범용 디지털 컴퓨터가 빠른 속도로 발전해 나갔다. 그 일을 앞장서서 추진했던 기업은 IBM이었다. IBM은 뉴욕주 북부에 연구시설을 세워, 수학과 컴퓨팅 분야에서 가장 총명한 인재를 몇 사람 고용하여 '컴퓨팅의 법칙들'을 발견할 과제를 맡겼다. 컴퓨터과학자들과 공학자들은 컴퓨팅 가능한 것은 무엇이고 컴퓨팅 효율을 얼마만큼 올릴 수 있는지를 엄밀하게 구속하는 근본 원리들을 열심히 찾아나갔다. 이 과정에서 컴퓨터과학자들이 밟아나간 단계는 열기관의 근본 법칙들을 풀어내고자 했던 19세기의 물리학자들이 밟아나간 단계와 비슷했다. 다만 이번에는 흥미로운 차이점이 하나 있었다. 컴퓨터 자체가 물리적인 장치이기 때문에, 컴퓨팅의 법칙들이 그 컴퓨터 하드웨어를 지배하는 물리학의 법칙들—특히 열역학의 법칙들—과 어떻게 맞물리겠느냐는 물음이 생긴다. 그 분야는 맥스웰의 악마를 부활시킬 만큼 무르익어 있었다.

이 험난한 도전을 앞에서 이끈 선구자의 한 사람이 독일 출신의 물리학자 롤프 란다우어Rolf Landauer로, 그 또한 나치를 피해 미국에 정착한 인물이다. 란다우어는 컴퓨팅의 근본적인 **물리적** 한계에 관심을 가졌다. 노트북을 무릎 위에 올려놓고 사용하다가 노트북이 뜨거워지는 것을 느껴본 경험을 많이들 했을 것이다. 컴퓨팅에 드는 주요 재정적 부담은 이런 폐열을 흩뜨리는dissipating 것—이를테면 쿨링팬과 냉각시스템—과 관련이 있다. 그 모두를 돌리려면 전기요금을 지불해야 한다는 것은 두말할 필요도 없다. 미국만 보더라도, 컴퓨터의 폐열 때문에 해마다 300억 달러씩 GDP가 소모되고, 그 액수는 갈수록 늘어나고 있다.*

왜 컴퓨터에서 열이 발생할까? 많은 이유가 있지만, 그 가운데 하나는 '계산computation'이라는 용어가 뜻하는 바의 핵심과 관련되어 있다. 나눗셈 같은 간단한 산수 문제를 생각해보자. 나눗셈은 연필과 종이를 가지고도 할 수 있다. 나눗셈은 처음에 두 수(분자와 분모)에서 출발해 마지막에 한 수(답)로 끝나며, 답을 얻기까지 거쳐야 했던 셈 과정을 끄적거린 것도 남게 된다. 이 셈에서 관심 있는 것은 바로 그 답뿐—컴퓨터 용어로는 '출력'—이므로, 입력된 수들과 모든 중간단계들은 버려도 된다. 답이 나오기 이전 단계들을 지우면, 계산은 논리적으로 비가역적이 된다. 답만 보고는 문제가 무엇이었는지 말할 수 없다는 말이다. (이를테면 12는 6×2의 결과일 수도 있고 4×3이나 7+5의 결과일 수도 있다.) 컴퓨터도 똑같이 한다. 컴퓨터는 데이터를 입력받아 처리해서 답을 출력하고, (대개는 메모리를 비워야 할 때) 저

---

* 현재 많이 논의되고 있는 사례가 바로 비트코인 채굴이다. 이 채굴로 소비되는 전기는 덴마크에서 쓰는 전기보다도 더 많다고 추정되고 있다.

장된 정보를 되돌릴 수 없게 삭제한다.

지우는 일은 열을 발생시킨다. 나눗셈을 해봤다면 누구나 겪어봤을 것이다. 연필로 쓴 것들을 고무지우개로 지워 없애려면 많은 마찰이 있어야 하고, 이것은 열이 발생한다는 뜻이다. 그리고 이는 엔트로피를 뜻하기도 한다. 아무리 정교한 마이크로칩도 1들과 0들을 없앨 때에는 열이 발생한다.** **조금의 열도 만들어내지 않고 정보를 처리하는 컴퓨터를 설계할 수 있다면 어떻게 될까?** 그런 컴퓨터라면 아무 비용 없이도 돌아갈 수 있을 것이다. 말하자면 궁극의 노트북컴퓨터가 만들어지는 것이다![5] 그런 묘기를 부릴 수 있는 회사가 있다면 곧바로 컴퓨팅 산업에서 최고의 자리를 차지하게 될 것이다. 당연히 IBM이 그 일에 관심을 안 가졌을 리가 없었다. 그런데 애석하게도 란다우어가 그 꿈에 찬물을 끼얹었다. 컴퓨터에서 처리된 정보가 논리적으로 비가역적인 연산과 관련된다면(위에서 살펴본 나눗셈의 경우처럼), 시스템이 다음 번 계산을 위해 재설정될 때 필히 열이 발생할 수밖에 없다고 란다우어가 논했던 것이다. 그는 1비트의 정보를 지울 때 필요한 최소 엔트로피량을 계산했고, 지금은 그 결과를 란다우어 한계Landauer limit라고 한다. 궁금한 이들을 위해서 그 값을 말해보면, 상온에서 1비트의 정보를 지우면 3×10^{-21}줄이 발생하며, 이는 주전자의 물을 끓일 때 필요한 열에너지의 1조분의 1조분의 100분의 1 정도이다. 많은 열은 아니지만, 중요한

** 1들과 0들을 물리적으로 제거하는 것과 컴퓨터의 메모리를 어떤 기준 상태로 재설정하는 것—이를테면 모든 값을 0으로 설정해서 '빈 서판(tabula rasa)'으로 만드는 것—사이에는 중요한 차이가 있다. 후자가 바로 란다우어가 연구했던 것이다.

원리를 하나 확립해준다. 논리적 연산과 열 발생이 연결되어 있음을 입증한 란다우어는 물리와 정보 사이의 깊은 연관성을 발견한 것이고, 이때의 '정보'는 실라르드가 썼던 추상의 악마 같은 의미가 아니라 오늘날 컴퓨팅 산업에서 이해하고 있는 매우 구체적인(곧, 돈과 관련되는) 의미를 가진다.[6]

란다우어 이후, 정보는 더 이상 애매한 수수께끼의 양이 아니고, 물질에 단단히 뿌리박은 것이 되었다. 란다우어는 지금은 유명해진 다음과 같은 격언을 만들어, 이런 사고의 탈바꿈을 간추렸다. "정보는 물리적이다!"[7] 이 말로 그가 뜻했던 바는, 모든 정보는 물리적인 대상과 결부되어야 한다는 것이다. 말하자면 정보는 천상의 세계를 홀로 떠도는 것이 아니라는 말이다. 예를 들어 컴퓨터에서 정보는 하드드라이브상의 패턴으로 저장된다. 정보가 손에 잘 안 잡히는 개념으로 다가오는 까닭은 구체적인 물리적 현시instantiation(실제 물리적 기질을 가지는 것)가 대수롭지 않게 보일 때가 흔히 있기 때문이다. 예를 들어 우리는 하드드라이브에 있는 내용을 플래시드라이브에 복사할 수도 있고, 블루투스를 통해 전송할 수도 있고, 레이저 펄스 형태로 광섬유를 통해 보낼 수도 있고, 심지어 우주공간으로 보낼 수도 있다. 적절하게 처리하기만 하면, 정보는 갖가지 물리계에서 물리계로 전달될 때에도 변함없이 그대로 유지된다. 이렇게 기질substrate로부터 독립성을 가진 탓에, 정보가 '자신만의 생명을 가진 것'처럼, 다시 말해서 자율적으로 존재하는 것처럼 보이게 된다.

이런 측면에서 정보는 에너지가 가진 몇 가지 속성을 공유한다. 정보처럼 에너지도 한 물리계에서 다른 물리계로 전달될 수 있으며, 조건만 올바르면, 에너지는 보존된다. 그렇다고 에너지가 자율적으로 존재한다고 말할 수 있을까? 간단한 뉴턴 역학 문제인 두 당구공이 충돌하는 문제를 생각해보자. 솜씨 좋게 하얀 공을 쳐서 정지해 있는 빨간 공 쪽으로 보낸다. 두 공이 충돌하자 빨간 공이 구멍 쪽으로 빠르게 굴러간다. '에너지'가 빨간 공을 움직이게 했다고 말하는 것이 정확할까? 빨간 공이 움직이려면 하얀 공의 운동에너지가 필요했으며, 충돌했을 때 이 에너지의 일부가 전달된 것은 맞다. 그래서 이런 의미에서 보면, 에너지가(엄밀하게 말하면 에너지 전달이) 원인 인자라고 말할 수 있다. 하지만 대개 물리학자들은 이 문제를 이런 식으로 살피지 않을 것이다. 그들은 그냥 하얀 공이 빨간 공을 때려서 빨간 공이 움직이도록 했다고 말할 것이다. 그러나 두 공에서 운동에너지가 현시되었기 때문에, 공이 가는 곳에 에너지도 간다. 그래서 인과력을 에너지에 귀속시키는 것이 잘못은 아니지만, 다소 허황된 것이다. 에너지를 전혀 거론하지 않고도 그 충돌을 자세하고 정확히 완전하게 설명해낼 수 있기 때문이다.

정보의 경우에도 같은 말을 할 수 있을까? 정보가 현시되는 바탕 물질에 인과력을 전부 부여한다면, 정보가 원인이라고 논하는 것 또한 비록 편하기는 해도 똑같이 허황되다고 여길 수 있을 것이다. 그러면 정보는 실재하는 것일까, 아니면 복잡한 과정을 생각해볼 편리한 방법에 지나지 않는 것일까? 이 문제에 관해 어떤 합의도 이루어진 바가 없지만, 나는 감히 위험을 무릅쓰고 정보는 실재한다고 대답할 생각이다. 곧, 정보는 정말로 독립적으로 존재하고 정말로 인과력을 가지고 있다고 말하려고 한다. 내가 이런 관점에 이르게 된 것은 다음 장에서 서술할 연구 때문이기도 하다. 그 연구는 네트워크에서 정보가 변화되는 패턴을 추적하는 것과 관련되는데, 정말 그 패턴들은 비트들이 현시되는 실제 물리적인 하드웨어를 초월해 있는 어떤 보편적 규칙들에 따르는 것처럼 보인다.

악마의 마음 읽기

란다우어의 한계가 정말로 근본적이라면, 악마의 머리에서 처리되는 정보에도 적용되어야 할 것이다. 하지만 란다우어는 그것을 캐는 쪽으로 나아가지는 않았다. 그 문제를 파고든 사람은, 그로부터 20년 뒤, 역시 IBM의 과학자인 찰스 베넷Charles Bennett이었다. 당시 널리 퍼진 시각은 여전해서, 악마의 장난으로 엔트로피를 줄이는 이득을 얻는다 할지라도 그건 죄다 처음에 분자를 감각하면서 치른 엔트로피 생성 비용에 의해 상쇄되기 때문에 악마는 열역학 제2법칙을 위반할 수 없다는 것이었다. 그러나 이 문제를 깊이 되돌아보던 베넷은 이런 통념에 결함이 있다는 의심이 들었다. 그는 엔트로피를 전혀 생성하지 않고도 분자의 상태를 감지할 길을 찾아냈다.* 열역학 제2법칙을 구해내려면, 그것을 보상할 엔트로피 비용이 다른 어딘가에서 나

* 그가 찾아낸 방법의 예들은 고도로 이상화되었기 때문에 여기서는 관심을 가질 필요가 없다.

와야 한다고 베넷은 논했다. 얼른 보면 답은 금방 나왔다. 계산이 가지는 비가역적 본성이 바로 그것이다. 말하자면 답을 하나 출력하려면 나머지 수들을 지워야 하는 것이다. 이 작업을 직접 수행하면 열이 발생될 것임은 확실하다. 그러나 베넷은 여기에서도 틈을 찾아냈다. 그는 사실 **모든** 계산은 가역적으로 만들 수 있다고 지적했다. 생각은 간단하다. 앞에서 제시했던 연필과 종이로 나눗셈하기 예를 다시 보자. 나눗셈을 거꾸로 하려면 입력된 수들과 모든 중간단계들을 그냥 기록해두면 될 것이다. 그러면 답에서 출발해 중간 과정들을 되짚어가다가 마지막에는 처음의 문제를 쉽게 출력할 수 있을 것이다. 왜냐하면 필요한 모든 것이 종이에 적혀 있기 때문이다. 특별하게 설계한 논리 게이트들logic gates을 쓰면 컴퓨터에서도 똑같이 해낼 수 있다. 이 논리 게이트들을 연결해서 시스템의 다른 곳에 모든 정보를 간직할 수 있게끔 회로를 만들 수 있다. 이렇게 설정하면, 지워지는 비트는 하나도 없고 열도 발생하지 않는다. 말하자면 엔트로피 상승은 일어나지 않는다. 그러나 오늘날의 컴퓨터는 가역적 계산을 할 이론적 가능성에서 실로 매우 멀리 떨어져 있다는 것을 강조해 두어야겠다. 그렇지만 여기서 우리가 다루고 있는 것은 깊은 원리의 문제이기 때문에, 장차 언젠가 그 이론적 한계에 다가가지 못할 알려진 이유는 없다.

이제 우리는 악마와 관련해서는 다시 원점으로 되돌아왔다. 악마가 무시할 수 있는 수준의 엔트로피 비용을 치러 분자에 대한 정보를 획득해, 작은 뇌 속에서 그 정보를 가역적으로 처리하여 아무 수고 없이 덧문을 여닫을 수 있다면, 악마는 그 과정을 다시 또다시 하는 것으로 영구적인 운동을 만들어낼 수 있을 것이다.

여기서 무엇이 문제일까? 하나가 있다. 베닛에 따르면, 그 문제는 '다시 또다시'라는 한정에 숨어 있다.[8] 자세히 따져보도록 하자. 악마가 그 메커니즘을 올바로 작동시키려면 앞서 획득한 정보를 처리해야 한다. 그 처리 과정은 원리적으로 볼 때 가역적으로 수행될 수 있기에 열을 전혀 발생시키지 않는다. 그러나 악마가 계산의 모든 중간단계들을 기억 속에 간직해야지만 그럴 수 있다. 좋다. 그러나 악마가 그 수법을 다시 쓰면 정보가 더 추가될 것이고, 다음 번에도 정보가 더 추가될 것이고, 할 때마다 정보가 계속 추가될 것이다. 시간이 흐르면, 악마의 내부 기억은 속절없이 정보 비트들로 꽉꽉 들어차게 될 것이다. 그래서 기억 공간이 충분한 동안만 계산 순서를 되돌릴 수 있다. 유한한 악마가 진정 무제한으로 연산을 하기 위해서는 계산 주기가 한 번 끝날 때마다 머릿속을 씻어내야 한다. 말하자면 악마의 기억을 깨끗이 비워서, 다음 계산 주기에 들어가기 전에 최초의 기억 상태로 재설정되어야 한다. 바로 이 단계가 악마의 아킬레스건이 되고 만다. 베닛은 **정보를 지우는 행위**가 바로 악마의 활동이 달성해낸 것처럼 보이는 열역학 제2법칙의 겉보기 위반을 위해 치러야 할 딱 그만큼의 엔트로피량을 만들어낸다는 것을 증명했다.

그럼에도 불구하고 이 악마라는 주제는 계속해서 이견과 논쟁을 불러모으고 있다. 이를테면, 악마를 무한히 공급해서 한 녀석의 뇌가 꽉 찰 때마다 다른 녀석으로 대체할 수 있다면 어떻게 될까? 더 일반적인 분석에 따르면, 관찰의 엔트로피와 지우기의 엔트로피 합이 란다우어의 한곗값보다 결코 더 작을 수 없도록 악마를 만들 수 있음을 보여준다. 이런 계에서는 관찰과 지우기를 어떤 식으로 뒤섞든, 엔트로피의 부담이 양편으로 분산될 수 있다.[9] 아직 답이 정해지지 않은 열린 물음들은 수없이 많이 남아 있다.

정보엔진

이렇게 내가 서술한 방식에는 악마가 어떻게 지능을 가진 행위자로 작동하느냐에 대해 여전히 약간 마술과도 같은 면모가 들어 있다. 분명 그 악마는 지각력을 가질 필요가 없다. 심지어 보통 IQ라는 의미로 쓰는 지능을 가질 필요도 없지 않을까? 마음은 없어도 악마와 똑같은 기능을 하는 장치—악마 자동인형automaton—로 대체해도 아무 문제 없을 것이다. 최근에 메릴랜드대학교의 크리스토퍼 자진스키Christopher Jarzynski와 두 동료가 바로 그런 장치를 생각해내고는, 그것을 정보엔진information engine이라고 불렀다. 그 엔진이 어떤 일을 하는지 그들은 이렇게 서술했다. "정보엔진은 정보를 메모리 레지스터에 적는 동안에 단일한 열원으로부터 체계적으로 에너지를 빼내어 그 에너지를 써서 중력을 거슬러 질량을 들어 올린다."[10] 비록 실용성을 가진 장치가 되긴 어렵겠지만, 그들이 상상한 엔진은 열과 정보와 일의 삼자 혼합을 평가하여 셋 사이에서 상대적으로 서로 어떤 거래관계가 형성되는지 발견하는 것을 도와줄 깔끔한 사고실험이 되어준다.

자진스키의 장치는 아이들이 갖고 노는 것과 닮았다(그림 6 참고). 여기서 악마는 단순히 고리이고, 수평면에서 회전할 수 있다. 수직 막대 하나가 고리의 축에 자리하고, 그 막대에는 막대에 수직 방향으로 노들이 부착되어 있다. 노들은 모빌처럼 저마다 다른 각도로 튀어나와 있으며, 막대상에서 아무 마찰 없이 빙글빙글 돌 수 있다. 각도가 정확히 몇 도인지는 중요하지 않다. 중요한 것은 그림에서 보이는 것처럼 동일 평면상에 자리한 세 막대의 바깥쪽에 노들이 자리하느냐 안쪽에 자리하느냐이다. 세 막대의 바깥쪽에 자리하면 0을 나타내고, 안쪽에 자리하면 1을 나타낸다. 이 노들은 악마의 기억 구실을 하며, 기억은 01001010111010…… 같은 숫자열일 뿐이다. 장치 전체는 열탕 속에 잠겨 있어서, 열적 요동으로 인해 노들은 이쪽이나 저쪽으로 무작위적인 방향으로 돌아간다. 하지만 노들은 0에서 1 또는 1에서 0이 될 정도까지 돌아가지는 못한다. 왜냐하면 중심축 막대 양쪽에 자리한 두 수직 막대들이 길을 가로막기 때문이다. 쇼는 고리 위쪽의 노들이 모두 0으로 설정된 상태에서 시작된다. 다시 말해서 그림에서 보듯, 고리 위쪽의 노들이 모두 세 막대의 바깥쪽—관찰자에서 먼 쪽—어딘가에 위치하고 있다는 말이다. 이 상태가 '빈 상태의 입력 메모리blank input memory'이다(악마의 머릿속이 깨끗이 비워진 것이다). 이제 중심막대와 거기 부착된 노들이 일정한 속도로 수직으로 하강한다. 각 노의 날은 한 번에 하나씩 고리 안에 들어섰다가 고리 밑으로 빠져나간

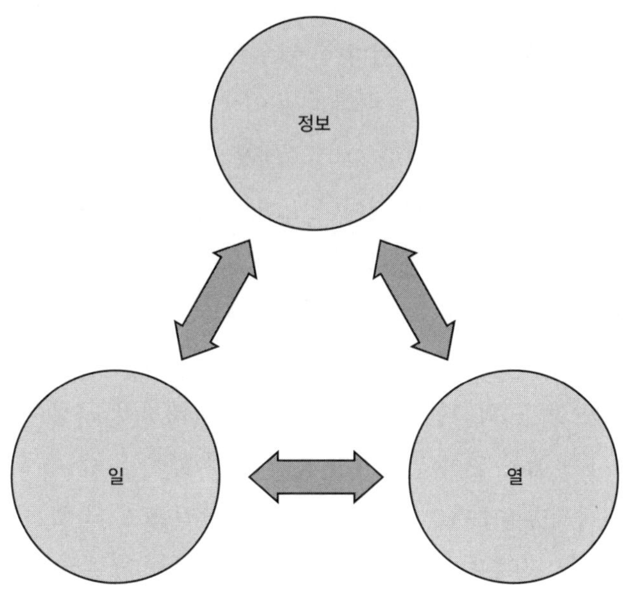

그림 5. 정보, 열에너지, 일의 삼자 거래관계

맥스웰의 악마와 실라르드의 악마는 정보를 처리해서 열을 일로 전환한다. 정보엔진은 정보를 열로 바꾸거나 빈 정보 레지스터에 엔트로피를 버리는 방법으로 일을 한다. 기존 엔진들은 열을 이용해서 일을 하고, 그 과정에서 정보를 파괴한다(말인즉슨, 엔트로피를 만들어낸다).

다. 여기까지만 보면 별로 흥미진진한 일이 일어날 것 같지가 않다. 그런데—바로 이것이 이 장치의 중요한 특징인데—수직 막대 하나가 고리와 같은 높이에서 끊어져 틈이 벌어져 있다. 그래서 노의 날이 하나씩 고리를 통과할 때마다 자유롭게 360도 회전할 수 있는 짬을 갖게 된다. 그 결과 노가 하나씩 하강할 때마다 0이 1이 될 기회가 생긴다.

이제 핵심이 되는 부분에 이르렀다. 기억이 악마에게 무슨 쓸모라도 있으려면, 하강하는 노의 날들이 어떻게 해서인가 악마와 상호작용할 필요가 있다(이 경우에는 악마가 고리라는 것을 기억하라). 그렇지 않으면 악마는 기억에 접근할 수가 없다. 이 장치의 설계자들이 제시한 그 상호작용은 매우 단순하다. 악마인 고리에도 날을 달아준 것이다. 그 날은 고리에 고정되어 안쪽으로 돌출되어 있다. 천천히 하강하는 노들 가운데 하나가 오른쪽으로 돌면 그 날이 고리의 돌출된 날과 쿵 부딪힐 것이고, 그러면 고리는 노와 같은 방향으로 회전하게 될 것이다. 고리는 어느 방향으로든 회전할 수 있지만, 틈의 비대칭적 구성으로 인해, 다시 말해서 왼쪽 막대에만 틈이 있기 때문에, (위에서 보았을 때) 시계방향보다는 반시계방향으로 고리를 돌게 하는 충돌이 더 많을 것이다. 그 결과 반시계방향 회전이 누적되고, 따라서 무작위적 열운동이 한 방향 회전운동으로 전환되는 것이다. 그런 점진적 회전운동을 이제는 독자들에게 친숙해졌을 방식으로 이용하면 쓸모 있는 일을 하게 할 수 있다. 이를테면 고리를 기계적으로 도르래와 연결할 경우, 고리가 반시계방향으로 돌면 추를 올리고 시계방향으로 돌면 추를 내리도록 할 수 있을 것이다. 평균적으로 보면, 추는 올라갈 것이다. (이런 소리가 매우 복잡해서 이해하기 힘들다면, 이해에 도움을 줄 비디오 애니메이션도 있으니 참고하기 바란다.)[11]

그러면 열역학 제2법칙은 어떻게 되는 것일까? 정보엔진의 경우에도 혼돈에서 질서를, 무작위성에서 방향운동을 얻고, 열을 일로 바꾼 것으로 보인다. 제2법칙을 위반하지 않으려면 다른 어딘가에서 엔트로피가 발생해야 하는데, 바로 그렇

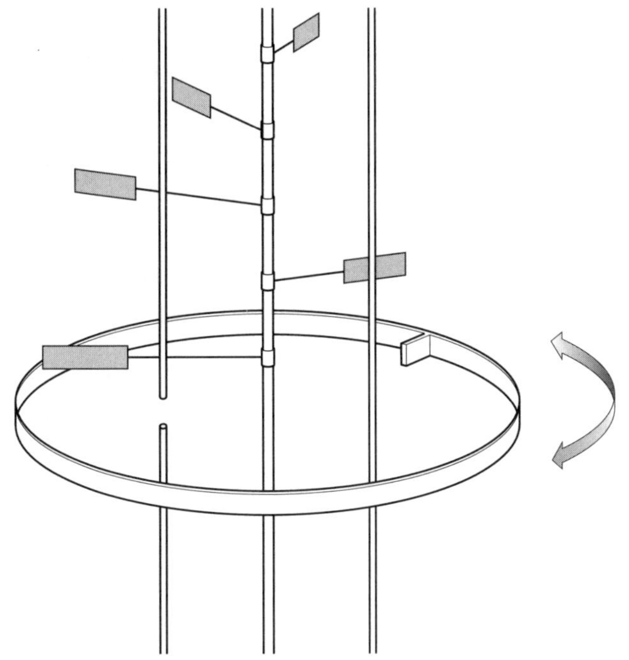

그림 6. 정보엔진을 위한 설계

맥스웰의 악마 실험의 이 변형에서는 중심막대가 고리를 통과해 쉬지 않고 하강한다. 고정된 두 수직 막대가 양옆에 자리해서, 중심막대와 같은 평면 위에 있다. 이 막대 중 하나에는 고리 높이에 틈이 하나 벌어져 있다. 같은 모양의 노들이 중심막대에 부착되어 있고, 그 노들은 수평으로 자유롭게 빙글빙글 돌 수 있다. 노들의 위치는 그림에서 보듯이 세 막대의 바깥쪽에 있느냐 안쪽에 있느냐에 따라 각각 0이나 1을 부호화한다. 그림의 구성을 보면, 초기 상태는 0으로만 이루어져 있다. 수평 고리는 간단한 악마 역할을 한다. 고리는 수평면에서 자유롭게 회전할 수 있다. 고리에는 날이 하나 돌출되어 있는데, 빙빙 도는 노의 날과 충돌하면 고리가 시계방향이나 반시계방향으로 움직이도록 설계되었다. 장치 전체는 열탕에 잠겨 있어서, 장치를 이루는 모든 부분들이 무작위적 열적 요동을 겪을 것이다. 왼쪽 막대에 난 틈 때문에 고리를 (위에서 보았을 때) 시계방향보다는 반시계방향으로 돌아가게 할 충돌이 더 많을 것이다. 그러므로 이 장치는 무작위적 열운동을 방향을 가진 회전운동으로 전환시켜서, 추를 들어 올리는 것 같은 일에 쓰일 수 있을 것이다. 그러나 그러는 사이에 노의 날들의 출력상태(그림에서는 보이지 않지만 고리 아래 부분에서 노의 날들이 보이는 구성)는 이제 1과 0이 무작위로 섞인 모습이 된다. 이렇게 해서 이 기계는 열을 일로 전환했고, 정보를 레지스터에 적었다.

다. 기억에서 엔트로피가 발생하는 것이다. 하강하는 노의 날들의 구성을 번역해보면, 0이 1이 되기도 하고 0이 그대로 0으로 남아 있기도 한다. 이 작용은 고리 아랫부분에 기록되어 보존된다. 노들이 계속 하강하면서 돌아가도 더는 0과 1 사이를 오가지 못하도록 양쪽의 두 차단 막대들이 막기 때문이다. 여기서 요지는, 자진스키의 장치가 질서를 가진 단순한 입력 상태인 000000000000000……을 복잡하고 무질서한(실로 무작위적인) 출력 상태—이를테면 100010111010010…… 같은 상태—로 전환한다는 것이다. 0만 쭉 늘어선 숫자열에는 아무 정보도 담겨 있지 않은 반면, 1과 0이 섞인 숫자열에는 정보가 가득하기 때문에,* 악마는 열을 (추를 들어 올림으로써) 일로 바꾸고 정보를 기억에 축적하는 데 성공한 것이다. 유입되는 정보 스트림을 저장할 용량이 크면 클수록, 악마가 중력을 거슬러 들어 올릴 수 있는 질량도 커진다. 논문 저자들은 이렇게 말한다. "평범한 공기 1리터의 무게는 미국 동전 1페니의 절반도 안 되지만, 7킬로그램짜리 볼링공을 지면에서 3미터 이상 들어 올릴 만큼의 열에너지가 담겨 있다. 서로 마구 충돌하는 분자들의 어지러운 운동을 방향을 가진 운동으로 전환함으로써 그 풍부한 에너지를 거두어 쓸 수 있는 장치가 있다면 실로 쓸모가 대단할 것이다."[12] 정말 그럴 것이다. 그러나 맥스웰의 악마와 실라르드의 악마처럼 자진스키의 악마도 기억을 비우고 정보를 지우지 않고서는 반복적으로 일을 할 수 없다. 그 단계가 엔트로피를 상승시키는

* 예를 들면 모스 부호에서 0은 점, 1은 줄을 나타낸다.

것은 불가피하다.

사실 자진스키의 엔진은 거꾸로 돌려 정보를 지울 수 있다. 입력 상태가 0이 쭉 늘어선 것이 아니라 1과 0이 섞여 있다면(정보를 표상한다), 추는 내려갈 것이고, 따라서 정보 지우기에 드는 비용을 중력 퍼텐셜에너지로 치른다. 이 경우에 출력은 입력보다 0이 더 많게 된다. 설계자들은 이렇게 설명한다. "빈 서판이 주어지면 악마는 어떤 질량도 들어 올릴 수 있다. 그러나 유입되는 비트 스트림이 [무작위 수들로] 포화되어 있다면, 악마는 일을 수행할 수 없을 것이다. …… 그래서 완전히 비었거나 일부가 빈 기억 레지스터는 악마가 엔진으로 작용할 때 소비하는 열역학적 자원 역할을 한다."[13] 놀라운 일이다. 정보를 지우는 것이 엔트로피를 증가시킨다면, 빈 기억을 획득한다는 것은 연료를 주입하는 셈이기 때문이다. 원리적으로 볼 때, 무엇이나 이런 빈 서판이 될 수 있다. 컴퓨터의 자기메모리칩일 수도 있고, 종이테이프에 적힌 0의 열이 될 수도 있다. 자진스키에 따르면, 0이 10억 곱하기 10억 곱하기 300개 있으면 악마처럼 사과 하나를 1미터 들어 올릴 수 있을 것이라고 한다!

무언가의 **없음**(빈 기억)이 물리적 자원이 될 수 있다는 생각은《은하수를 여행하는 히치하이커를 위한 안내서*The Hitchhiker's Guide to the Galaxy*》에 나오는 불가능확률추진Improbability Drive을 생각나게 한다.[14] 그러나 비록 기이하게 보이긴 하지만, 그것은 찰스 베넷이 수행한 분석의 이면으로서, 피할 수 없는 결과이다. 이 시점에서 분명 독자들은 어안이 벙벙할 것이다. 0이 늘어선 숫자열이 정말로 엔진을 돌릴 수 있을까? 정보 자체가 석유처럼 연료 구실을 할 수 있다는 말인가? 이것은 그저 한 무더기의 심리게임들일 뿐일까, 아니면 실제 세계와 이어져 있을까?

돈이 되는 악마: 이젠 응용악마학에 투자할 때

맥스웰이 그 생각을 세상에 처음 띄우고 140년이 지난 뒤, 그가 태어난 도시에서 진짜 맥스웰의 악마가 만들어졌다. 2007년에 에든버러대학교의 데이비드 리David Leigh와 동료들은 《네이처》지에 그 자세한 이야기를 논문에 담아 발표했다.[15] 누군가 악마를 실제로 만들 것이라는 생각이 도저히 믿기지 않는다고 여긴 세월이 한 세기가 넘었지만, 그사이에 기술이 워낙 크게 발전했기에—나노기술에서 그 발전이 가장 두드러진다—마침내 응용악마학 분야가 도래하게 된 것이다.*

리의 연구진이 만든 작은 정보엔진은 분자 고리 하나가 막대상에서 왔다 갔다 미끄러질 수 있고, 막대의 양 끝에는 (아령처럼) 멈추개가 있다. 막대의 중간에는 분자가 또 하나 있는데, 두 가지 원자배열구조conformations로 존재할 수 있다. 다시 말해

---

* 물리학자 리처드 파인만은 세상을 떠날 때 칠판에 유명한 경구를 하나 남겼다. "내가 만들 수 없는 것은 내가 이해하지 못한 것이다." (크레이그 벤터가 자신이 만든 인공생물에 새겨 넣었던 말이 바로 이것이다. 76쪽을 참고하라.) 오늘날의 과학자들은 맥스웰의 악마와 정보엔진들을 만들어서 그 작동 원리들을 규명해나가고 있다. 질서와 혼돈 사이에서 영원히 옥신각신할 것 같았던 정보의 자리가 마침내 실제적인 방식으로 드러나고 있는 것이다.

서, 그 분자는 고리의 움직임을 차단하는 구조로도 존재할 수 있고, 고리가 차단물을 넘어갈 수 있도록 해주는 구조로도 존재할 수 있다. 이런 식으로 그 분자는 맥스웰이 처음에 구상했던 여닫이 덧문과 비슷한 문 구실을 하게 된다. 그 문은 레이저로 조종할 수 있다. 계는 일정한 온도로 유지되는 환경과 접촉해 있어서, 정상적인 열적 요동을 받은 고리는 막대를 따라 왔다 갔다 무작위로 움직일 것이다. 실험의 출발 상태에는 고리가 막대의 한쪽 절반 구역에만 자리하고, '닫힌' 상태로 설정된 '문' 분자가 고리의 운동을 차단한다. 연구자들은 고리와 문의 행동을 세세히 따라가서, 그 계가 정말로 악마처럼 열역학적 평형상태로부터 멀어지는지 시험할 수 있었다. 그들은 "문을 작동하는 악마가 알게 된 정보"가 연료가 되어주며, 그 정보를 지우면 "맥스웰의 악마 역설에 대한 베닛의 해법과 일치하게" 엔트로피가 증가됨을 확증했다.[16]

에든버러 실험이 있고 나서 다른 이들도 재빨리 실험을 해보았다. 2010년에 일본의 과학자들은 미세한 폴리스티렌 구슬의 열적 요동을 조작한 뒤에 이렇게 선언했다. "우리는 정보가 정말로 퍼텐셜에너지로 전환될 수 있으며, 악마의 근본 원리가 유효하다는 것을 검증했다."[17] 그 실험자들은 28퍼센트의 효율로 정보를 에너지로 바꿀 수 있었다고 보고했다. 그들은 미래에는 순전히 '정보 연료information fuel'만으로 돌아가는 나노 엔진이 나올 것이라고 내다보았다.

세 번째 실험은 핀란드 알토대학교의 연구진이 수행한 것으로, 곧장 나노 규모에서 실험을 진행하여, 직경이 불과 몇백만

분의 1미터밖에 안 되는 미세한 상자에 전자 하나를 가두고, 낮지만 일정한 온도로 유지했다. 처음에 전자는 두 위치 중 어느 쪽으로든 자유롭게 오갔다. 바로 실라르드의 엔진에 나오는 상자에서처럼 말이다. 그리고 민감한 전위계를 써서 전자가 어느 쪽에 있는지 판정했다. 그런 다음 이 위치 정보를 장치에 입력해서 전압을 증가시켜(알짜에너지가 전혀 필요 없는 가역적인 작용이다) 전자를 그 위치에 그대로 묶어두도록 했다. 이는 실라르드의 엔진에서 악마가 칸막이를 삽입하는 것에 해당한다. 그다음에 전자의 열운동에서 천천히 에너지를 뽑아내어 일을 수행하는 데 사용했다. 마지막에는 전압이 처음 값으로 되돌아감으로써 한 주기가 완료되었다. 핀란드 연구진은 이 실험을 2944번 수행했고, 완벽한 실라르드 엔진의 열역학적 한계의 75퍼센트를 평균으로 얻었다. 여기서 중요한 점은 그 실험이 **자율적인** 맥스웰의 악마라는 것이다. 곧, "계와 악마 사이에서 직접 교환되는 것은 열이 아니라 정보뿐"이라는 말이다.[18] 그 과정에 실험자들은 전혀 개입하지 않았고, 사실상 매번 전자가 어느 쪽에 있는지는 실험자들도 알지 못했다. 말하자면 측정과 되먹임 제어 활동이 전적으로 자율적이고 독립적으로 이루어졌으며, 외부 행위자가 전혀 관여하지 않았다는 것이다.

핀란드 연구진은 실험을 더 다듬어, 그런 장치 두 개를 서로 연결해서, 하나는 계로 다루고 다른 하나는 악마로 다루었다. 그런 다음, 계의 온도가 얼마만큼 내려가고 그에 상응하여 악마의 온도는 얼마만큼 올라가는지 지켜보면서, 악마에 의해 추출된 열에너지가 얼마만큼인지 측정했다. 그들은 이 나노기술의 묘기가 세계 최초로 "정보를 동력으로 하는 냉장고"를 만든 것이라고 선전했다. 기술 발전의 속도를 감안하면, 2020년대 중반이면 이런 악마 같은 장치를 쓸 수 있을 것 같다.* 이는 나노기술의 상업화에 큰 영향을 끼칠 것이고, 아마 그보다는 작을지라도 주방기구에도 영향을 끼칠 것이라고 기대한다.

생명의 엔진들: 세포에 있는 악마들

"정보는 생명의 화폐이다."

—크리스토프 애더미Christoph Adami[19]

실용적 악마학이 도래한 것을 보았다면 맥스웰은 틀림없이 기뻐했을 테지만, 정보와 에너지의 상호작용을 수십억 년 동안 생물들이 활용해왔다는 것은 아마 짐작도 못했을 것이다. 생체 세포에는 특출나게 효율적이고 잘 연마된 나노기계들—대부분 단백질로 만들어졌다—이 다수 들어 있음을 우리는 알게 되었다. 그 기계 목록에는 모터, 펌프, 튜브, 전단기, 회전자, 지레, 밧줄이 들어 있으며, 공학자라면 다들 친숙한 장비들이다.

* 정보와 열흐름 사이의 거래관계와 관련해서 브라질국립양자정보과학기술연구소(Brazilian National Institute of Science and Technology for Quantum Information) 프로그램의 일환으로 수행된 한 실험에서는 얽힌 양자 입자들—이 주제는 5장에서 설명할 생각이다—을 이용해 차가운 계에서 뜨거운 계로 열이 흐르도록(말하자면 냉장을) 유도했다고 보고했다.

그 놀라운 예의 하나로는, 회전자 두 개가 축으로 나란히 이어져 있는 터빈 같은 것이 있다. (생체세포에서 이 기계의 기능은 에너지 수송과 저장에서 한 역할을 담당하는 것이다.) 회전자는 양성자들이(세포 안에는 수없이 많은 양성자들이 항상 돌아다니고 있다) 한 방향으로 축을 가로지를 때 회전한다. 회전자가 반대방향으로 돌면, 양성자를 반대 방향으로 펌프질한다. 일본의 한 연구진은 두 회전자 중 하나를 추출해서 유리 표면에 부착시켜 살펴보는 기발한 실험을 했다. 그들은 축 끝에 분자 필라멘트를 붙여서 형광안료로 표지했다. 거기에 레이저를 비추면 광학현미경으로 모습을 볼 수 있게끔 말이다. 연구자들은 양성자 하나가 횡단할 때마다 회전자가 120도만큼 불연속 회전을 하는 모습을 볼 수 있었다.[20]

과학자들의 많은 주목을 끌었던 또 하나의 생명기계는 키네신kinesin이라고 불리는 화물 운송 분자이다. 키네신은 세포와 세포를 연결하는 미세한 섬유—미세소관microtubule—를 따라 걸어서 중요한 화물을 운반한다. 모든 생체세포는 열적으로 요동하는 물 분자들로 포화되어 있으며, 물 분자들은 제트여객기보다 두 배 빠르게 운동한다. 이 물 분자들의 쉴 새 없는 폭격에 휩쓸리지 않기 위해 키네신은 매우 조심조심 걷는다—한 번에 한 걸음씩 조심스럽게 뗀다. 한 발이 섬유에 고정되면, 그 사이에 뒤편에서 다른 쪽 발이 나와서 앞쪽을 딛는다. 그리고 그 과정을 다른 쪽 발로 되풀이한다. 발이 딛는 그 고정점들은 발과 섬유 사이의 결합력이 특히나 좋은 곳들이며, 서로의 거리는 8나노미터이다. 그래서 한 걸음의 길이는 16나노미터이다. 이 작고 경이로운 키네신 녀석들 수십억 마리가 여러분 몸속을 항상 살금살금 돌아다니고 있다고 생각하면 기분이 영 개운치 않을 것이다. 키네신의 우아한 걸음새를 보여주는 재미있는 만화 영상을 유튜브에서 찾아볼 수 있으니 확인해보길 바란다.[21] (더 전문적으로 자세히 알고 싶으면 글상자 4를 읽어보라.)

이때 당연히 의문이 생긴다. 마음이 없는 이 분자 기계가 그처럼 명명백백하게 목적을 가지고 전진하는 모습처럼 보이게끔 하는 것이 무엇일까? 키네신이 그냥 한 발을 들어 올리면, 열적 요동에 떠밀려 무작위로 앞으로도 뒤로도 갈 수 있을 것이다. 어떻게 키네신은 그 가차 없는 분자 포화를 다 받아내면서도 집요하게 앞으로 한 발 한 발 전진하는 것일까? 답은 키네신이 일종의 래칫ratchet처럼 행동한다는 데에 있다(둘 중 한 발은 항상 고정되어 있다는 것을 기억하라). 분자 래칫은 악마의 좋은 예이다. 기본적으로 정보를 이용해서 무작위적인 열에너지를 방향을 가진 운동으로 전환하는 일을 업으로 하기 때문이다.* 그러나 열역학 제2법칙에 저촉되지 않으려면 키네신은 반드시 동력원에 접근할 수 있어야 한다.

글상자 4: 키네신은 어떻게 그렇게 걸을 수 있을까?

ATP—생명의 기적 같은 연료—가 에너지를 버리면

* 정류(rectification)라고 하는 과정이다.

ADP(아데노신2인산adenosine diphosphate)라고 하는 친척 분자로 전환된다. ADP는 ATP로 '재충전'될 수 있다. 그래서 ATP가 에너지를 전달하고 나면 폐기되는 것이 아니라 재활용된다. ATP와 ADP는 키네신의 걸음에서 핵심이다. 키네신에게는 각 발의 '뒤꿈치'에 작은 오목 부위socket가 있는데, ADP 분자가 착 안겨 결합할 수 있을 만한 모양을 정확히 하고 있다. 그 자리가 채워지면 다리의 모양이 약간 변해서 발이 섬유에서 떨어진다. 그러면 발이 풀려나 움직일 수 있게 된다. 풀려난 발이 다음 고정점을 찾아 디디면, 발꿈치에서 ADP가 풀려나고, 그러면 그 발은 다시 섬유와 결합한다. 이 걸음 떼기가 진행되는 동안, 다른 쪽 발(처음에 앞에 있던 발)은 섬유에 들러붙어 있어야 한다. 만일 두 발이 다 자유롭게 풀려난다면, 키네신 분자는 표류하게 될 테고, 그러면 운반하던 화물을 잃어버리고 말 것이다. 다른 쪽 발—이젠 뒤에 있는 발—은 ADP 자리가 비어 있는 동안 계속 고정되어 있을 것이다. 그런데 그렇게 될까? 음, ADP와 결합하는 뒤꿈치 자리는 ATP도 들일 수 있다. ATP가 무작위로 지나가다가 섬유에 고정되어 있는 뒷발의 빈 뒤꿈치 자리를 만나면, 냅다 들어앉을 것이다. 그런 다음에는 세 가지 일이 일어난다. 첫째, 키네신 분자의 모양이 변하면서 방향을 틀어, 지나가는 ATP들이 이젠 비어 있는 앞발의 뒤꿈치 자리를 채우려는 시도를 모두 무력화시킨다. 둘째, ATP에는 저장된 화학에너지가 담겨 있다. 뒤꿈치 자리에서 ATP는 ADP로 바뀌는 화학적 꼴바꿈을 겪으면서 자신의 에너지를 작은 키네신 기계에게 풀어준다. 그렇게 해서 생긴 반동이 키네신 기계를 움직일 수 있게 해준다. 그뿐만 아니라 셋째, ATP가 ADP로 전환되었음은 뒷발의 뒤꿈치 자리에 이제 ADP 분자가 담겨 있다는 뜻이고, 그 결과 키네신은 섬유에서 발을 떼어 앞으로 걷는 과정을 다시 시작한다. 그런 식으로 걸음 주기를 반복할 수 있다.[22]

여기서 잠시 논점을 벗어나 에너지론energetics을 설명해볼까 한다. 분자 기계뿐만 아니라 더 일반적으로도 에너지론이 중요하기 때문이다. 생명이 선택한 연료는 ATP(아데노신3인산adenosine triphosphate)라고 하는 분자이다. ATP는 많은 구멍이 난 미니 배터리 같은 것으로, 필요할 때까지 에너지를 저장해서 간직할 수 있는 유용한 특징을 가지고 있다. 그러다가 에너지가 필요한 때가 되면, 펑! 하고 에너지를 쏟아내는 것이다. 생명이 무수히 많은 나노기계들(이를테면 앞에서 살펴보았던 회전자)을 돌리는 연료로 ATP를 워낙 좋아하는 터라, 어떤 생물들은 자기 전체 몸무게만큼의 ATP를 단 하루 만에 태워버리는 것으로 평가된 적도 있다.

생명은 래칫을 많이 이용한다. 걷는 기계 키네신이 그 한 예로, 전진과 후진을 다 하는 것이 아니라 오직 전진만 하도록 설계되었다. 래칫의 물리가 열적 요동을 무릅쓰는 모습을 보고 있으면, 분명한 결론 하나에 이르게 된다. 곧, 그 래칫들을 한 방향으로 끌고 가는 에너지원이 있거나, 아니면 정보를 처리하는 계(악마)의 적극적 개입이 있을 경우에만 래칫이 일을 한다는 것이다. 연료가 없거나 악마가 없으면, 전진도 없다는 뜻이다. 엔트로피는 항상 발생된다. 전자에서는 추진 에너지를 열로 전환하는 것에서, 후자에서는 정보를 처리하고 기억을 지우는 것에서 엔트로피가 발생한다. 공짜 점심이란 없다. 그러나 분자 포화를 뚫고 그냥 '제트팩을 달고 날아서' 화물을 전달하는 대신 래칫처럼 한 걸음 한 걸음 나아가면서 전달하는 쪽이 키네신으로선 점심값이 크게 줄어드는 것이다.

글상자 5: 파인만의 래칫

리처드 파인만은 순수하게 수동적인 장치로 맥스웰의 악마를 대체하려는 시도를 했다. 그는 기계적 시계장치에서 쓰는 것 같은 래칫(시계침들이 반시계방향으로 돌지 않도록 하기 위해 필요하다, 그림 7을 참고하라)을 고려했다. 그 래칫은 톱니바퀴 하나에 용수철이 장착된 멈춤쇠가 있어서 바퀴가 뒤로 미끄러지는 것을 막아준다. 래칫의 작동에서 결정적인 것은 톱니의 비대칭성이다. 곧, 톱니의 한 변은 가파르고 다른 한 변은 완만하다. 이 비대칭성이 회전방향을 정의한다. 멈춤쇠가 톱니의 완만한 변을 타고 오르기는 쉽지만, 가파른 변을 타고 오르기는 어렵기 때문이다. 파인만은 일정한 온도로 유지되는 열탕에 그 래칫을 담궜을 때, 과연 무작위적인 열적 요동으로 인해 바퀴가 앞방향(그림에서는 시계방향)으로는 나아가면서 반대방향으로는 나아가지 못하는 때가 있을지 궁

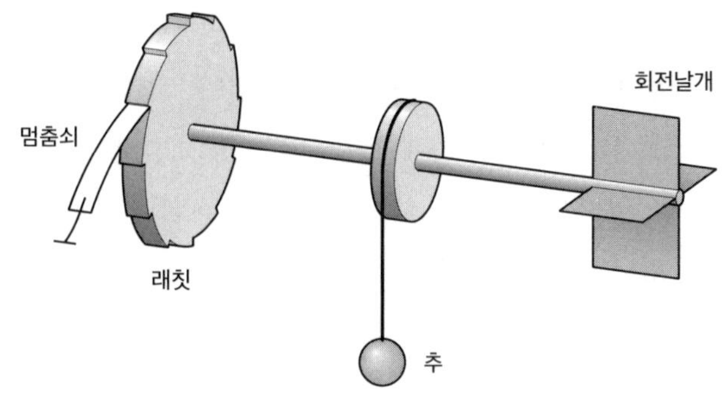

그림 7. 파인만의 래칫

이 사고실험을 보면, 기체 분자들이 회전날개를 폭격하고, 그러면 축은 무작위로 시계방향 아니면 반시계방향으로 회전한다. 축이 시계방향으로 움직이면, 래칫은 축이 돌도록 허용하고, 그러면 추가 올라간다. 그러나 축이 반시계방향으로 회전하려 들면, 멈춤쇠가 그걸 막는다. 그래서 이 장치는 열역학 제2법칙을 위반하면서 기체의 열에너지를 일로 전환하는 것처럼 보인다.

금했다. 그 래칫에 줄을 부착한다면, 추를 들어 올릴 수 있을 것이고, 그러면 열 하나만을 동력으로 해서 유용한 일을 하게 될 것이었다. 그러나 그렇게 되진 않는다. 이 논증의 결함은 용수철이 장착된 멈춤쇠에 있다. 열역학적 평형상태에서는 멈춤쇠도 열적 요동에 의해 들썩이게 된다. 그 바람에 톱니바퀴가 잘못된 방향으로 미끄러져 돌 때도 생긴다. 파인만은 래칫 바퀴가 정회전과 역회전을 할 상대적 확률을 계산해보고, 평균적으로 두 확률은 상쇄된다고 논했다.[26]

이제 흥미로운 후기를 쓸 차례이다. 디네인dynein이라고 하는 또 하나의 걷는 기계 친구가 있는데, 키네신이 다니는 바로 그 섬유를 따라 **반대방향으로** 걷는 녀석으로, 설계자의 광기가 발작한 것이 아닌가 하는 생각이 들 정도이다. 키네신과 디네인은 필히 서로 맞닥뜨릴 수밖에 없고, 그러다 보면 서로 마주 보고 기싸움을 벌이게 되고, 따라서 교묘한 움직임이 필요할 때가 있다. 더군다나 섬유에는 중간중간 장애물이 길을 가로막고 있어서 옆으로 피해가거나 다른 분자적 춤사위를 펼쳐야 할 때도 있다. 생명은 이 모든 문제들을 놀랍도록 기발하게 풀어냈다. 이를테면 키네신은 악마 같은 래칫작용을 활용하며 ATP 연비 측면에서 60퍼센트라는 인상적인 효율로 작동한다. (여기에 비하면 일반적인 자동차 엔진의 효율은 20퍼센트 정도밖에 안 된다.)

생명이 쓰는 기계장치의 핵심에는 DNA와 RNA가 있다. 따라서 이 두 분자들이 고도의 열역학적 효율로 작동할 수 있도록 해줄 미세한 기계들을 자연이 단련시켰다는 것은 전혀 놀랄 일이 아니다. 그 한 예가 RNA 중합효소polymerase로, DNA를 따라 기어가면서 그 디지털 정보를 한 글자 한 글자 RNA에 복사하는(옮겨 적는) 일을 하는 미세한 모터이다. 그 효소가 한 걸음 한 걸음 나아가며 그 자리에 있는 글자들을 복사해 추가할 때마다 RNA 가닥은 길어진다. 이 메커니즘이 맥스웰의 악마가 되는 이론적 한계에 매우 가까이 접근해 있으며 거의 에너지를 소비하지 않는다는 것이 밝혀졌다. 그러나 그 일의 정밀도가 100퍼센트에 꽤 못 미친다는 것도 우리는 알고 있다. 옮겨 적다가 이따금 오류가 일어나기 때문이다(이는 좋은 일이다. 다윈주의 진화를 끌고 가는 것이 바로 그 오류들이라는 것을 기억하라). 하지만 오류는 수정될 수 있고, 대부분이 실제로 수정된다. 생명은 RNA 출력을 읽어서 실수를 바로잡는 놀랍도록 영리하고 효율적인 방법들을 고안했다.* 그러나 일을 바로잡으려고 온갖 노력을 기울임에도 불구하고, RNA 오류 수정이 완벽해질 수 없는 매우 기본적인 이유가 있다. 곧, 옮겨 적기transcription[전사]가 잘못될 방법은 많지만, 올바로 옮겨 적힐 방법은 하나뿐이기 때문이다. 그 결과, 오류 수정은 비가역적이 된다. 말하자면, 수정을 거친 서열을 보고 이전에 잘못된 서열이 무엇이었는지 추론할 수 없다는 말이다. (이것도 답에서 물음을 연역할 수 없는 사례가 되어준다.) 그렇다면 논리적으로 볼 때 오류 수정 과정은 서로 구분되는 수많은 입력 상태들을 합쳐서 하나의 출력 상태로 만드는 것이기 때문에, 란다우어의 연구에서 알게 되었다시피, 그 과정은 항상 엔트로피 비용을 수반한다(87쪽을 참고하라).

세포가 분열하고 DNA가 복제될 때면 또 다른 악마 같은 모터가 활동을 개시한다. DNA 중합효소라고 불리는 이 녀석은 DNA의 한 가닥을 다른 가닥—딸분자—으로 복사하는 일을 하며, 이 경우에도 그 모터가 가닥을 따라 기어가면서 한 번에 한 글자씩 조립한다. 이 모터는 보통 1초에 염기쌍 100개 정도를 이동하며, RNA 중합효소와 마찬가지로 열역학적으로 거의 완벽한 상태에서 작동한다. 사실 DNA의 장력을 조절하는 간단한 방법을 쓰면 이 메커니즘을 거꾸로 돌릴 수 있는데, 실험실에서는 광핀셋optical tweezers이라는 장치를 써서 해낼 수 있다. 장력

* 물리적 과정들이 모두 그렇듯이, 이 교정 작업조차도 이따금 잘못될 때가 있다. 이를테면 사람의 경우를 보면, 교정과 교열을 본 RNA 사본에도 여전히 약 1억 글자에 하나꼴로 실수가 있다.

tension이 증가할수록 효소가 기어가는 속도가 점점 느려지다가, 장력이 약 40pN에 이르면 완전히 멈춘다. (여기서 pN은 '피코-뉴턴pico-newton', 곧 1조분의 1뉴턴의 약자이다. '뉴턴'은 위대한 과학자 아이작 뉴턴의 이름을 딴 힘의 표준 단위이다.) 장력이 더 높아지면, 이 미세한 모터는 뒤로 가면서 한 글자 한 글자 자기가 해놓은 일을 되돌려 놓는다.[23]

물론 DNA 복사는 세포 하나가 둘로 분열하는 생식 과정의 작은 일부일 뿐이다. 여기서 공학적으로 흥미로운 물음이 하나 생기는데, 세포 생식 과정 전체가 과연 에너지/엔트로피 측면에서 드는 비용이 얼마만큼이냐는 것이다. MIT의 제레미 잉글랜드Jeremy England는 세균을 이용해서 이 문제를 분석했다.[24] 세균은 생식 속도 빠르기에서 세계기록보유자이다(20분이면 땡이다). 이제까지 내가 열과 엔트로피에 대해 설명한 바를 감안하면, 생식의 결과로 과연 세균이 뜨거워질까, 하는 의문이 생긴다. 음, 세균은 뜨거워진다. 그러나 밀고 당기고 분자적으로 재배열하는 그 모든 생식 과정을 보고 여러분이 상상하는 만큼으로 뜨거워지지는 않는다. 잉글랜드에 따르면, 대장균*E.coli*은 열역학이 이론적 하한선으로 설정한 것보다 6배 정도의 열만 만들어낸다. 그래서 녀석들은 세포 수준에서도 거의 나노기계 수준에서만큼이나 효율적이다.*

생명이 가진 이 놀라운 열역학적 효율을 어떻게 설명할 수 있을까? DNA부터 사회조직에 이르기까지 생물에는 정보가 넘쳐흐르며, 그 모두는 엔트로피 비용을 치러야만 한다. 그러니만큼 생명의 정보관리 기계장치들이 초효율적으로 작동하게끔 진

기에서 보이는 우연의 일치가 곧바로 답을 쥐어준다. 우리가 아는 모습의 생명에는 액체 상태의 물이 필수적인 역할을 하며, 따라서 생명이 작동할 수 있는 온도 범위도 그에 맞춰 제한된다. 이 온도 범위에서의 열에너지가 생명 기계들의 화학에너지와 역학에너지에 필적하게 되는 규모, 따라서 광범위하게 꼴바꿈이 일어나게 해줄 수 있는 규모는 오직 나노 규모뿐임이 밝혀졌다.[25]

비트를 넘어서

생물들에는, 가만있지 못하는 맥스웰의 악마들처럼 투덜투덜하면서 생명을 째깍째깍 돌아가게 하는 미세한 기계들로 가득하다는 것을 지금 우리는 알고 있다. 그 기계들은 영리하고 초효율적인 방식으로 정보를 조작하여 혼돈에서 질서를 불러내고, 재수 없는 열역학 제2법칙의 속박을 날래게 피해간다. 내가 서술한 생명의 정보엔진들은 물론이고 그것들과 짝을 이룰 기술적 정보엔진들에는 단순한 되먹임고리와 제어고리 들이 관여한다. 비록 실제 분자는 복잡하지만, 기능하는 논리는 단순하다. 키네신을 생각해보면 된다. 곧, '분자 일터'에서 그냥 지칠 줄 모르고 열심히 일하는 것이다.

세포를 전체로 보면 방대한 정보관리망이다. 이를테면 DNA에 부호화된 정보를 생각해보라. 단백질을 만드는 일은 복잡다단하고, mRNA의 옮겨 적기 단계 역시 말할 것도 없다. 담당 단백질들이 운반 RNA 가닥에 올바른 아미노산들을 부착해

주어야 하고, 그러면 운반 RNA는 그 아미노산들을 리보솜으로 가지고 가서 때에 맞춰 그것들이 엮일 수 있도록 한다. 일단 아미노산 사슬이 완성되면, 또 다른 단백질들이 수많은 방식으로 그 사슬을 수정할 것이다. 이는 4장에서 살펴볼 것이다. 그다음에 그 사슬은 저마다 적절한 3차원 구조로 접혀야 하는데, 사슬이 접히는 동안 또 다른 단백질들이 그 유연한 분자의 시중을 들면서 일을 거든다. 이 절묘한 안무는 모두 세포 내의 열적 아수라장 속에서 이루어져야 한다.

유전자에 담긴 정보 자체는 정적이다. 그러나 일단 판독되면—유전자가 단백질 생산으로 **표현되면**—온갖 활동이 잇따른다. DNA 출력은 다른 정보 스트림과 결합하고 세포 내의 다양하고 복잡한 경로를 따라가 또 다른 정보의 흐름들과 협력해서 결이 맞는 집합적 질서를 만들어낸다. 세포는 이 모든 정보를 통합하고, 다양하고 하나하나 구분되는 단계들로 이루어진 주기를 하나의 단위체로서 거쳐 나아가고, 세포분열로 대미를 장식한다. 그리고 이 분석을 확장해서 배아발생의 놀라운 조직성과 관련하여 다세포생물에 적용해보면, 단순히 '정보'를 재미없게 온갖 것이 잡다하게 꾸려진 하나의—에너지 같은—양으로 볼 경우, 배아가 발생하는 중에 무슨 일이 벌어지고 있는지 이루 설명하기가 어렵다는 인상을 한층 더 강하게 받게 된다.

섀넌이 정의한 정보가 비록 중요하기는 해도, 그것으로는 생명의 정보를 완전하게 설명해내지 못하는 부분이 바로 이곳이다. 섀넌의 정의가 모자라다고 생각되는 중요한 측면이 두 가지 있다.

1. 유전 정보는 맥락을 가진다. 섀넌은 자기가 한 연구가 순수하게 다루는 것은 가장 경제적인 방식으로 정의한 정보 비트의 전달일 뿐이며, 부호화된 메시지의 **의미**가 무엇인지에 대해서는 아무것도 말하지 않는다는 것을 지적하고자 안간힘을 썼다. DNA 염기서열이 단백질을 만드는 명령어들을 부호화했건 그냥 아무렇게나 꾸려진 '쓰레기' DNA이건 상관없이 섀넌 정보의 양은 똑같다. 그러나 생물학적 기능성에서 나타나는 결과들은 판이하다. 단백질은 생명의 일을 해낼 것이지만, 쓰레기는 이렇다 할 일을 전혀 하지 않을 것이다. 그 차이는 셰익스피어의 작품과 무작위적인 글자뭉치의 차이에 빗댈 수 있다. 유전 정보가 기능성을 얻으려면, 그 명령어들을 인식해서 그에 맞게 반응하는 분자적 무대—전역적 맥락global context—가 있어야 한다.

2. 생물은 예측 기계들이다. 전체로서의 생물 수준에서 보면, 생물은 예측 불가능하고 동요하는 환경에서 정보를 모아 내적으로 처리한 다음, 거기에 맞춰 최적의 반응을 개시한다. 세균이 먹이가 있는 쪽으로 헤엄쳐가는 것, 개미들이 주변을 탐색해서 새로운 집을 선택하는 것이 그런 예들이다. 이 과정은 잘 작동해야 한다. 그렇지 못하면 치명적인 결과를 맞게 된다. 안드레아스 바그너Andreas Wagner가 표현한 것처럼 "생물은 주변 환경에서 획득한 정보의 양에 따라 살기도 하고 죽기도 한다."[27] 좋은 예측 기계가 된다는 것은 경험으로부터 배워서 미래를 더 훌륭하게 내다보고 영리하게 행동하는 능력을 가진다는 뜻이다. 하지만 그 일을 효율적으로 하려면, 예측계는 저장할 정보와 무시할 정보를 가려서 선택해야 한다. 모조리 기억하는 것은 낭비일

테기 때문이다. 이 모두를 해내려면, 세계에 대한 내적 표상 같은 것—일종의 가상현실—을 가져야 하고, 거기에 정교한 통계적 가늠을 통합해 넣어야 한다.[28] 그래서 세균이라 할지라도 수학의 귀재 같은 모습을 보인다.

이 고차원 기능들을 요약하다 보면, 생명의 정보란 단순히 획득되는 것이 아니라 **처리되는** 것이라고 말할 수도 있을 것이다. 섀넌의 정보이론은 세포나 전체 생물 안에 있는 비트의 수를 양화할 수는 있지만, 정보처리가 도마에 오르면, 우리는 단순한 비트 너머로 시선을 던져 **계산**이론에 호소할 필요가 있다.

생물은 그저 정보 자루에 불과한 것이 아니다. **생물은 컴퓨터이다**. 따라서 오직 생명의 계산 메커니즘들을 풀어내야지만 생명을 완전하게 이해할 수 있다. 그리고 그러려면 논리학, 수학, 컴퓨팅의 난해하지만 흥미로운 토대들을 두루 살펴야 한다.

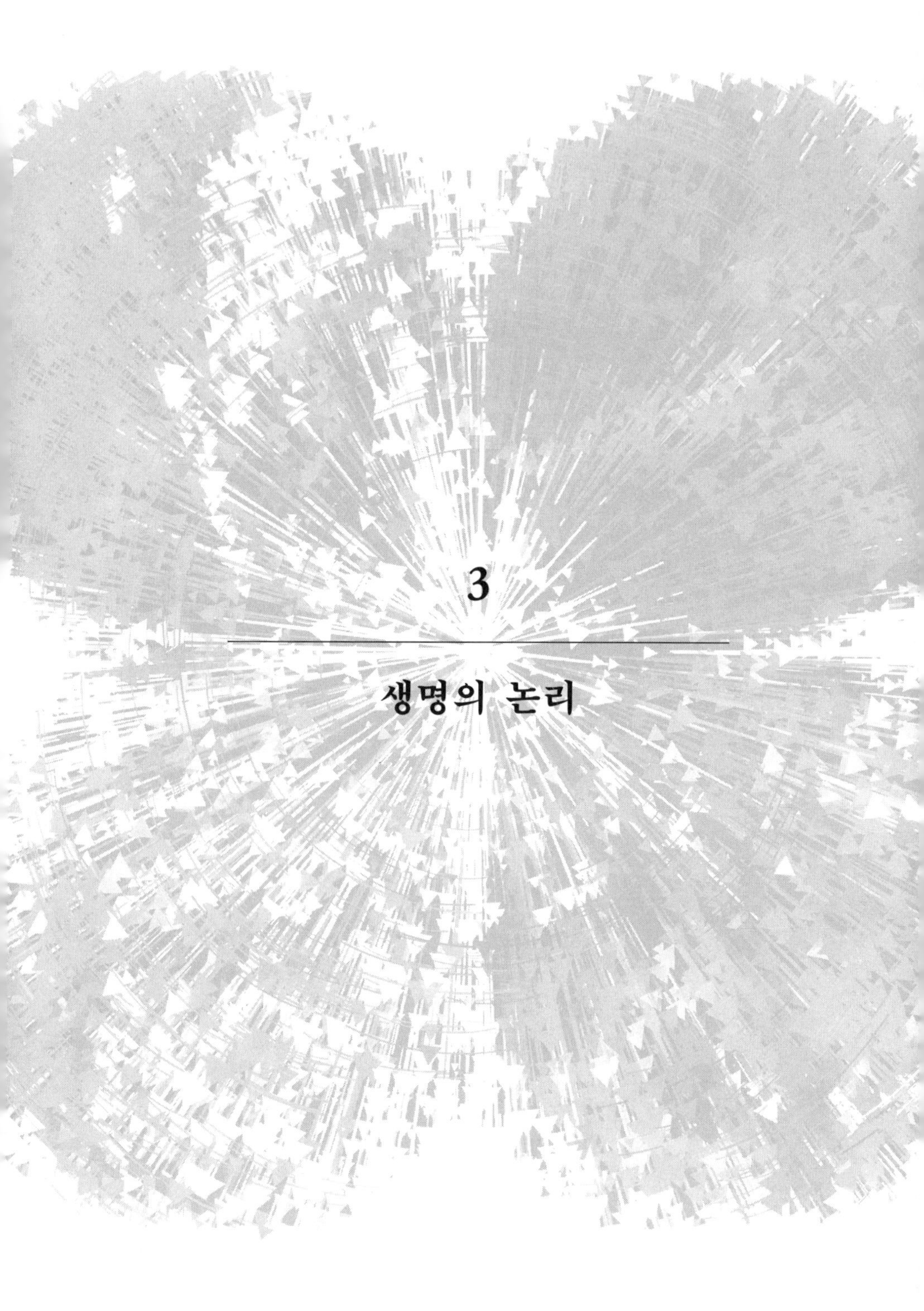

3

생명의 논리

"생명의 창의성은 수학의 창의성과 별반 다르지 않다."

—그레고리 차이틴Gregory Chaitin[1]

생명 이야기는 사실 이야기 두 가닥이 단단하게 짜여 있다. 한 가닥은 복잡한 화학 즉 풍부하고 정교한 반응 네트워크에 관한 것이고, 다른 한 가닥은 정보에 관한 것으로, 이 이야기 가닥은 단순히 유전자에 수동적으로 저장된 정보만이 아니라, 생물 전체의 구석구석을 흐르면서 생명 물질 속을 파고들어 고유한 질서를 부여하는 정보에 관한 것이기도 하다. 따라서 생명은 부단히 변화하는 두 패턴, 곧 화학 패턴과 정보 패턴의 혼합이다. 이 패턴들은 독립적이지 않고 서로 엮여서 협력하고 단결하는 계를 형성하여 정보 비트들을 뒤섞어 세밀하게 안무를 짠 춤사위를 만들어낸다. 생명의 정보는 세포의 물질적 내용물을 가득 채워 세포에 생명을 불어넣는 비트 국물만으로 볼 수는 없다. 그렇게 보면 그냥 생기론에 지나지 않을 것이다. 그보다는 프로그램이 컴퓨터의 연산을 제어하는 것과 같은 방식으로 정보 패턴들이 화학적 활동을 제어하고 조직한다고 보아야 한다. 그래서 복잡한 화학의 도가니 내부에는 논리연산망이 숨어 있다. **생명의 정보는 생명의 소프트웨어이다.** 이는 생명이 가진 놀라운 능력들의 연원을 논리와 계산의 토대까지 거슬러 올라갈 수 있음을 암시한다.

1928년에 이탈리아의 볼로냐에서 열린 세계수학자대회에서 저명한 독일의 수학자 다비트 힐베르트David Hilbert가 행한 강연은 계산의 역사에서 중추가 되는 한 사건이었다. 힐베르트는 그 자리를 빌려서 자신이 좋아하는 수학의 미결 문제들을 개괄했다. 그 가운데에서 가장 심원한 문제는 수학 자체의 내적 무모순성consistency에 관한 것이었다. 그 뿌리에서 보면, 수학은 정의들과 공리들* 그리고 그것들로부터 따라 나오는 논리적 연역들의 정교한 집합에 지나지 않는다. 우리는 수학이 작동한다는 것을 당연시한다. 그러나 이 엄격한 토대에서 나오는 추리의 모든 경로들이 **결코** 모순으로 귀결되지 않을 것이라고, 또는 간단히 말해서 그 모든 경로들이 답을 산출하는 데 실패하지 않을 것이라고 조금도 흔들림 없이 절대적으로 **확신**할 수 있을까? 이런 의아함이 들지도 모르겠다. **무슨 상관이람?** 수학이 무모순적이냐 아니냐가 뭐가 그리 중요하지? 실제적인 목적에 효과가 있으면 그만 아닌가? 1928년의 분위기가 그랬다. 당시 그 문제에 관심을 가진 사람들은 한 줌의 논리학자와 순수 수학자 들이 고작이었다. 그러나 머잖아 이 모든 상황이 매우 극적으로 바뀌게 된다.

---

* 공리란 명백히 참이라고 보는 진술을 말한다. 이를테면 "만일 x=y이면, y=x다" 같은 진술이 그렇다. 이는 농장에서 기르는 양의 마릿수가 염소와 같다면, 염소의 마릿수는 양과 같다고 말하는 것이다.

힐베르트가 보았던 문제는, 수학이 조금의 빈틈도 없이 무모순됨을 증명할 **수 있다**면, 어떤 수학적 진술이 주어지더라도 순전히 기계적으로 핸들을 돌리는 절차—알고리듬—만으로 참이냐 거짓이냐를 시험하는 게 가능하리라는 것이었다. 그러면 그 알고리듬을 실행하기 위한 어떤 수학도 **이해할** 필요가 없을 것이었다. 그러니 아무것도 모르는 일꾼들(유급 계산원들)을 배치해 쓰거나 기계 하나를 써서 필요한 만큼 크랭크를 열심히 돌리기만 해도 그 일을 수행할 수 있을 것이었다. 그런 무오류 계산기계가 가능할까? 힐베르트는 알지 못했다. 그래서 그는 그 문제에 **결정 문제**Entscheidungsproblem(보통은 '멈춤 문제halting problem'라고 부른다)라는 칭호를 선사했다. 이런 용어를 선택한 까닭은 그저 영원히 진행될—다시 말해서 **결코 멈추지 않을**—계산이 과연 있을 수 있느냐는 기본적인 문제를 제기하기 위함이었다. 그 가설상의 기계는 답이 나올 기미 없이 영원토록 돌아갈 수도 있을 것이었다. 힐베르트는 답을 얻기까지 얼마나 오래 걸릴 것이냐는 실제적인 문제에는 관심이 없었고, 그 기계가 유한한 시간 안에 계산 절차의 끝에 도달해서 참과 거짓 중에 하나의 답을 출력할 것이냐 못할 것이냐에만 관심을 가졌다. 언제나 답이 출력될 것이라고 예상하는 게 합리적일 듯 보인다. 잘못될 만한 것이 무에 있겠는가?

힐베르트의 강연은 1929년에 책으로 출간되었다. 실라르드의 악마 논문이 발표된 바로 그해였다. 서로 매우 다른 이 두 사고실험—멈추지 않을 수도 있을 계산 기계와 영구운동을 만들어낼 수도 있을 열역학 엔진—이 서로 긴밀하게 연결되어 있음이 나중에 밝혀졌지만, 그 당시에는 둘 중 누구도 그것을 깨닫지 못했다. 나아가 생명이라는 마법의 수수께끼 상자 속 깊숙한 곳에 기가 찰 정도의 복잡성이 켜켜이 덮어 가리고 있는 그 부단한 수학의 북장단이 바로 생명의 입맞춤을 선사한다는 것 또한 누구도 눈치조차 채지 못했다.

무한과 그 너머

수학은 종종 깜짝 놀라게 하는 것들을 꺼내놓곤 하는데, 힐베르트가 그 강연을 했던 시기에도 수학의 논리적 토대에서는 이미 문제가 불거지고 있던 참이었다.* 수학의 무모순성을 증명하려는 시도는 그전부터 있어왔지만, 1901년에 이르러서는 철학자 버트런드 러셀Bertrand Russell 때문에 그 시도들이 어처구니없이 갈 곳을 잃고 말았다. 러셀은 모든 형식적 추리 체계 안에 유명한 역설이 하나 도사리고 있음을 짚어냈다. 그 역설의 본질이 무엇인지는 쉽게 서술할 수 있다. A라는 다음 진술을 생각해 보자.

A: 이 진술은 거짓이다.

---

* 결정 문제가 처음 제기된 시점은 그 이전인 1900년에 파리의 소르본에서 열린 국제수학자대회에서 힐베르트가 했던 기념사까지 거슬러 올라갈 수 있다.

이제 이렇게 묻는다고 해보자. A는 참인가 거짓인가? 만일 A가 참이라면 진술 자체는 A가 거짓임을 선언하는 것이고, A가 거짓이라면 진술은 참이 된다. 자기 자신을 지시함으로써 모순이 되는 진술 A는 참**이면서** 거짓이거나 둘 다 아닌 것처럼 보인다. 우리는 그 진술의 참 · 거짓을 결정할 수 없다고 말할 수도 있다. 수학의 토대는 논리학이기 때문에, 러셀 이후로는 수학의 기초 전체가 흔들리는 것처럼 보이기 시작했다. 러셀이 제시한 자기지시의 역설paradox of self-reference은 시한폭탄을 작동시켰고, 장차 현대세계에서 지극히 광범위한 결과를 낳게 된다.

자기지시의 역설에 담긴 함의는 괴짜이면서 은둔자 기질이 있었던 오스트리아의 논리학자 쿠르트 괴델Kurt Gödel의 연구를 통해 비로소 완전하게 드러났다. 1931년에 괴델은 산술에서 참인 **모든** 진술들이 참임을 증명할 수 있는 무모순적인 공리 체계는 존재하지 않음을 입증하는 논문을 발표했다. 괴델의 증명은 수학을 부식시키는 자기지시적 관계들의 존재에 근거했다. 이는 산술적으로 참인 진술들 가운데에는 산술의 공리 체계 안에서는 참임이 **결코** 증명될 수 없는 것들이 언제나 있을 것임을 함축한다. 더 일반적으로는, 어떤 유한한 공리 체계도 자기 자신의 무모순성을 증명하는 데 쓰일 수 없다는 것이 따라 나왔다. 예를 들어 산술 규칙들은 산술이 언제나 무모순적인 결과를 산출할 것임을 자기 자신을 써서 증명해낼 수 없다.

괴델은 논리적으로 탄탄하게 추리하면 언제나 반박 불가능한 진리가 나올 것이라는 오래고 오랜 꿈을 산산조각 내버렸다. 괴델이 내놓은 결과는 인간 지성의 가장 드높은 산물이라고 할 만하다. 물리적인 것들의 세계나 이성의 세계에 대한 다른 모든 발견들은 우리가 그전까지는 알지 못했던 것을 말해준다. 그런데 괴델의 정리는 수학의 세계에 무진장한 새로움이 내재하고 있음을 말해주고 있다. 한계가 없는 지성—신—이라 할지라도 모든 것을 다 알 수는 없다는 것이다. 그것이야말로 끝이 열려 있는 궁극의 진술이다.

보다시피 괴델의 정리는 매우 높은 형식 논리 영역에서 구축되었기 때문에, 물리적인 세계, 나아가 생물 세계와는 명백한 연결고리가 없었다. 그런데 그로부터 불과 5년 뒤, 케임브리지의 수학자 앨런 튜링Alan Turing은 괴델이 내놓은 결과와 힐베르트의 멈춤 문제가 연관되어 있음을 확립했고, 〈결정 문제에 적용해서 살펴본 계산 가능한 수들에 관하여On computable numbers, with an application to the Entscheidungsproblem〉라는 제목의 논문으로 발표했다.[2] 그 논문이 무언가 중대한 것의 출발점이 되었음은 뒤에 알게 되었다.

튜링은 제2차 세계대전 당시 잉글랜드 남부의 블레츨리 파크에 자리했던 한 정부연구소에서 비밀리에 일하며 독일의 에니그마Enigma 암호를 해독하는 데 큰 역할을 했던 인물로 가장 유명하다. 튜링이 애쓴 덕분에 무수히 많은 연합군이 목숨을 건졌으며, 전쟁을 여러 해까지는 아니더라도 여러 달은 단축시켰다. 그러나 역사는 튜링이 세운 전공보다 1936년의 논문을 더 높이 사게 될 것이다. 힐베르트의 알고리듬적 계산 문제를 검토하기 위해, 튜링은 타자기와 비슷한 계산 기계를 하나 머릿속에 그렸다. 종이테이프가 좌우로 움직이며 기계를 통과하는 사이,

기계의 머리부는 그 테이프에 적힌 것을 읽어 들이기도 하고 그 테이프에 문자를 적어 넣을 수도 있었다. 테이프는 무한정 길고, 네모칸들로 나뉘어 있으며, 그 칸 안에 기호(이를테면 1이나 0)를 타이핑해서 넣을 수 있었다. 테이프가 기계를 수평으로 통과하면서 네모칸이 하나씩 머리부에 도달하면, 기계는 칸에 적힌 기호를 지우거나 칸에 기호를 적어 넣거나 아무것도 안 하고 그대로 두거나 한 다음, 왼쪽이나 오른쪽으로 테이프를 한 칸씩 이동시킨다. 기계가 멈춰서 답을 내놓을 때까지 그 과정을 계속 되풀이한다. 튜링은 어느 수가 계산 가능한 때는, 그런 기계가 반드시 유한한 (그러나 아마 굉장히 많은) 수의 단계들을 거친 뒤에 출력된 결과일 수 있을 때뿐임을 증명했다. 여기서 열쇠가 되는 생각은 **범용**universal 계산기computer, 곧 "계산 가능한 수열이라면 무엇이나 계산하는 데 쓰일 수 있는 단일 기계"라는 생각이었다.[3] 지금 우리가 당연시하는 컴퓨터의 기원이 바로 이 단순한 진술에 있다.*

순수 수학의 관점에서 보면, 튜링의 논문은 결정 문제—멈춤 문제—를 푸는 알고리듬은 존재하지도 않고 결코 존재할 수도 없음을 증명한 것이다. 일상어로 풀어보자면, 일반적인 수학적 진술에 대해 튜링의 기계가 참 또는 거짓이라는 대답을 출력하고 멈출 것이냐 그러지 않을 것이냐를 미리 알 길은 있을 수 없다는 뜻이다. 그 결과, 그냥 **결정 불가능한**undecidable 수학적

* 튜링보다 한 세기 전에 찰스 배비지(Charles Babbage)가 기본적으로 이와 똑같은 개념에 도달했지만, 보편적 계산 가능성(universal computability)을 형식적으로 증명하려는 시도는 하지 않았다.

명제는 언제나 존재할 것이다. 비록 주어진 **결정 가능한** 명제(이를테면, '11은 소수이다')를 하나 취해서 그 명제가 참인지 거짓인지 증명할 수 있다고 해도, 진술이 **결정 불가능하다**는 것은 누구도 증명할 수가 없다.

비록 튜링이 상상한 계산 기계에 함축된 결과들이 수학자들을 아연실색하게 했으나, 그런 기계를 현실에 적용할 필요가 머잖아 시급성을 띠게 되었다. 전쟁이 발발하자, 튜링은 자신이 탄생시킨 그 추상적 생각을 실제로 작동하는 장치로 변모시키는 임무를 맡았다. 1940년에 이르자, 그는 세계 최초로 프로그램 가능한 전자식 계산기electronic computer를 설계했다. 콜로서스Colosus라는 이름을 선사받은 그 계산기는 런던 달리스힐 소재 우체국의 전화교환국에 있던 토미 플라워스Tommy Flowers가 제작해서 블레츨리 파크에 자리한 일급비밀 암호해독 연구소에 설치했다. 그리고 1943년에 콜로서스는 완전하게 작동을 하게 되었다(그로부터 10년 뒤에 IBM은 최초의 상업용 컴퓨터를 제작했다). 콜로서스에게 주어진 단 하나의 목적은 영국의 암호해독 작업을 거드는 것이었다. 그래서 예외적으로 매우 엄중한 보안 속에서 제작되어 가동되었다. 블레츨리 파크를 둘러싸고 형성되었던 비밀유지 분위기가 전쟁이 끝난 뒤에도 정치적인 이유로 인해 그대로 존속했고, 그런 상황이 컴퓨터를 최초로 구축한 사람이라는 영예가 플라워스와 튜링에게 종종 돌아가지 못하는 이유가 되기도 했다. 또한 그런 분위기 때문에, 컴퓨터 상업화의 주도권이 미국으로 넘어가게 되었다. 영국과는 달리 미국에서는 제2차 대전 중 암호해독 분야에서 이루어진 연구들이 빠르게 기밀 해지가 되었다.

비록 튜링의 연구가 일차적 대상으로 삼은 이들은 수학자들이었으나, 장차 생물학에서도 깊은 함의를 갖게 될 것이었다. 생명을 가진 유기체에 특별하게 구현된 논리적 짜임새logical architecture는 논리학 자체의 공리들을 반영한다. 생명을 정의하는 속성인 자기복제self-replication는 계산 개념을 지탱하는 명제논리propositional calculus와 자기지시성의 영역에서 직접적으로 튀어나온다. 역설들이 널려 있는 이 영역은 오늘날의 우리에게 친숙한 시뮬레이션과 가상현실 등으로 이어지는 길을 열었다. 생명이 세계와 자기 자신에 대한 내적 표상—자기 자신을 행위자로서 행동하고 주변 환경을 자신에 맞게 바꾸고 에너지를 거두어 쓰는 존재로 보는 것—을 구성해내는 능력은 그 토대가 논리학의 규칙들에 있음을 반영한다. 생명이 끝없는 새로움의 우주를 탐험해서, "더없이 경이로운 꼴들"—다윈의 기념비적인 문구이다—을 만들어낼 수 있게끔 하는 것 또한 바로 그 생명의 논리이다.

수학의 토대 자체에 결정 불가능성이 안배되어 있음을 감안하면, 바로 그 수학의 법칙들에 기초하는 우주에서도 결정 불가능성은 근본이 되는 속성일 것이다. 결정 불가능성은 그 수학적 우주의 창조적 잠재능력이 언제까지나 무제한일 것임을 보장해준다. 생명의 주된 특징 가운데 하나는 풍요로움에 한계가 없다는 것이다. 곧, 다양성과 복잡성에 끝이 없다는 말이다. 참으로 근본적이고 특별한 무엇을 생명이 나타내고 있다면, 이렇게 가능성에 구속이 없다는 성질이 열쇠가 될 것임은 확실하다.

20세기의 수많은 위대한 과학자들이 튜링의 생각과 생명이 서로 연결되어 있음을 알아보았다. 그러나 생명과의 연결고리를 공고히 하려면 순수한 계산적 과정을 물리적 구성 과정으로 탈바꿈해내는 것이 필요했다.

자기 자신을 복사하는 기계

앨런 튜링의 대서양 건너편, 헝가리인 망명자인 존 폰 노이만John von Neumann도 군사적으로 응용할 전자식 계산기를 설계하는 일에 몰두해 있었다. 그의 경우는 (원자폭탄을 만드는) 맨해튼 프로젝트Manhattan Project와 관련이 있었다. 폰 노이만이 이용했던 기본 생각은 튜링과 똑같았다. 곧, 프로그램이 가능하고, 계산 가능한 것은 무엇이든 계산할 수 있는 범용 기계를 만드는 것이었다. 그러나 폰 노이만은 생물학에도 관심이 있어서, **범용 제작기**universal constructor(UC)라는 관념을 제시하기도 했다. 그러나 그 완전한 내용은 나중에 폰 노이만의 사후에 출간된 책《자기복제 오토마타에 관한 이론*Theory of Self-reproducing Automata*》이라는 책에 비로소 담기게 된다.[4]

UC는 이해하기 쉬운 개념이다. 주어진 재료 중에서 쓸 성분들을 골라 조립해서 무언가 기능을 하는 물건을 만들도록 프로그램할 수 있는 기계가 있다고 상상해보자. 오늘날의 우리는 바로 그런 일을 하는 로봇조립공정에 매우 친숙하지만, 폰 노이만이 심중에 둔 것은 그보다 더욱 야심찬 것이었다. 로봇조립공정 시스템은 UC가 아니다. 이를테면 자동차 조립공정은 냉장고를 만들지 못한다. 진정으로 **범용성을 가진** 제작기가 되려면, 주어진 부품들을 가지고 원리적으로 구성해낼 수 있는 것은 **무엇이든** 만들 수 있어야 한다. 바로 여기에서 이야기에 꼬임이 생겨 괴델, 튜링, 생물학이 연결된다. UC라면 **자기 자신**의 복사본도 만들 수 있어야 한다. 튜링이 범용 계산기를 생각하게 만들었던 것이 바로 자기지시의 역설이었음을 기억하라. 그래서 자기복제 기계self-reproducing machine*라는 생각도 범용 계산기와 마찬가지로 논리학의 판도라의 상자를 열게 된다. 의미심장하게도 생물은 실제로 자기복제 기계인 것처럼 보인다. 그래서 범용 계산기(튜링 기계)와 범용 제작기(폰 노이만 기계) 개념들을 숙고하면 생명의 논리적 짜임새에 대한 통찰을 얻을 수 있다.

폰 노이만이 강조했던 한 가지 중요한 점은 UC가 단순히 자기 자신의 복제물을 만드는 것만으로는 충분치 못하다는 것이다. UC라면 UC를 만드는 법을 담은 **명령들**instructions까지 복제해서, 갓 찍어낸 복제물에 그 명령들을 집어넣어야 한다는 말이다. 그렇게 하지 않으면 UC가 만든 자손은 다시 자손을 만들어서 대를 이어가지 못할 것이다. 오늘날의 관점에서는 로봇 명령들robotic instructions이란 로봇을 움직이는 컴퓨터에 프로그램된 것이라고들 생각하는데, 자기복제 기계의 논리를 더 잘 보기 위해서는 옛날에 자동피아노 연주에 썼던(그리고 튜링 기계에 나오

* [옮긴이 주] 저자가 self-reproduction과 self-replication을 서로 바꿔가면서 동일한 뜻으로 쓰고 있기 때문에, 둘 모두 '자기복제'로 옮겼다.

는 테이프 개념과 가까운) 천공된 테이프 같은 것에 그 명령들이 새겨져 있다고 생각하는 게 도움이 된다. 이것저것 만드는 법을 말해주는 천공된 테이프 하나를 UC에 집어넣었더니 기계가 그 테이프에 새겨진 명령들을 맹목적으로 수행하는 모습을 상상해 보라. 난잡하게 보이는 테이프의 구멍은 아무렇게나 뚫린 게 아니라 전략적으로 배치되어 있다. 수많은 가능한 테이프 중에는 UC 자신을 만드는 명령들이 포함된 것도 있을 것이다. 이 테이프가 기계를 통과하면, UC는 또 하나의 UC를 만들 것이다. 그러나 앞서 말했듯이 그것만으로는 충분치 않다. 이제 어미 UC는 그 **명령 테이프** 복사본도 만들어야 한다. 그러기 위해서는 그 테이프를 명령들의 집합이 아니라 복사해야 할 또 하나의 물리적 대상으로 취급해야 한다. 오늘날의 말을 쓰면, 이때 그 테이프는 소프트웨어(명령들)에서 하드웨어(어떤 구멍 패턴들을 가진 물질)로 지위가 바뀌어야 하는 것이다. 폰 노이만은 감독기supervisory unit라고 하는 것을 상상했다. 그 감독기는 상황의 요구에 따라 하드웨어와 소프트웨어 중 어느 한쪽을 켜는 스위치 구실을 한다. 이 드라마의 마지막 막에 이르면, UC는 맹목적으로 복사한 그 명령 테이프를 새로 만들어낸 자손 UC에 추가함으로써 주기를 완료하게 된다. 폰 노이만의 결정적인 통찰은, 테이프에 새겨진 정보가 **두 가지 다른 방식으로** 취급되어야 한다는 것이다. 첫 번째는 UC가 무언가를 만들도록 하는 능동적인 **명령들**로 다루고, 두 번째는 그 테이프가 복제되면서 그냥 따라서 복사되어야 할 수동적인 **데이터**로 다루어야 한다는 것이다.

우리가 아는 모습의 생명은 정보가 바로 이렇게 이중 역할을 하고 있음을 보여준다. DNA는 상황에 따라 물리적인 대상이 되기도 하고 명령 집합이 되기도 한다. 갓 태어난 세포가 이제 막 생애를 시작할 때, 이런저런 기능을 하기 위해서는 그 일들을 해줄 단백질들이 필요하다. 그러면 관련 단백질을 만드는 명령을 DNA에서 읽어오고, 거기에 따라 리보솜이 단백질을 만든다. 이 모드에서 DNA는 소프트웨어 역을 맡는다. 그러나 그 세포가 복제와 분열을 할 때가 오면, 앞서와는 매우 다른 일이 일어난다. 특별한 효소들이 따라 나와 DNA를 맹목적으로 (누적된 결함까지 모조리) 복사한다. 그러면 분열이 일어난 뒤에 각 딸세포에는 DNA 복사본이 하나씩 있게 된다.* 그래서 생체세포의 논리적 조직성은 폰 노이만의 자기복제 기계가 가진 논리적 조직성을 반영하고 있다. 하지만 아직도 수수께끼인 것은, 명령이 수동적인 데이터로 전환되어야 할 때가 언제인지 결정하는 감독기에 해당하는 것이 생물에서는 무엇이냐는 것이다. 세포에는 그런 성분이 분명하게 보이지 않는다. 말하자면 순간순간 DNA를 어느 쪽으로 간주해야 할 것인지(소프트웨어로 보느냐 하드웨어로 보느냐) 세포에게 말해주는 '전략가' 구실을 하는 특별한 세포기관이 없다는 말이다. 복제 결정은 세포의 내부부터 주

---

* 으레 그렇듯이, 상황은 이것보다 좀 더 복잡하다. 왜냐하면 읽기와 복제는 동시에 일어날 수 있고, 때에 따라 같은 장소에서 일어나 교통사고의 위험도 있기 때문이다. 일어날 만한 혼돈을 최소화하기 위해, 유전체는 RNA 합성효소와 DNA 합성효소가 서로 반대방향으로 가지 않게끔 조정한다. 폰 노이만 식으로 보면, 이는 계가 하드웨어인 동시에 소프트웨어가 되어야 할 때에는 테이프가 한 방향으로만 움직이도록 생명이 확실히 해둔다는 뜻이다.

변 환경에 이르기까지 수많은 인자들에 좌우된다. 그 결정은 한 장소에서 국지적으로 내려지는 것이 아니다. 이는 하향식 인과관계top-down causation와 관련된 후성유전적 제어epigenetic control를 보여주는 한 예가 되어준다.[5] 이에 대해서는 뒤에서 자세히 살펴볼 생각이다.

폰 노이만은 생물에서 일어나는 복제replication가 단순한 복사copying와는 매우 다르다는 것을 인식했다. 따지고 보면 광물 등의 결정도 복사를 통해 성장한다. 생명의 복제를 사소하지 않게non-trivial 만들어주는 것은 그 복제가 진화 능력을 가지고 있다는 것이다. 복사 과정에서 오류가 발생할 수 있고 그 오류까지 복사된다면, 그 복제 과정은 진화 가능하다. 물론 유전 가능한 오류들이 바로 다윈주의적 진화를 끌고 가는 것들이다. 폰 노이만 기계가 생명의 모형이 되어주려면, 자기복제와 진화 능력이라는 두 가지 핵심 속성들을 통합해내야 한다.

폰 노이만 기계 관념은 공상과학의 세계를 파고들어 을씨년스러운 이야기들을 상당수 양산해냈다. 어느 미친 과학자가 그런 장치를 조립하는 데 성공해서 세상에 풀어주었다고 상상해보라. 원자재가 공급되는 한, 그 장치는 그저 계속해서 복제하고 복제하고 복제할 것이다. 필요한 대로 다 가져다 쓰는 바람에 언젠가는 그 원자재가 바닥나고 말 것이다. 폰 노이만 기계들을 우주 공간으로 내보내면, 우리 은하계뿐만 아니라 그 너머까지 약탈할 것이다. 물론 생체세포는 실제로 일종의 폰 노이만 기계이며, 포식동물 하나를 풀어놓을 경우, 그 녀석이 아무 견제 없이 퍼져나가면 생태계를 무너뜨릴 수 있음을 우리는 알고 있다.

하지만 지구상의 생물계는 생명의 복잡한 망—상호의존적이지만 서로 유형이 다른 생물 수가 어마어마하게 많은 망—에서 생겨난 견제와 균형으로 가득하다. 그래서 고삐 풀린 증식으로 입게 될 폐해는 제한될 수밖에 없다. 그러나 우주 공간에 아무 견제 없이 홀로 복제하는 포식자가 있다면 이야기는 완전히 달라질 수 있다.

생명게임

비록 폰 노이만은 실제로 자기복제 기계를 만들 생각은 하지 않았지만, 그 대신 본질이 되는 생각을 잡아낸 뛰어난 수학 모형을 하나 고안해냈다. 세포 오토마타cellular automaton(CA)라고 하는 그 모형은 정보와 생명의 연결성을 조사하는 데 널리 쓰이는 도구이다. CA 중에서 가장 유명한 예가 바로 생명게임Game of Life—적당히 잘 붙인 이름이다—으로, 수학자인 존 콘웨이John Conway가 발명했고, 컴퓨터로 게임을 한다. 다만 이 생명게임이 실제 생물계와는 아주아주 거리가 멀다는 것을 강조해야겠다. 그리고 세포 오토마타에 쓰인 '세포'라는 말은 생체세포와의 연관성을 담아낼 의도로 쓰인 말이 아니라는 것도 강조해야겠다. 그건 그냥 용어상의 불행한 우연의 일치일 뿐이다(생체세포보다는 감방prison cell에 빗대는 쪽이 더 가까울 것이다). 세포 오토마타를 연구하는 까닭은 비록 생명과의 연결성은 희박하다고 할지라도 생명의 **논리**에 대해서는 무언가 깊은 것을 잡아내고 있기 때문이다. 단순하게 보일 수도 있겠지만, 그 게임에는 광범위하게 적용할 수 있는 몇 가지 놀라운 속성들이 내재해 있다. 그러니 그 게임에 컬트팬층이라고 할 만한 것이 형성된 것도 별로 놀라운 일이 아니다. 그 게임을 좋아한 나머지, 음악까지 만들어 붙이는 사람들도 있으며, 수학자들은 게임의 신비로운 속성들을 탐험하는 것을 즐기고, 생물학자들은 생명의 조직적 짜임새의 가장 기초적인 수준에서 생명을 똑딱거리게 하는 것이 무엇인지 실마리를 찾을 용도로 사용하기도 한다.

생명게임이 돌아가는 방식은 다음과 같다. 체스판이나 모니터 화면의 픽셀 같은 네모칸들로 이루어진 열을 하나 선택한다. 각 칸은 색이 채워질 수도 있고 비워질 수도 있다. 색칠된 네모칸은 '살았다'라고 말하고, 빈칸은 '죽었다'라고 말한다. 게임은 산 칸과 죽은 칸으로 이루어진 어떤 패턴—아무것이나 좋을 대로 선택하면 된다—에서 출발한다. 뭔가 일어나도록 하려면, 그 패턴을 바꾸게 할 규칙들이 있어야 한다. 칸 하나마다 이웃한 칸들이 여덟 개씩 있다. 단순한 CA에서는 주어진 칸이 그 여덟 이웃들의 상태에 따라 자기 상태를 바꾼다(말하자면 살거나 죽거나 한다). 콘웨이가 선택한 규칙들은 다음과 같다.

1. 산 세포의 이웃 중 산 이웃이 둘이 못 되면 그 세포는 죽는다. 마치 인구 부족 때문에 죽는 것처럼 말이다.

2. 산 세포의 이웃 중 산 이웃이 둘이나 셋이면 그 세포는 다음 세대까지 살아남는다.

3. 산 세포의 이웃 중 산 이웃이 셋을 넘어가면 그 세포는

죽는다. 마치 인구 과잉 때문에 죽는 것처럼 말이다.

4. 죽은 세포의 이웃 중 산 이웃이 정확히 셋이면 산 세포가 된다. 마치 번식이 이루어진 것처럼 말이다.

이 규칙들은 열을 이루는 모든 칸들에 동시에 적용되며, 그러면 패턴이 (대개는) 바뀐다. 말하자면 패턴이 '업데이트' 되는 것이다. 규칙들은 매번 다시 적용된다. 단계 하나하나가 한 '세대'이고, 세대가 넘어가면서 패턴이 바뀌어 나가는 모습을 만들어내며, 시선을 매료시키는 결과가 나올 수도 있다. 하지만 게임의 진정한 관심사는 예술이나 재미보다, 복잡성을 연구하고 모양과 모양 사이에서 나타나는 정보의 흐름을 살피는 도구가 되는 것이다. 화면에 나타나는 패턴들은 결이 맞는 모습으로 가로질러 이동하기도 하고, 서로 충돌한 뒤에 그 잔해로부터 새로운 모양들이 만들어지기도 하는데, 꼭 저만의 생명을 가진 것 같은 모습이다. 글라이더glider라고 불리는 패턴이 한 가지 유명한 예로서, 색칠된 네모칸 다섯 개가 무리를 이뤄 재주넘는 모습으로 화면을 꿈틀꿈틀 질러간다(그림 8을 보라). 단순한 규칙들을 반복해서 적용한 결과로 그처럼 매력적인 복잡성이 생겨날 수 있다는 것이 놀랍다.*

---

* 이는 생명의 본성에 대해 더욱 깊은 물음을 던지게 한다. 생명이 복잡하다는 것은 다들 인정하지만, 어떤 복잡한 **과정**에서 나온 산물이기 때문에 생명이 복잡한 것일까, 아니면 생명게임에서처럼 단순한 과정들이 연이은 결과인 것일까? 복잡한 과정(complex process)과 복잡한 상태(complex state)의 구분을 확실히 해준 새라 워커에게 고마움을 전한다.

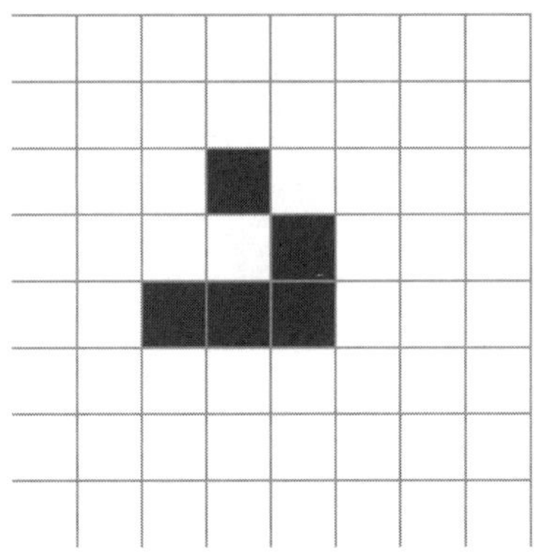

그림 8. 생명게임

색칠된 네모칸들이 이런 식으로 배치되고, 콘웨이의 규칙들에 따라 한 단계 한 단계 진화하면, 내적인 배치는 바뀌지 않은 채 화면 위를 활공하게 된다. 다른 색칠된 칸을 만나 충돌하기 전까지 그 모습 그대로 길을 계속 간다.

출발 패턴이 무작위로 주어지면 게임에서 여러 일들이 일어날 수 있다. 패턴들이 진화하면서 한동안 모양을 바꿔 나가다가 마지막에는 사라져서 화면이 텅 빌 수도 있다. 한 가지 정적인 모양에 갇혀 꼼짝달싹 못 할 때도 있고, 몇 세대마다 같은 모양을 거듭해서 거치는 주기적인 경우도 있다. 더 흥미롭게는, 새로운 모양을 무한정 만들어내며 한없이 계속 움직이는 경우도 있다. 진짜 생명처럼 말이다. 그런데 어느 패턴에서 출발하면 다양성이 무한정 만들어질 것인지, 미리 알 수 있을까? 밝혀진 바에 따르면, 알 수 없는 경우가 일반적이다. 패턴들은 임의적이지 않고 저만의 높은 수준의 규칙들을 따른다. 이제까지 증명된 바에 따르면, 패턴들 자체는 행동을 통해 기초적인 논리연산을 실행할 수 있다. 그 패턴들은 컴퓨터 속의 컴퓨터인 것이다! 그래서 그 **패턴들**은 비록 느리긴 하지만 튜링 기계나 범용 계산기로 표상할 수 있다. 이런 속성을 가졌기 때문에, 생명게임에 튜링의 결정 불가능성 분석을 곧바로 적용할 수 있다. 결론: 주어진 초기 패턴이 움직임을 멈추게 될지 영원히 움직일지는 체계적으로 어떤 방식을 써도 미리 결정할 수 없다.[6]

컴퓨터 화면 위의 패턴들이 출신—기질基質—의 족쇄에서 풀려나 영화 〈매트릭스〉처럼 저만의 세상을 만들 수 있으면서도 움직임 하나하나는 논리의 철칙에 묶여 있을 것임을 생각하면 나는 아직도 으스스한 기분이 든다. 그러나 그런 것이 바로 괴델식 결정 불가능성의 힘이다. 곧, 논리의 구속을 강하게 받아도, 예측 불가능한 새로움을 만들어내는 것과 얼마든지 양립할 수 있다는 것이다. 하지만 생명게임은 원인과 결과에 대해 몇 가지 심각한 물음을 던지게 한다. 화면에 나타나는 그 모양들을 우리는 실제로 사건을 '일으킬' 수 있는 '것들'—이를테면 충돌한 뒤에 어지럽게 남은 파편들—로 대우할 수 있을까? 따지고 보면 그 모양들은 물리적 대상들이 아니라 **정보적** 패턴들이다. 그 모양들에게 일어나는 모든 일들은 그보다 낮은 수준에 있는 컴퓨터 프로그램으로 설명할 수 있기 때문이다. 그러나 계 안에 근본적으로 결정 불가능성이 내재해 있다는 것은 질서가 떠오를 여지가 있음을 의미한다. 높은 수준의 정보적 '교전규칙들rules of engagement'은 모양 수준에서 정형화될 수 있다. 생명(과 의식)에서 이런 일이 일어나고 있음은 틀림이 없다. 생명(과 의식)에서는 원인과 결과 이야기를 **물리적 기질과는 독립적으로** 정보 패턴들에 적용할 수 있기 때문이다.

비록 생명게임에서 만들어지는 모양들이 독립된 존재성 같은 것을 가지면서 어떤 규칙을 따르는 '것들'이라고 생각하고 싶은 마음이 굴뚝같지만, 아직 깊은 물음이 하나 남아 있다. 두 모양들의 충돌이 다른 모양의 출현을 '야기한다'라는 말이 어떤 의미를 가질 수 있을까? 시드니대학교의 조지프 리지어Joseph Lizier와 미하일 프로코펜코Mikhail Prokopenko는 생명게임을 비롯하여 여러 세포 오토마타를 신중히 분석해서 단순한 상관성과 물리적 인과성이 어떻게 다른지 따져보려고 했다.[7] 두 사람은 계속을 흐르는 정보를 추적하는 것을, 강에 염료를 주입한 뒤에 강의 흐름을 따라 그 염료를 추적하는 것에 빗대었다. 염료가 어디로 갈 것인지는 염료를 주입한 지점에서 일어난 일에 의해 '인과적 영향을 받는다.' 또 다른 심상을 써보자. A가 B에게 인과적 효과를 미친다면, 이는 (비유적으로 말해서) A를 위아래로 흔들면 조금 있다가 B도 위아래로 움직이게 된다는 뜻이다. 그러나 리지어와 프로코펜코는 자신들이 '예측성 정보전달predictive information transfer'이라고 불렀던 것도 존재함을 인식했다. A에 대해 단순히 **무언가를 아는 것**만으로도 B가 다음에 무슨 일을 할지 더 잘 알게 해준다면, 이런 정보 전달이 일어난 것이다. 설사 A와 B 사이에 직접적인 물리적 연결이 전혀 없다 하더라도 말이다.* 또는 저만의 역동성을 즐기는 정보 패턴을 통해 A와 B의 행동이 상관된다고 말할 사람도 있을 것이다. 여기서 결론은 정보 패턴이 인과적 단위를 형성하고, 그 단위들이 서로 결합하여 활동이 떠오르는 세계, 저만의 이야기를 가진 세계를 만들어낸다는 것이다. 이렇게 말하면 통념을 뒤엎는 듯 보이겠지만, 일상생활에서 우리는 항상 그와 비슷한 가정을 한다. 예를 들어, 나이가 들수록 사람은 취향과 의견이 점점 보수적이 되는 경향이 있다는 것은 잘 알려져 있다. 이것을 자연의 법칙이라고 하기는 어렵지만, 인간 본성의 보편적 특징이기는 하며, 우리는 모두 '인간 본성'을 진짜 존재성을 가진 어떤 것 또는 속성으로 간주한다. 설사 사람의 생각과 행동이 궁극적으로는 물리법칙들을 따르는 뇌가 이끌고 가는 것임을 안다고 하더라도 말이다.

CA를 일반화할 수 있는 길은 많다. 예를 들어보자. 콘웨이의 규칙들은 '국지적'이다. 규칙들이 가장 가까운 이웃들과만 관련된다는 뜻이다. 그러나 비국지적인 규칙들—이를테면 한 칸 건너 이웃과 두 칸 건너 이웃까지 모두 참조해서 칸의 상태를 업데이트하는 것—도 쉽게 합쳐 넣을 수 있다. 비동기적인 asynchronous 업데이트 규칙들도 마찬가지이다. 이런 규칙들이 적용되면, 칸마다 서로 다른 단계에서 업데이트된다. CA를 일반화하는 또 다른 방법은, 네모칸이 단순하게 '산' 상태 아니면 '죽

---

* 인과성 없는 상관성에 대해서는 수수께끼라고 할 만한 것이 전혀 없다. 간단한 예를 하나 들어보자. 내가 런던에 사는 친구 앨리스에게 은행의 한 비밀 계좌를 보호하고 있는 비밀번호를 이메일로 알려주었다고 치자. 앨리스는 내 메일을 받고 곧바로 그 계좌에 접근한다. 그리고 잠시 뒤에 나는 똑같은 내용의 이메일을 뉴욕에 사는 밥에게 보내고, 밥도 앨리스처럼 행동한다. 그 계좌를 감시하고 있던 스파이는 이 일들을 보고 앨리스가 밥에게 비밀번호를 주었다는 그릇된 결론으로 뛰뛰기할 수도 있다. 말하자면 비밀번호에 대한 정보가 런던에서 뉴욕으로 갔기 때문에 앨리스와 밥을 인과적으로 연결한 것이다. 그러나 사실 앨리스가 가진 정보와 밥이 가진 정보가 상관된 까닭은 한쪽이 다른 쪽의 원인이 되었기 때문이 아니라 두 사람의 공통된 제3자(나)가 원인이 되었기 때문이다. 상관성과 인과성을 같은 것으로 혼동하는 것은 사람들이 쉽게 빠져드는 덫이다.

은' 상태에 있기보다는, 그 두 가지보다 더 많은 상태를 가질 수 있도록 허용하는 것이다. 폰 노이만의 주된 동기가 바로 자기복제와 진화 능력이라는 두 속성을 모두 가지도록 CA를 구성하는 것이었음을 기억하라. 콘웨이의 생명게임이 진화 가능하다는 것은 얼마든지 증명할 수 있다. 그런데 그 게임이 자기복제의 속성을 가졌다는 것도 뒷받침할 수 있을까? 그렇다, 가능하다. 2010년 5월 18일에 생명게임의 열성팬인 앤드루 웨이드Andrew J. Wade가 3400만 세대 뒤에 자기를 실제로 복제하는 패턴—제미니Gemini라는 이름을 붙였다—을 찾아냈다고 선언했다. 2013년 11월 23일에는 또 한 사람의 생명게임 열성팬인 데이브 그린Dave Greene이 자기 자신의 완벽한—폰 노이만이 특정했던 것 같은 중요한 명령 테이프에 해당하는 것까지 포함하여—복사본을 만들어내는 복제자를 처음으로 찾아냈다고 선언했다. 이런 기술적 결과들이 무미건조하게 느껴질 수도 있겠지만, 자기를 복제하는 속성이 생명게임 논리의 극도로 특별한 측면을 반영하고 있음을 이해하는 것이 중요하다. 오토마타 규칙들을 아무렇게나 정한 경우에는 아무리 많은 단계를 실행해도 그와 같이 되지는 않을 것이다.

이 모두는 나로 하여금 폰 노이만의 연구에서 흘러나온 중요한 물음, 그러나 아직 답을 찾지 못한 과학적 물음 하나에 이르게 한다. 사소하지 않은non-trivial 복제와 끝없는 진화 능력이라는 쌍둥이 특징을 얻기 위해 필요한 복잡성의 **최소** 수준은 무엇일까? 만일 그 복잡성의 문턱이 상당히 낮다면, 생명은 쉽게 생겨날 수 있을 테고, 따라서 우주 전역에 생명이 널리 퍼져 있으리라 예상해도 될 것이다. 반면에 그 문턱이 매우 높다면, 지구상의 생명은 예외적인 경우로서, 개연성이 매우 낮은 사건들이 연이어 일어나면서 나온 별난 결과물이라고 할 수 있을 것이다. 처음에 폰 노이만이 제안했던 세포 오토마타가 꽤 복잡한 것임은 확실하다. 네모칸 하나마다 29가지 가능한 상태 가운데 하나가 할당되니까 말이다. 그에 비해 생명게임은 훨씬 단순하다. 그러나 생명게임을 하려면 계산 자원을 많이 써야 하기 때문에 여전히 만만찮은 수준의 복잡성을 보여준다. 하지만 이것들은 이미 풀어낸 예 몇 가지에 불과할 뿐이며, 여전히 이 분야는 활발한 탐구 주제가 되고 있다. 폰 노이만 기계의 CA 컴퓨터 모형에 필요한 최소 복잡성이 어느 정도인지 아는 사람은 아직 아무도 없다. 하물며 분자들로 이루어진 **물리적인** UC에 필요한 최소 복잡성이 어느 수준일지 아는 사람이 아직 있을 턱이 없다.

최근에 내 동료인 앨리사 애덤스Alyssa Adams와 새라 워커Sara Walker가 세포 오토마타 이론에 새로운 전기를 마련했다. 2차원 세포열에서 드라마가 펼쳐지는 생명게임과 다르게, 애덤스와 워커는 1차원 세포열을 이용했다. 생명게임처럼 그 세포들도 색으로 채워지거나 빈 상태이거나 둘 중 하나이다. 색칠된 칸들로 패턴을 임의로 만들어 출발하고, 업데이트 규칙을 써서 한 번에 한 단씩 진화한다. 그 한 예를 그림 9에 실었다. 그림에서 시간은 아래방향으로 흐른다. 각 수평선은 그 시간 단계에서 CA가 가진 상태로서, 바로 위의 열에 규칙이 적용된 결과로 나온 것이다. 규칙을 연속해서 적용하면 패턴이 만들어진다. 수학자인 스티븐 울프램Stephen Wolfram이 1차원 CA들을 철저하게 연구한 결과, 가장 가까이 이웃한 칸들만 고려하는 업데이트 규칙은 256개가 가능했다. 생명게임과 마찬가지로, 이 1차원 게임에서도 따분한 패턴들이 있다. 이를테면 한 상태에 빠져서 꼼짝달싹도 못 하거나, 똑같은 상태 몇 가지를 주기적으로 반복하는 경우도 있다. 그러나 월프램은 그보다 훨씬 복잡한 패턴을 만들어내는 규칙들이 얼마 있음도 발견했다. 그림 10이 그 한 예로, 월프램 규칙 30을 사용했으며, 초기 조건은 색칠된 네모칸 하나이다. 그림 9의 규칙성(규칙 90을 사용했다)과 그림 10의 정교한 구조(규칙 30 사용)를 비교해보라.

애덤스와 워커는 변화하는 환경을 CA에 포함시켜 더욱 진짜 같게 생명을 표상할 길을 찾고 싶었다. 그래서 두 사람은 CA 두 개를 짝지었다(계산적으로 말해서 그렇다는 것이다). CA 하나는 생물을 표상하고, 다른 하나는 환경을 표상한다. 그런 다음 두 사람은 기존의 CA 모형들과 근본적으로 다르게 만드는 것을 하나 도입했다. 곧, '생물'에 적용되는 업데이트 규칙이 **변화할** 수 있도록 허용했던 것이다. 각 단계마다 256개 규칙 중 어떤 것을 적용할지 결정하기 위해, 두 사람은 '생물' CA 세포들을 세 개씩 연접시켜 3세포조로 묶어서(말하자면 000, 010, 110…… 하는 식으로), 각 3세포조의 상대적인 발현빈도와 '환경' CA에서 그와 동일하게 나타나는 패턴들을 비교했다. (이 설명이 복잡하고 전문적으로 들리더라도 걱정 말길 바란다. 여기서 세세한 것은 중요하지 않고, 비국지적 규칙의 도입이 새로운 꼴의 복잡성을 만들어낼 강력한 방법이 될 수 있다는 일반적인 생각만 알아보면 된다.) 그래서 두 CA를 이렇게 배열하면 '생물' 자신의 상태에 따라서

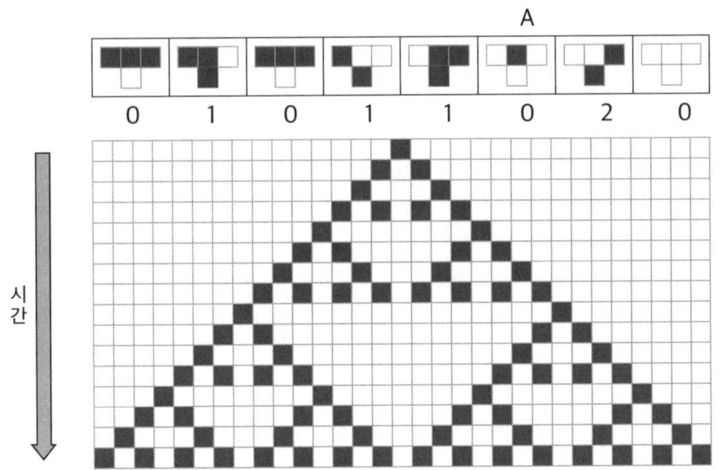

그림 9. 1차원 (기본) 세포 오토마타

월프램 규칙 90을 적용한 모습이다. 맨 위쪽의 긴 그림상자는 규칙의 구조를 보여주고 있다. 첫 행 중간에 색칠된 네모칸 하나로 출발하고, 그 아래행의 패턴은 각 칸에 반복적으로 규칙을 적용해서 생성된 것이다. 예를 들어 초기 단계(맨 윗 행)에서 색칠된 칸 하나는 그림상자 중 A의 레이아웃에 해당되고(양편의 이웃들은 모두 비어 있다), 색칠된 칸은 바로 다음 단계에서 빈 상태로 바뀐다.

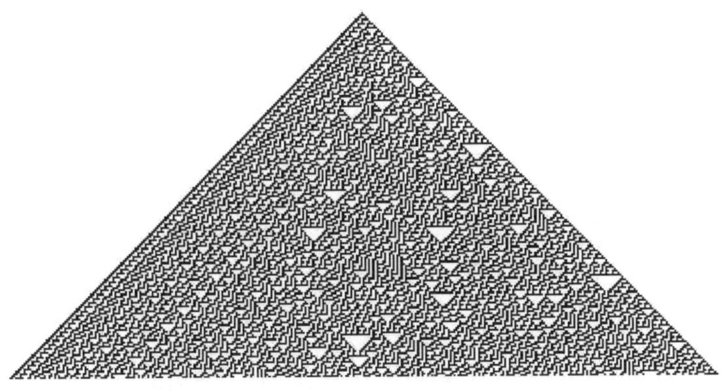

그림 10. 규칙 30의 세포 오토마타

복잡성이 진화하는 모습을 보여주고 있다.

도 업데이트 규칙이 바뀌고(이러면 생물은 자기지시적이 된다), '환경'의 상태에 따라서도 업데이트 규칙이 바뀌게 된다(이러면 환경은 열린계가 된다). 애덤스와 워커는 무언가 흥미로운 패턴이 나타나는지 알아보기 위해 컴퓨터로 수천 가지 사례 연구를 했다. 두 사람은 끝이 열려 있고(말하자면 출발 상태로 금방 되돌아가지 않고) 혁신을 만들어내는 진화적 행동이 나타나는지 확인하고 싶었다. 이 맥락에서 '혁신'이란, 관찰된 상태들의 순서가 256가지 가능한 고정규칙을 가진 CA들 중 **어디에서도** 나타날 수 없었다는 것을 뜻한다. 가능한 출발 상태를 모조리 고려했어도 말이다. 그런 행동이 드물다는 것이 밝혀졌지만, 그런 행동을 선명하게 보여주는 예들이 얼마 있었다. 컴퓨팅 시간이 많이 걸리긴 했어도, 두 사람은 이처럼 단순한 모형에서도 **상태의존적 동역학**state-dependent dynamics이 복잡성과 다양성을 이루어낼 새로운 경로를 제공한다는 것을 충분히 확신할 수 있음을 발견했다.[8] 두 사람의 연구는 단순히 정보 비트를 처리하는 것만으로는 충분치 않다는 것을 멋지게 보여준다. 생명의 풍요로움을 온전하게 잡아내기 위해서는 정보를 처리하는 규칙 자체도 반드시 진화해야 한다. '나가는 말'에서 나는 이 중요한 주제를 다시 살필 생각이다.

생물학자가 라디오를 고칠 수 있을까?

생명에 필요한 복잡성의 최소 수준이 어느 정도이든, 우리가 아는 가장 단순한 생명꼴이라 해도 이미 기가 찰 정도로 복잡하다는 것은 의심할 여지가 없다. 실로 생명의 복잡성은 너무나 굉장하기에 물리적인 측면에서 생명을 이해하기를 포기하고 싶어질 정도이다. 물리학자라면 수소 원자나 물 분자를 정확하게 설명해낼 수 있겠지만, 세균을 과연 그와 똑같은 식으로 서술할 꿈을 꿀 수나 있을까?

한두 세대 전에는 상황이 지금보다 훨씬 밝게 보였다. DNA의 구조가 규명되고 보편적인 유전 부호가 해독된 뒤로, 생물학에는 환원주의 열풍이 불어 닥쳐서, 대부분의 생물학적 물음들은 유전자 수준에서 답이 발견될 것이라고 생각하는 추세였다. 리처드 도킨스가 이기적 유전자selfish gene 개념으로 웅변적으로 표현해낸 관점이 바로 이것이다.[9] 환원주의를 생물학에 적용하여 몇 가지 눈에 띄는 성공을 거둔 것 또한 틀림이 없다. 이를테면 테이-삭스 증후군Tay-Sachs syndrome을 비롯한 여러 유전병을 특수한 결함을 가진 유전자들과 결부시킬 수 있었다. 그러나 유기체 수준에서 보면, 일반적으로 유전자 하나—또는 유전자 집합—와 생물학적 형질 하나 사이에 단순한 연관성이 없음이 금방 분명해졌다. 수많은 형질들은 전체로서의 계를 셈에 넣을 때에만 떠오른다. 말하자면 상호작용하는 유전자들의 네트워크 전체는 물론이고, 많은 비유전적인 인자들, 이를테면 아마 환경과도 관련이 되었을 이른바 후성유전적인 인자들(다음 장에서 다시 살펴볼 생각이다)도 함께 고려해야만 한다는 것이다. 그리고 사회적 생물들—이를테면 개미, 벌, 사람—의 경우에는 전체로서의 공동체의 집단적 조직성까지 고려해야만 완전하게 설명할 수 있다. 이런 사실들이 시야에 뚜렷이 들어오면서, 생물학은 아무것도 기약할 수 없을 정도로 복잡하게 보이기 시작했다.

그러나 희망이 다 사라지지는 않은 것 같다. 환원의 반대는 떠오름emergence[창발]으로, 새로운 성질과 원리가 복잡성이 더 높은 수준에서 떠오를 수 있음을 인식한 것이다. 이 높은 수준의 복잡성 자체는 비교적 단순할 수 있고, 더 낮은 수준의 복잡성에 대해 많이 알지 못해도 파악할 수 있다. 그동안 떠오름은 신비적인 분위기 같은 것을 풍겼으나, 사실은 과학에서 언제나 한 역할을 해온 개념이다. 공학자라면 금속의 복잡한 결정 구조를 헤아릴 필요 없이도 강철들보의 속성을 완전히 이해할 수 있을 것이다. 물리학자는 물 분자들 사이에 작용하는 힘들에 대해 아무것도 몰라도 대류 세포의 패턴을 연구할 수 있다. 그렇다면 이런 '떠오름에 의한 단순화simplification from emergence'가 생물학에서도 먹힐까?

바로 이 문제와 씨름한 러시아의 생물학자 유리 라제브니크Yuri Lazebnik는 〈생물학자가 라디오를 고칠 수 있을까?〉라는 제목의 해학적인 수필을 썼다.[10] 라디오 수신기처럼 세포도 외부 신호를 감지해서 적절하게 반응하도록 설정되어 있다. 한 예를 살펴보자. EGF(표피성장인자epidermal growth factor) 분자들은 조직 속에 있다가 특정 세포의 표면에 있는 수용체 분자들과 결합할 수 있다. 수용체는 세포막 안팎에 걸쳐 있으면서 세포 안쪽의 다른 분자들과 통신한다. EGF가 수용체와 결합하면, 세포 내에서 신호가 연쇄적으로 일어나게 되고, 그러면 유전자 발현과 단백질 생산에 변화가 생겨서 세포 증식으로 이어지게 된다. 라제브니크는 자기 아내가 가지고 있는 낡은 트랜지스터라디오도 마찬가지로 신호 변환기이고(전파를 소리로 바꾼다) 부품 수가 수백 개에 이르기 때문에, 얼추 세포의 신호 변환 메커니즘만큼 복잡하다는 점을 지적했다.

라제브니크의 아내가 가지고 있는 라디오는 오래전에 고장 난 상태여서 수리가 필요했다. 라제브니크는 이것이 궁금했다. 환원주의자 생물학자라면 그 문제에 어떤 식으로 달려들까? 음, 아마 그 생물학자는 맨 먼저 그것과 비슷한 라디오를 많이 모은 다음에 하나하나 들여다보면서 서로 다른 점이 무엇인지 살펴보고, 부품들을 색깔, 모양, 크기 등을 기준으로 분류해나갈 것이다. 그런 다음에 한두 부품을 제거하거나 맞바꿨을 때 무슨 일이 일어나는지 보려고 할 것이다. 그렇게 얻은 결과들로 학술논문만 수백 편이 나올 수 있고, 그 결과들 중에는 당혹스럽거나 모순되는 것들도 얼마 있을 것이다. 상이 수여되고 특허를 얻기도 할 것이다. 핵심적인 부품들은 무엇이고 덜 핵심적인 부품들은 무엇인지 정립될 것이다. 핵심적인 부품들을 제거하면 라디오가 완전히 멈춰버릴 테지만, 그 외의 부품들은 복잡한 방식으로 음질에나 영향을 줄 뿐일 것이다. 전형적인 트랜지스터라디오 하나에는 수십 가지 부품들이 다양한 패턴으로 연결되어 있기 때문에 라디오는 '매우 복잡'하며, 얼마나 많은 변수들이 관련되어 있을지 감안하면 라디오를 이해하기란 과학자의 능력 밖일 수도 있으리라고 선언할 것이다. 하지만 그 연구를 확대하기 위해 더욱 많은 예산이 필요하다는 데에는 다들 동의할 것이다.

그렇게 확대된 연구프로그램에서는 아마 강력한 현미경으

로 트랜지스터와 축전기 등을 원자 수준까지 들여다보며 그 부품들 **내부에서** 실마리를 찾는 방법이 한 가지 유용한 조사방침이 되어줄 것이다. 그 엄청난 규모의 조사 작업이 수십 년 동안 이어지면서 엄청난 비용을 소비할 수도 있다. 당연히 그 일은 아무짝에도 쓸모가 없을 것이다. 이 트랜지스터라디오 풍자에서 라제브니크가 묘사하고 있는 것이 바로 현대 생물학의 상당 부분에서 취하고 있는 접근법이다. 라제브니크가 전달하고자 하는 주된 논점은 **전자공학자**라면, 아니 하다못해 훈련받은 수리기사라고 할지라도, 그 고장난 라디오를 별 어려움 없이 고칠 수 있으리라는 것이다. 이유는 간단하다. 그런 이들이라면 **전자회로의 원리들**을 잘 아는 사람일 테기 때문이다. 달리 말하면, 라디오가 어떻게 작동하고 부품들을 어떻게 배선해서 연결하면 잘 정의된 기능을 수행할 수 있는지 이해한다면, 고장난 라디오를 고치는 것쯤은 일도 아니라는 말이다. 신중하게 몇 곳을 골라서 만지고 나면 음악이 다시 흘러나오는 것이다. 생물학이 이런 수준의 이해에 도달하지 못했으며, 생명을 이런 식으로 생각해보기라도 한 생물학자도 거의 없다고 라제브니크는 한탄한다. 다시 말해서 생물학자는 생체세포에 논리적 기능을 하는 모듈들이 담겨 있고, 그 모듈들이 되먹임, 앞먹임feed-forward, 증폭, 변환 등의 제어기능들로 네트워크를 이루어 집합적인 기능성에 도달하도록 '배선되어 있다'—화학적으로 말해서 그렇다는 것이다—고 생각지 못한다는 것이다. 여기서 요점은, 대부분의 경우에는 전체로서의 계에 무슨 일이 일어나는지 이해하기 위해 그 모듈들 **내부**에서 일어나는 일을 아는 것이 꼭 **필수적이지는 않**

다는 것이다.

다행히도 시대는 변하고 있다. 지금은 생명 개념 자체가 전자공학 및 컴퓨팅 영역과 나란한 방식으로 다시 정립되어가고 있다. 이런 흐름을 타게 될 계생물학systems biology[시스템생물학]의 미래를 내다보는 선언문이 2008년에 《네이처》에 발표되었다. 노벨상 수상자인 생물학자 폴 너스Paul Nurse—그로부터 얼마 안 지나 왕립학회 회장이 되었다—는 〈생명과 논리와 정보Life, logic and information〉라는 제목의 논문에서 생물학의 새 시대를 예고했다.[11] 앞으로 과학자들은 분자적 과정들과 생화학적 과정들의 지도를 점점 전자회로판의 형태로 그려나가려 할 것이라고 지적하면서, 그는 다음과 같이 적었다.

> 정보의 흐름에 초점을 맞추면 세포와 생물이 어떻게 작동하는지 더 잘 이해할 수 있게 도와줄 것이다. …… 우리는 생물 안에서 일어나는 분자적 상호작용들과 생화학적 꼴바꿈 과정들을 서술할 필요가 있고, 그다음에 이렇게 서술한 것들을 논리회로로 번역해서 정보가 어떻게 관리되는지 밝혀낼 필요가 있다. …… 그런 프로그램에는 두 단계의 작업이 필요하다. 세포 안에서 정보를 관리하는 논리회로들을 서술 및 분류하는 것 그리고 세포 생화학 분석을 단순화해서 그 논리회로들과 연결할 수 있게 하는 것이 그것이다. …… 이를 전자회로에 빗대면 유용하다. 전자회로는 회로에 쓰인 전자부품들의 종류와 기능을 부호를 써서 표시한다. 또한 부품들 사이의 논리적 관계를 서술하여 회로에서 정보가 어떻게 흘러가는

지도 분명히 해준다. 세포의 정보관리 회로들을 구성하는 논리회로들도 이와 비슷하게 개념화해야 한다.

철학자들과 과학자들은 '원리적으로' 보았을 때 모든 생물학적 현상들이 오로지 원자 수준에서 일어나는 일들로 환원될 수 있겠느냐를 놓고 계속해서 옥신각신하고 있지만, 실제적인 문제로 보았을 때에는 원자보다 높은 수준에서 설명할 길을 찾는 쪽이 훨씬 납득이 간다는 것에 다들 한목소리를 낸다. 전자공학에서는 장치를 완벽하게 잘 설계해서 표준적인 부품들—트랜지스터, 축전기, 변압기, 전선 등—로 조립할 수 있다. 각 부품들의 원자 수준에서 정확히 어떤 과정이 일어나는지 설계자는 신경 쓸 필요가 없다. 부품이 어떻게 **작동하는지** 알 필요도 없고, 그저 그 부품이 무슨 일을 **하는지**만 알면 된다. 그리고 이런 실제적인 접근법이 특히나 힘을 발휘하는 경우는 전자회로가 어떤 방식으로인가—신호 변환, 정류나 증폭, 또는 컴퓨터의 한 부품으로서—정보를 처리하는 때이다. 그때가 바로 하드웨어나 모듈 자체는 물론이고 그 분자적 부분들을 거론하지 않고 전적으로 정보의 흐름과 소프트웨어의 관점만으로도 설명력을 가진 이야기를 생각해낼 수 있기 때문이다. 이와 동일선상에서, 우리는 가능하면 세포 내에서 일어나는 과정 그리고 세포와 세포 사이에서 일어나는 과정을 원자나 분자보다 높은 수준의 단위들이 가진 정보적 속성에 기초해서 설명할 길을 찾아야 한다고 너스는 촉구한다.

우리는 산 것을 볼 때 물질적 몸을 본다. 몸 안쪽을 살피면

기관, 세포, 세포 아래 수준의 소기관, 염색체 그리고 심지어 (고가의 장비를 쓰면) 분자 자체까지 만나게 된다. 우리가 보지 못하는 것은 정보이다. 뇌 회로에서 회오리치는 정보 흐름의 패턴을 우리는 보지 못한다. 우리는 세포에서 악마 같은 정보 엔진 군단을 보지 못하고, 신호를 발하는 분자들이 쉬지 않고 조직적으로 춤을 이어나가는 모습도 보지 못한다. 그리고 DNA에 조밀하게 꾸려 넣어진 정보도 눈으로 보지 못한다. 우리가 보는 것은 물질이지 비트가 아니다. 우리 눈에 보이는 것만으로는 생명 이야기의 절반만을 들을 뿐이다. 만일 우리가 '정보의 눈'으로 세계를 볼 수 있다면, 어지럽게 어른거리는 정보 패턴들, 생명의 성격을 규정하는 그 패턴들이 뚜렷하고 선명하게 눈에 확 들어올 것이다. 나는 미래의 인공지능(AI)이 눈을 정보에 맞춰서 사람을 얼굴이 아닌 머릿속 정보 짜임새를 토대로 인식하도록 훈련을 받는 모습을 상상할 수 있다. 한 사람 한 사람은 사이비과학에서 말하는 아우라aura처럼 저만의 정체성 패턴을 가지고 있는지도 모른다. 중요한 것은, 산 것들에 있는 정보 패턴들이 무작위적이지 않다는 것이다. 오히려 그 패턴들은 해부구조 및 생리구조와 마찬가지로, 최적의 적응을 이루기 위해 진화에 의해 조각되어 온 것들이다.

물론 사람은 정보를 직접적으로 지각할 수 없다. 사람이 지각할 수 있는 것은 정보가 현시된 물질적 구조, 정보가 흘러 다니는 네트워크, 모든 정보를 연결해주는 화학회로뿐이다. 그러나 그렇다고 해서 정보의 중요성이 덜해지는 것은 아니다. 컴퓨터 안에 있는 전자회로와 부품들만 조사해서 컴퓨터가 어떻게 일하는지 이해하려 해본다고 상상해보자. 우리는 현미경으로 마이크로칩을 보고, 배선도를 자세히 조사하고, 전원부를 살펴볼 것이다. 그러나 그렇게 해도 우리는 이를테면 윈도가 어떻게 마법을 부리는지 아무 감도 못 잡을 것이다. 컴퓨터의 모니터 화면에 나타나는 것들을 완전하게 이해하려면, 소프트웨어 엔지니어, 곧 그 기능성을 만들어내기 위해 컴퓨터 코드를 작성한 사람에게 자문을 구해야 한다. 회로를 이리저리 돌아다니는 정보 비트에 조직성을 부여하는 것이 그 코드이다. 이와 마찬가지로 생명을 완전하게 설명하려면, 우리는 생명의 하드웨어와 소프트웨어—생명의 분자적 조직성과 정보적 조직성—를 **모두** 이해할 필요가 있다.

생물학적 회로들과 생명의 음악

생명을 이루는 회로의 지도를 그리는 분야는 아직 유아기 단계에 있고, 계생물학이라고 하는 분야의 일부를 형성하고 있다. 전자회로를 구성하는 성분들은 물리학자들이 잘 이해하고 있다. 그러나 생물학적 회로를 구성하는 성분들은 그리 잘 이해하지 못하고 있다. 수많은 화학적 회로들은 화학적 경로들을 통해 함께 '배선'된 유전자들이 제어해서 되먹임과 앞먹임 같은 특징들—공학 쪽에서는 친숙한 특징들이지만 세세한 측면들은 매우 복잡할 수 있다—을 만들어낸다. 그 회로가 어떤 식으로 짜여 있는지 구체적으로 맛보기 위해, 생명이 가진 매우 기초적인 속성인 단백질 생산 조절에 초점을 맞춰보도록 하겠다. 생물들은 주변 환경을 영리하게 감시하고 거기에 적절하게 반응한다. 세균조차도 주변에서 일어나는 변화를 감지해서 그 정보를 처리하고, 필요한 명령을 수행해서 상황을 자신에 유리하게 바꿀 수 있다. 대부분의 경우에 그 바꿈은 일부 단백질의 생산을 늘리거나 줄이는 것과 관련되어 있다. 특정 단백질을 딱 맞는 양만큼만 만드는 것은 세밀하게 균형을 맞춰야 하는 일이기 때문에, 섬세한 조정이 필요하다. 단백질을 너무 많이 만들면 독성을 가질 수 있고, 너무 적으면 굶어 죽는 것을 뜻한다. 주어진 시간에 특정 단백질이 **얼마만큼** 필요한지 세포는 어떻게 조절하는 것일까? 그 답은 전사인자transcription factors라고 하는 분자들(그 자체도 단백질이다)에게 있다. 이 분자들은 DNA의 특정 분절을 인식해서 거기에 들러붙는 독특한 모양을 가진 단백질들로서, 이 분자들이 DNA의 특정 분절들과 결합하면, 인접한 유전자의 발현 속도를 올리거나 줄이게 된다.

이 분자들이 이 일을 정확히 어떤 식으로 하는지 이 자리에서 이해해볼 가치가 있다. 앞에서(110쪽) 나는 RNA 중합효소라고 하는 분자를 살펴보았다. 그 효소가 하는 일은 DNA를 따라 기어가면서 염기서열을 '읽어내어' 그 서열과 일치하는 RNA 분자를 만드는 것이다. 그러나 RNA 중합효소는 이 일을 아무 때나 멋대로 하지 않고 신호를 기다린다("내 단백질이 필요해. 지금 당장 나를 옮겨 적어!"). DNA에는 해당 유전자의 출발점 가까이에 '진행하라'라는 신호를 발하는 구역이 있다. 그 구역이 옮겨 적기, 곧 전사 과정을 촉발하기 때문에 촉진자promoter라고 불린다. 그 촉진자가 RNA를 끌어당기면, 서로 결합해서 옮겨 적기를 개시할 것이다. 일상어로 표현해보자면, 서로 도킹한 다음에 칙칙폭폭 나아가는 것이다. 그러나 RNA는 촉진자가 '진행' 모드에 있을 때에만 촉진자와 도킹할 것이다. 전사인자들이 상황을 조절하는 시점이 바로 이때이다. 주어진 전사인자가 촉진자 구역과 결합하면, 그 구역을 차단해서 RNA의 도킹 시도를 좌절시킬 수 있다. 이런 역할을 하는 전사인자는 당연히 억제자 repressor라고 한다. 단백질이 필요 없는 경우라면 이 모든 과정은 문제될 것이 없다. 그러나 상황이 바뀌어서 그 차단된 유전자가 발현되어야 하면 어떻게 될까? 당연히 그 구역을 차단하고 있는 억제자 분자를 어떻게 해서인가 쫓아내야 한다. 음, 그 단계는 어떻게 진행될까?

한 가지 좋은 예가 바로 일반 세균인 대장균이 쓰는 한 메커니즘으로, 우리가 그것을 풀어낸 것은 오래전 일이다. 대장균이 가장 좋아하는 메뉴는 포도당이지만, 포도당을 얻기 힘들 때도 있기 마련이다. 그러면 이 다재다능한 미생물은 다른 당인 젖당을 대사해서 위기를 헤쳐나간다. 대장균이 이렇게 식성을 바꾸려면, 특별한 단백질 세 가지가 필요하고, 서로 인접한 유전자 세 개가 발현되어야 한다. 그저 비상시를 대비해서 이 유전자들을 계속 활성 상태로 두면 낭비가 될 테니, 대장균은 이 필수 유전자들의 기능을 켜거나 끄는 화학적 회로를 하나 마련해두고 있다. 포도당이 풍족할 때면, 억제자 전사인자가 DNA에서 이 세 유전자 가까이에 있는 촉진자 구역과 결합해 RNA 중합효소와 그 촉진자의 결합을 차단해서 그 유전자들을 옮겨 적지 못하게 한다. 말인즉슨, 그 유전자들을 꺼두는 것이다. 포도당을 구할 수 없는 대신 주변에 젖당이 있는 경우에는 젖당의 한 부산물이 억제자 분자와 결합해서 억제자를 비활성 상태로 만들어, RNA 중합효소가 DNA에 부착하여 제 일을 할 수 있도록 길을 터준다. 그러면 핵심이 되는 그 세 유전자가 발현되어 젖당 대사가 시작된다. 포도당이 다시 풍족해지면 다시 그 젖당 유전자들을 끄는 스위치 메커니즘이 따로 있다.

대장균에는 모두 해서 약 300개의 전사인자들이 있고, 4000개의 단백질 생산을 조절한다. 나는 억제자의 기능만 서술했지만, 화학적 배열이 달라지면 다른 전사인자가 활성자activator 구실을 할 수 있다. 동일한 전사인자가 많은 유전자들을 활성화할 수 있는 경우도 있고, 동일한 전사인자인데 어떤 유전자는 활성화하면서 또 어떤 유전자는 억제하는 경우도 있다. 이렇게 대안들이 다양하기 때문에 기능도 매우 다양해질 수 있다.[12] (대장균과 비교해보면, 사람에게는 약 1400개의 전사인자들이 2만 개의 유전자들을 조절한다.)[13]

글상자 6: 세포가 계산하는 법

전사인자는 활동과 활동을 결합해서, 전자공학과 컴퓨팅에서 쓰는 것과 비슷한 논리기능을 다양하게 만들어낼 수 있다. 예를 들어 AND 기능을 생각해보자. AND 기능은 스위치 X **그리고** 스위치 Y로부터 신호가 함께 왔을 때에만 스위치

Z가 켜지는 것을 말한다. 이 기능을 실행하려면, 먼저 화학신호 하나가 전사인자 X를 활성상태 모양의 X*로 뒤집는다. 화학적으로 말하면, 스위치 X가 켜지는 것이다. 그렇게 활성이 되었기에 X*는 유전자 Y의 촉진자와 결합할 수 있고, 그러면 Y가 생산된다. 이제 두 번째 신호(첫 번째와는 다른 신호)가 Y를 활성상태의 꼴인 Y*로 바꾼다고 해보자. 그러면 세포는 X*와 Y*를 함께 손에 넣을 수 있다. 여기서 X*와 Y*가 함께 있을 때에만 켜져서 자신의 촉진자와 결합할 수 있도록 (진화에 의해!) 설계된 세 번째 유전자 Z가 있다면, 이 배열은 AND 논리게이트 구실을 할 수 있다. 배열을 다르게 하면 OR 논리연산을 실행할 수 있다. 여기서 Z는 X **또는** Y가 활성상태의 꼴로 전환되었을 때에만 활성이 되어 Z의 촉진자와 결합하게 된다. 그런 화학적 과정들을 특정 순서로 주줄이 이으면, 신호를 연쇄적으로 전달해서 매우 복잡한 정보처리 기능을 실행하는 회로를 형성할 수 있다. 전사인자 자체는 다른 전사인자들이 다른 유전자들을 조절해서 생산된 단백질이기 때문에, 전체 전사인자 복합체는 대규모 전자회로와 매우 비슷하게 되먹임 기능과 앞먹임 기능을 가진 정보처리 및 제어 네트워크를 형성한다. 이 회로들이 세포 내에서 정보 패턴들을 촉진하고 제어하고 조절한다.

분자 성분과 화학 회로의 가능한 조합 수가 방대하다는 것을 감안하면, 세포 내의 정보 흐름이란 비트들이 마구 몰아치면서 만들어낸 상상을 초월할 정도의 난장판일 것이라는 상상이 들지도 모르겠다. 그런데 놀랍게도 그 흐름은 대단히 질서정연하다. 광범위한 네트워크 곳곳에 걸쳐 반복적인 주제곡들—정보 선율들informational motifs—이 많이 있다. 이는 이런 반복성이 고도의 효용성을 발휘하는 생물학적 기능이 있음을 암시한다. 그 한 예가 앞먹임 고리feed-forward loop로서, 여기에 깔린 기본 생각은 앞서 대장균의 물질대사와 관련하여 소개했다. 논리 기능이 AND 게이트나 OR 게이트 중 하나가 될 가능성을 고려했을 때(글상자 6을 참고하라) 가능한 유전자 조절 조합은 13가지가 있는데, 이 가운데에서 네트워크 선율은 앞먹임 고리뿐이다.[14] 한 유전자에서 일어난 돌연변이가 화학적 네트워크 내의 링크를 제거하기는 꽤 쉽기 때문에, 이제까지 아주 잘 살아남은 네트워크 선율이 있다는 사실은 강한 선택압이 진화에 작용하고 있음을 암시한다. 왜 이 반복 선율들이 글자 그대로 생명에 중요한 것인지 이유가 있어야 한다. 이것을 설명할 한 방도는 튼튼함robustness이다. 공학 쪽의 경험에 따르면, 환경이 바뀌고 있을 때에는 구성성분이 조촐한 모듈 구조물이 더 수월하게 적응함을 볼 수 있다. 또 한 가지 설명할 방도는 융통성versatility이다. 잘 시험되고 신뢰성 있는 부품들로 이루어진 적당한 규모의 단위 구조물이 있으면, 그것과 똑같이 단순한 설계 원리를 위계적인 방식으로 사용해서 다량의 구조물을 지을 수 있다(레고를 좋아하는 사람들과 전자공학자들은 이를 잘 안다).[15]

비록 나는 전사인자들에 초점을 맞추었지만, 세포 기능에 관여하는 복잡한 네트워크들은 그 외에도 많이 있다. 이를테면 세포의 에너지 흐름energetics을 제어하는 물질대사 네트워크, 단백질 대 단백질의 상호작용과 관련된 신호 변환 네트워크 그리고 복잡한 동물들의 경우에는 신경 네트워크가 있다. 이 다양한 네트워크들은 독립적으로 있는 것이 아니라 서로 엮여서 서로에게 안긴 구조로 맞물린 정보 흐름들을 형성한다. 전사인자들이 개별적으로든 집단적으로든 세포 과정을 조절하는 다른 메커니즘들도 많이 있다. 이를테면 mRNA에 직접 작용하는 메커니즘도 있고, 다른 단백질들을 대단히 다양한 방식으로 수정하는 메커니즘도 있다. 조절 기능을 하는 화학적 경로들이 대단히 많기 때문에, 행동을 세밀하게 조정해서 외부의 변화에 대해 충실도 높게 반응함으로써 '생명의 음악'을 연주할 수 있다. 잘 맞춰진 트랜지스터라디오가 베토벤의 음악을 흠결 없이 들려주는 것처럼 말이다.

더 복잡한 생물은 유전자 제어도 그만큼 더 복잡하다. 세포핵이 있는 진핵세포는 DNA의 대부분을 여러 염색체 안에다 꾸려 넣는다(사람에게는 염색체가 23개가 있다). 염색체 안에서 DNA는 단백질 물렛가락 주위를 둘러싸고 매우 빽빽하게 있는 상태에서 더 접혀 있기 때문에, 매우 심하게 쑤셔 넣어져 있다. 이렇게 속이 촘촘한 형태의 물질을 염색질chromatin이라고 한다. 염색질이 핵 속에서 어떤 식으로 분포되어 있느냐는 여러 인자들에 좌우되는데, 이를테면 세포가 세포 주기의 어느 시점에 있느냐에 따라서도 달라진다. 세포 주기의 상당 부분 동안 염색질은 단단히 묶여 있어서, 유전자들이 '읽히지'(옮겨 적히지) 못하게 한다. 만일 유전자 하나 또는 유전자 집합이 부호화하고 있는 어느 단백질이 필요하다면, 유전자를 읽어들이는 장치가 해당 분절에 접근할 수 있도록 염색질의 짜임새가 바뀌어야 한다. 염색질의 재조직화는 실올들의 네트워크, 곧 미세관의 제어를 받으며 이루어진다. 그래서 전체 유전자 집합들을 잠자코 있게 하거나 활성을 띠게 하는 방식은 **기계적이다**. 말하자면 유전자 집합들을 계속 꽁꽁 '싸두어서'(더 정확히는 '꿰매어서') 접근할 수 없게 하거나, 염색체의 해당 구역에 고도로 압축된 상태로 자리하는 염색질을 풀어내서 옮겨 적기가 진행될 수 있게 하는 것이다. 여기서는 맥스웰의 악마 느낌을 희미하게만 풍기는 것이 아니라, 세포핵의 악마들이 그야말로 글자 그대로 '줄을 당겨서'(덧문을 여는 대신) 관련 정보를 담고 있는 유전자를 싸담은 채 정교하게 말려 있는 꾸러미를 연다. 의미심장하게도, 암세포는 종종 눈에 띄게 다른 염색질 짜임새를 보이곤 하는데, 이는 유전자 발현 프로필이 달라졌음을 함축한다. 이 문제는 다음 장에서 다시 다룰 생각이다.

과학자들이 세포의 회로도를 풀어나가면서 '재배선rewiring'과 관련하여 수많은 실용적 가능성들이 열려가고 있다. 현재 생명공학자들은 생체 회로를 설계하고 각색하고 조립하고 목적을 재설정해서, 새로운 치료법을 만드는 일을 비롯해 새로운 생명공학 과정—심지어 산수까지 할 수 있도록—을 만드는 일에 이르기까지, 과제를 지정해서 수행하게끔 하느라 여념이 없다. 이 '합성생물학synthetic biology'의 대상이 이제까지는 대부분 세균으로 국한되었지만, 최근 들어 새로운 기술이 나오면서 대상을 포유동물의 세포까지 확대할 수 있게 되었다. 'DNA 절제를 통한 불 논리와 산술Boolean logic and arithmetic through DNA excision'(줄여서 BLADE)이라고 불리는 기법이 보스턴대학교와 취리히연방공과대학교에서 개발되었다.[16] 덕분에 연구자들은 꽤 복잡한 논리회로를 맞춤식으로 조립할 수 있게 되었기에, 앞으로 그 회로들을 써서 유전자 발현을 제어할 수 있으리라고 전망하고 있다. 그들이 이제까지 만들어낸 회로들 중에는 완전히 새롭게 보이는 것들이 많다. 말인즉슨, 현존하는 생물에서는 찾아볼 수 없는 회로들이라는 말이다. 보스턴대학교의 히데키 고바야시Hideki Kobayashi 연구진은 우리가 아는 생물을 재배선하는 일이 장차 틀림없이 실현되리라고 생각한다. "우리 연구는 행동을 프로그램할 수 있는 세포를 만들어내는 데에 쓸 수 있을 '플러그앤플레이plug-and-play' 유전자 회로를 개발하는 일에 한 걸음 내디뎠음을 나타낸다."[17] 현재 합성회로는 계생물학에서 빠르게 팽창하고 있는 연구 영역으로서, 새로운 회로를 상술해 발표하는 건수가 해가 갈수록 점점 많아지고 있다.[18] 이렇게 생명을 '전자공학적'으로 접근하는 새로운 방법이 의학에서 가지는 장래성은 막대하다. 질병(이를테면 암)이 정보관리의 결함—이를테면 오작동하는 모듈이 있거나 회로 연결이 깨진 경우—과 결부되어 있을 때, 세포들을 파괴하기보다는 화학적으로 재배선하는 것이 해결책이 될 수도 있을 것이다.*

---

* 이 접근법에는 피할 수 없는 이면이 하나 있다. 통제나 집단학살을 이유로 생명을 해킹할(bio-hacking) 가능성이 있다는 것이다.

글상자 7: 그들의 비트로 그들을 알지니**: 디지털 의사의 도래

실시간으로 유전자 발현을 감지할 수 있는 기막힌 기술을 써서, 멀리서 본 도시의 불빛처럼 반짝반짝 춤을 추는 패턴들을 응시하여 환자의 병을 진단하는 미래의 의사(틀림없이 AI일 것이다)를 상상해보라. 이런 의사는 조직이 아닌 비트를 다루는 디지털 의사, 곧 의료 소프트웨어 공학자일 것이다. 나는 미래의 의사가, 아른거리는 패턴 다발 몇 군데에 암의 초기 징후들이 있다거나, 유전된 유전자 결함이 비정상적인 발광 패턴 구역을 만들어내고 있다고 선언하는 모습, 간에 단백질 하나가 과도하게 발현되어 있다고 알려주는 모습, 저기 다른 곳들에 비해 잠잠한 지점들은 아마 산소나 에스트로겐이나 칼슘을 충분히 얻지 못한 세포들일 것이라고 말해주는 모습을 상상할 수 있다. 정보의 흐름과 다발이루기information clustering에 대한 연구는 오늘날 사용되는 화학적 검사 일습보다 훨씬 막강한 진단도구를 제공할 것이다. 치료의 초점은 아마 결함을 가진 모듈들을 손보거나 심지어 재공학re-engineering하는 방법까지 써서 건강하고 균형 잡힌 정보 패턴을 확립하는 것에 맞춰질 것이다. (구시대의) 전자공학자들이 트랜지스터나 저항기를 교체해서 라디오가 제 기능을 하도록 복구하

** [옮긴이 주] 마태복음 7장 16절의 "그들의 열매로 그들을 알지니"에 빗댄 문구.

는 것처럼 말이다. (이런 측면에서 보면, 지금 내가 묘사하고 있는 것은 동양의학적 접근법과 비슷한 면이 있다.) 디지털 의사는 하드웨어 모듈을 교체하기보다는, 코드 몇 개를 다시 쓴 다음, 어떤 방법을 써 세포 수준에서 환자 몸속으로 업로드하여 정상 기능을 복구하기로 결정할 것이다. 일종의 세포 리부트를 하는 것이다.

공상과학처럼 들리겠지만, 정보생물학information biology은 컴퓨터 기술과 나란히 가고 있다. 다만 몇십 년 뒤처졌을 뿐이다. 1950년대와 1960년대에 DNA의 셋잇단부호－코돈－와 번역 장치가 규명되면서 생명의 '기계어machine code'가 해독되었다. 이제는 생명의 '고급' 컴퓨터 언어를 이해할 필요가 있다. 이것이 앞으로 필수적으로 거쳐야 할 다음 단계이다. 오늘날의 소프트웨어 공학자들은 새로운 컴퓨터 게임을 설계할 때 엄청난 수의 1과 0을 작성하지 않고 파이썬Python 같은 고급 언어를 사용한다. 이와 마찬가지로, 이를테면 세포가 펌프질로 양성자 수를 늘림으로써 세포막 안팎의 전위를 조절할 때, 유전자 코돈의 관점에서 '기계어'로 서술하면 썩 현명하지 않을 것이다. 한 단위로서의 세포는 자신의 물리적 및 정보적 상태들을 그보다 훨씬 높은 수준에서 관리한다. 말하자면 복잡한 제어 메커니즘들을 전개하는 것이다. 이런 조절 과정들은 임의적으로 이루어지는 것이 아니라, 저만의 고유한 규칙에 따른다. 소프트웨어 공학자들이 사용하는 고급 컴퓨터 언어처럼 말이다. 그리고 소프트웨어 공학자들이 오래된 코드advanced code를 재프로그램할 수 있는 것처럼, 생명공학자들도 생체계가 가진 특징들을 더 정교하게 재설계할 것이다.

모듈로서의 유전자 네트워크

생물학적 회로는 꼴과 기능을 기하급수적으로 다양하게 생성할 수 있지만, 과학으로서는 다행스럽게도, 그 과정에는 몇 가지 단순한 기본 원리가 작동하고 있다. 이번 장 앞부분에서 나는 생명게임 이야기를 했다. 그 게임은 단순한 규칙 몇 개를 반복적으로 실행하는 것만으로 깜짝 놀랄 정도의 복잡성을 생성할 수 있다. 그 게임이 네모칸 또는 픽셀을 단순히 켜진 것 또는 꺼진 것(채워진 것 또는 빈 것)으로 취급하고, 가장 가까운 이웃들의 상태에 따라서 각각 다른 업데이트 규칙이 주어진다는 것을 되새겨보라. 네트워크 이론이 그것과 매우 비슷하다. 예를 들어 전기회로망electrical network은 전선으로 연결된 스위치들의 집합이다. 스위치는 켜지거나 꺼질 수 있으며, 해당 스위치가 켜질지 꺼질지는 이웃한 스위치들에서 전선을 타고 온 신호가 무엇이냐에 따라 단순한 규칙들에 의해 결정된다. 그 전체 네트워크는 컴퓨터로 쉽게 모형화할 수 있다. 네트워크를 특정 출발 상태에 놓은 다음, 단계적으로 업데이트를 해나가면 된다. 바로 세포오토마타처럼 말이다. 어떤 활동 패턴들이 이어질 것이냐는 배선도(네트워크의 지형topology)뿐만 아니라 출발 상태에 따라서도 달라진다. 매우 일반적으로 보면, 네트워크 이론은 수학 연습문제 형태로 개발될 수도 있다. 이때 스위치들은 '꼭짓점nodes'이라고 불리고 전선은 '변edges'이라고 불린다. 매우 간단한 네트워크 규칙들로부터 풍부하고 복잡한 활동이 뒤따라 나올 수 있다.

네트워크 이론은 경제학, 사회학, 도시계획, 도시공학의 다양한 문제들은 물론이고 자성magnetic 물질부터 뇌에 이르기까지 과학의 전 분야에서 응용되어왔다. 여기서 내가 살펴보고 싶은 것은 네트워크 이론을 유전자 발현 조절—유전자를 켤 것이냐 끌 것이냐—에 적용하는 것이다. 세포 오토마타처럼, 네트워크도 다양한 행동을 내보일 수 있다. 그중에서 내가 초점을 맞추고 싶은 것은 계가 주기를 가질 때이다. 주기는 전자제품에서 늘 상 보는 것이다. 예를 들어보자. 내 부엌에는 내가 직접 설치한 최고급 식기세척기 신제품이 있다. 식기세척기 내부에는 주기를 제어하는 전자회로기판(사실 오늘날에는 칩 하나에 불과하다)이 있고, 여덟 가지 주기를 쓸 수 있다. 전자회로에는 문제가 생겼을 때 주기를 멈추게 하는 장치가 들어 있다. 그러나 식기세척기만 그런 것은 아니다. 우리 몸속의 세포들에도 이와 비슷하게 주기를 제어하는 회로가 들어 있다.

세포 주기cell cycle란 무엇일까? 갓 태어난 세균을 상상해보자. 이 말은 어미 세균이 최근에 둘로 분열했다는 뜻이다. 딸세포 하나가 이제 막 자기만의 생을 시작하고 있다. 그 어린 세균은 세균이라면 해야 할 일을 하느라 분주하다. 많은 경우에 그 일이란 그냥 빈둥거리는 것에 지나지 않는다. 그러나 그 와중에도 녀석의 생체시계는 계속 똑딱거리고 있다. 어느 순간 생식을 해야 할 필요를 느낀다. 그러면 녀석의 내부에서 변화가 일어나고, 마침내 DNA가 복제되고 완전한 세포로 분열하는 것으로 정점을 찍는다. 그것으로 주기가 완료된 것이다.*

복잡한 진핵생물은 예상하다시피 세포 주기도 더 복잡다단하다. 그나마 정도가 덜한 좋은 예가 효모로, 사람처럼 진핵생물이긴 하지만 단세포생물이기도 하다. 효모의 세포 주기는 그동안 많은 주목을 받았으며(그리고 노벨상까지 받게 했다. 폴 너스와 내 ASU 동료인 리 하트웰Lee Hartwell이 공동수상했다), 효모의 주기를 돌리는 제어회로는 브레멘대학교의 마리아 다비디히Maria Davidich와 슈테판 보른홀트Stefan Bornholdt가 풀어냈다.[19] 사실 효모의 유형은 많다. 그중에서 나는 분열효모fission yeast라고도 하는 스키조사카로미세스 폼베*Schizosaccharomyces pombe*만 살펴볼 생각이다. 이 효모와 관련된 네트워크는 그림 11에 실었다. 꼭짓점—그림에서는 공 모양 점—은 유전자(엄밀하게 말하면 해당 유전자가 부호화한 단백질)를 나타내고, 변은 유전자와 유전자를 연결하는 화학적 경로(전자회로의 전선과 비슷하다)를 나타낸다. 화살표는 한 유전자가 다른 유전자를 활성화한다는 표시이고, 점선은 한 유전자가 다른 유전자를 억제하거나 억누른다는 표시이다(생명게임에서 이웃한 칸들이 해당 칸을 촉진하거나 억제해서 내부를 채우거나 비우게 하는 방식과 비슷하다). 화살표가 따로 고리를 이룬 유전자가 몇 개 있음을 주목하라. 그 화살표 고

---

* 생체시계 문제만 따로 떼어도 흥미로운 이야깃거리가 된다. 앞서 말했다시피, 세균이 힘차게 살아내면 20분 만에 전체 주기를 완료할 수 있다. 그러나 0도 이하의 온도에서 사는 억센 미생물들—호냉성 세균(psychrophiles)이라고 불린다—은 한 주기를 완료하기까지 수백 년이 걸릴 수도 있다.

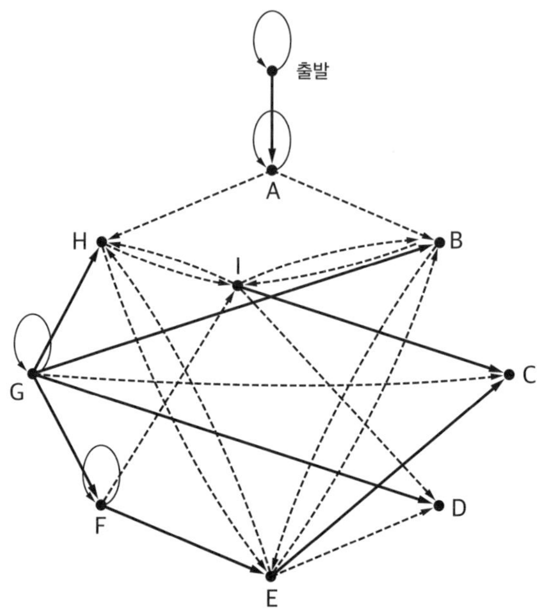

그림 11. 효모의 세포 주기를 제어하는 유전자 네트워크

꼭짓점들은 단백질들을 나타내며, 연관 유전자에 의해 발현되거나(1) 발현되지 않는다(0). 실선은 해당 단백질이 발현되면 멀리 떨어진 꼭짓점이 나타내는 단백질의 발현이 높아진다는 뜻이다. 점선은 발현을 억제한다는 표시이다.

리는 자기억제self-inhibition가 이루어짐을 표시한다. 각 유전자는 자신에게 들어오는 화살표들의 플러스 신호('움직여라!')와 마이너스 신호('가만있어라!')를 모두 더한 다음, 특수한 규칙에 따라 자신을 켜거나 끄거나 현 상태를 유지한다.

이 네트워크는 세포가 차근차근 주기를 완료하게끔 하고, 뭔가가 잘못되면 진행을 멈추고, 주기가 끝나면 계를 초기 상태로 되돌리는 일을 한다. 본질이 되는 기능성의 측면에서 보면, 간단히 이 네트워크는 서로 연결된 스위치들의 집합으로 간주

시간 단계	출발	A	B	C	D	E	F	G	H	I	세포 위상
1	1	0	1	0	1	0	0	0	1	0	출발
2	0	1	1	0	1	0	0	0	1	0	G_1
3	0	0	0	0	1	0	0	0	0	0	G_1/S
4	0	0	0	0	1	0	0	0	0	1	G_2
5	0	0	0	1	0	0	0	0	0	1	G_2
6	0	0	0	1	0	1	0	0	0	1	G_2/M
7	0	0	0	1	0	1	1	0	0	1	G_2/M
8	0	0	0	1	0	0	1	1	0	0	M
9	0	0	1	0	1	0	0	1	1	0	M
0	0	0	1	0	1	0	0	0	1	0	G_1

표 2.

이 표는 그림 11에서 보여준 효모의 세포 주기를 제어하는 유전자 네트워크의 단계적 상태를 나타낸다. 문자는 그림 11에서 꼭짓점에 할당했던 표지와 대응한다. 0은 관련 꼭짓점이 꺼졌음을, 1은 켜졌음을 나타낸다.

할 수 있으며, 따라서 컴퓨터로 모형화가 가능하다. 분열효모의 세포 주기를 제어하는 유전자 조절 네트워크는 특히나 연구하기가 수월하다. 왜냐하면 스위치들로 이루어진 네트워크와 매우 비슷하게, 이 네트워크를 이루는 유전자들은 어정쩡한 중간 상태로 있지 않고 완전히 켜진 상태이거나 완전히 꺼진 상태로 간주할 수 있기 때문이다. 그래서 홀가분하게 네트워크를 단순화할 수 있다. 수학적으로는 '켜진 상태'를 1로, '꺼진 상태'를 0으로 나타낼 수 있고, 그러면 1과 0으로 규칙표를 만들어, 네트워크가 어떤 특정 상태에서 출발하여 몇 가지 일정한 과정들을 거칠 때 일어나는 일을 서술할 수 있기 때문이다.*

내가 그림 11에서 유전자들을 문자로 표시한 방식을 써보면, 네트워크의 출발상태는 다음과 같다. A는 꺼짐, B는 켜짐, C

는 꺼짐, D는 켜짐, E는 꺼짐, F는 꺼짐, G는 꺼짐, H는 켜짐, I는 꺼짐. 이를 이진수로 표시하면 010100010이다. '출발'로 표시한 꼭짓점—그곳에서 쇼가 시작된다—이 켜짐으로 바뀌면 (외부의 화학적 프롬프트에 '음, 이제 해보자. 시작하라고!'라는 명령어가 입력되었음을 나타낸다) 주기가 시작된다. 그다음에는 이 네트워크의 컴퓨터 모형을 한 단계 한 단계 돌려서 그 출력을 실제 네트워크의 결과와 바로바로 비교한다. 표 2는 각 단계의 네트워크 상태를 보여준다. 0과 1로 이루어진 중간 상태들은 주기 안에서 세포가 거치는 인식 가능한 물리적 상태들에 대응한다. 그 물리적 상태들은 맨 오른쪽 열에 문자로 표시했으며, 각각은 생물학적 용어를 상징한다(이를테면 M은 '유사분열mitosis'을 상징한다). 10단계가 지나면 네트워크는 출발상태로 되돌아가서, 다음 주기를 개시하라는 새로운 '출발' 신호가 오기를 기다린다.

꼭짓점이 켜짐 상태이면 불을 밝히고 꺼짐 상태이면 불을 끄는 식으로 해서 그림 11을 동영상으로 만들 수도 있다. 그러면 10단계를 거치는 동안, 정신을 못 차린 반딧불이들이 깜빡거리는 것 같은 예쁜 패턴이 나올 것이다. 아마 거기에 곡을 붙여도 될 것이다. 그러면 생명의 음악이 된다! 이 환상적인 심상의 규모를 키워서, 사람을 유전자 불빛들이 어지럽게 반짝거리는 패턴들을 무수히 만들어내는 눈부신 별자리라고 상상해보자—

* 이런 단순한 네트워크를 불네트워크(Boolean)라고 한다. 조지 불(George Boole)의 이름을 딴 것으로, 19세기에 논리연산의 대수(algebra of logical operations)를 도입한 인물이다.

거기에 곡을 붙인다면 진정한 불협화음이 나올 것이다. 그 별밭은 그저 서로 다른 온갖 세포들의 주기를 제어하는 유전자들에 그치는 것이 아니라, 그보다 훨씬 큰 무엇일 것이다. 사람에 있는 유전자 수는 2만 개이고, 다들 제 역을 맡아서 하고 있다. 대부분 꺼진 채로 있는 녀석들도 있고, 대부분 켜진 채로 있는 것들도 있고, 갖가지 박자로 켜짐과 꺼짐을 오가는 것들도 있을 것이다.

내가 짚고자 하는 점은, 이렇게 정보 패턴들이 상태를 바꾸는 모습이 무작위적이지 않다는 것이다. 그 패턴들은 네트워크의 조직적 활동을 그려내며, 따라서 생물을 그려내고 있다. 문제는 우리가 그 패턴들을 연구해서 무엇을 배울 수 있느냐이다. 곧, 수학과 컴퓨터 모형을 이용해서 그 아른거리는 패턴들의 성격을 규정하고, 정보의 흐름을 추적하고, 정보가 어디에 얼마 동안 저장되는지 보고 '관리자 유전자들'과 '일꾼 유전자들'을 식별해서 우리가 배울 수 있는 것, 간단히 말해, 생물의 관리 구조, 명령과 제어의 짜임새, 잠재적으로 오류가 일어날 수 있는 점들을 비롯하여 생물의 정체성을 이루는 본질을 포착하는 정보 이야기를 구축해서 우리가 배울 수 있는 것이 무엇이냐는 것이다.

효모에서 출발해보자. 스키조사카로미세스 폼베의 세포 주기 네트워크에는 꼭짓점이 10개, 변이 27개뿐이다. 그러나 그것뿐이라 해도, 분석하려면 컴퓨팅 성능이 많이 필요하다. 맨 먼저 해야 할 것은 그 패턴들이 무작위적이지 않음을 확증하는 것이다. 더 정확히 말해보자. 같은 수의 꼭짓점과 변들로 그냥 무작위로 네트워크 하나를 만든다면, 그 반짝거리는 불빛들은 어머니 자연이 만든 효모 네트워크와 조금이라도 구분이 갈 만한 모습을 보일까? 이 물음에 답하기 위해 ASU의 내 동료인 김현주와 새라 워커는 컴퓨터를 이용해 철저하게 조사해 나갔다. 그들은 효모 네트워크를 어지럽게 돌아다니는 정보의 흥망을 하나하나 추적했다.[20] 말이야 쉽게 들리겠지만, 결코 그렇지 않다. 정보를 눈으로 좇아갈 수는 없다. 그래서 정보 전달을 정확하게 수학적으로 정의해야 한다(글상자 8을 참고하라). 그 분석의 요지는, 효모 네트워크에는 무작위성의 범위를 넘어선다고 볼 만한 고수준의 체계적인 정보의 흐름이 있다는 것이다. 진화는 한편으로 네트워크가 정보를 처리하는 성질을 갖도록 네트워크 짜임새를 조각해온 것으로 보인다.

글상자 8: 유전자 네트워크에서 정보 흐름 추적하기

주어진 네트워크의 꼭짓점 하나, 이를테면 꼭짓점 A를 놓고, A의 역사를 알면 A가 다음 단계에서 무엇을 할 것인지 예측하는 데 도움이 되느냐고 물을 수도 있을 것이다. 예를 들어 꼭짓점 A가 앞서 세 단계를 거치는 모습을 보며 각 단계에서 A가 '켜짐' 상태인지 '꺼짐' 상태인지 적어놓았다면, 그다음 단계에서 A가 켜질지 꺼질지 올바로 짐작할 확률을 과연 그 세 단계의 역사가 높여주겠느냐는 말이다. 만일 높여준다면, 우리는 어떤 정보가 꼭짓점 A에 **저장되었다**고 말할 수 있다. 이제 다른 꼭짓점 B를 본다고 해보자. 그러면 단지 A의 역사를 아는 것뿐만 아니라 B의 현재 상태를 아는 것도 다음 단계에 A가 어떻게 될지 올바로 짐작할 확률을 **높여줄** 수 있겠느냐고도 물을 수 있다. 만일 그 답이 '그렇다'이면, 어떤 정보가 B에서 A로 전달되었음을 함축한다. '전달 엔트로피transfer entropy'라고 하는 이 정의를 이용해서 내 동료들은 전달되는 정보의 양을 기준으로 효모의 세포 주기 네트워크에 있는 모든 꼭짓점 쌍들의 순위를 매긴 다음, 그 순위를 1000개 이상의 무작위적 네트워크에서 얻은 평균을 토대로 한 순위와 비교했다. 그랬더니 큰 차이가 있었다. 결과만 말하면, 효모의 유전자 네트워크가 전달하는 정보의 양은 무작위적 네트워크보다 확연히 많다는 것이다. 그런 차이를 만들어내는 것이 정확히 무엇인지 짚어내려고 더 깊이 파고든 연구자들은, 그 상황을 지휘하는 것으로 보이는 네 꼭짓점 집합(그림 11의 B, C, D, H)에 주목했다. 그 특별한 역할 때문에 그 네 유전자들에게는 '제어 커널control kernel'이라는 이름이 선사되었다. 제어 커널은 네트워크를 이루는 나머지 부분들의 안무를 짜는 구실을 하는 것처럼 보인다. 이를테면 다른 꼭짓점 중 하나가 실수를 하면(꺼져야 하는데 켜지거나, 켜져야 하는데 꺼지면), 제어 커널이 녀석의 자리를 바로잡아 준다. 제어 커널은 기본적으로 전체 네트워크의 방향을 조종해서 지정된 목적지에 이르게 한다. 생물학적으로 말하면, 모든 것이 순서에 잘 맞도록 해서 세포분열이 때맞추어 완료될 수 있도록 확실히 한다. 제어 커널은 생물학적 네트워크의 일반적 특징인 것 같다. 그래서 행동이 엄청난 복잡성을 보임에도 불구하고, 네트워크의 동역학은 종종 그보다 상대적으로 작은 꼭짓점 부분집합을 살펴보면 이해할 수 있다.

생명의 정보 흐름이 유전자 조절 네트워크에만 국한된다는 인상을 주었다면 내 잘못일 것이다. 불행하게도 다른 네트워크들의 복잡성까지 추가되면 컴퓨터로 모형화하기가 한층 어려워진다. 특히 0과 1(꺼짐과 켜짐)로만 이루어진 단순한 모형으로는 대개 그 복잡성을 담아내지 못할 것이다. 설상가상으로, 물질대사처럼 더욱 세밀하게 조정된 기능의 경우에는 그 네트워크를 이루는 성분들의 수가 치솟는다. 그래도 일반적인 요지는 여전히 유효하다. 곧, 생명은 무작위적인 복잡성보다 '더욱 돋보이는' 정보의 패턴화와 처리 방식을 보이며, 비록 복잡하기는 해도 소프트웨어의 관점에서 생명을 말하는 것이, 그 소프트웨어적인 측면을 밑에서 떠받치는 분자계들로 말하는 것보다 매우매우 단순할 것이라는 점이다. 전자회로의 경우처럼 말이다.

네트워크 이론은 정보가 '저만의 생명'을 가질 수 있다는 시각을 튼튼히 해준다. 내 동료들은 효모 네트워크에서 정보 전달을 통해 상관된 꼭짓점 쌍들의 40퍼센트가 물리적으로는 연결되어 있지 않다는 사실을 알아냈다. 말하자면 그 쌍들 사이에는 직접적인 화학적 상호작용이 없다는 뜻이다. 이와 반대로, 꼭짓점 쌍들의 약 35퍼센트는 비록 '화학적 전선'(변)을 통해 인과적으로 연결되어 **있음**에도 불구하고 정보 전달이 이루어지지 않는다. 계를 가로지르는 정보 패턴들은 '전선'을 따라 흐르지 않을 때에도 전선을 따라(그래프의 변을 따라) 흐르는 것 같은 모습을 보인다. 어떤 이유에선가, 무작위적인 네트워크에 비해 생물학적 네트워크의 경우에는 '인과성 없는 상관성'이 증폭되는 것처럼 보인다.

《파인만 씨 농담도 잘 하시네*Surely You're Joking, Mr. Feynman!*》에서[21] 재담꾼 물리학자이면서 악동을 자처했던 리처드 파인만은 어렸을 때 자기가 고장난 라디오(이번에도 라디오이다!)를 잘 고치는 것으로 이름을 얻었던 이야기를 들려주었다. 한번은 이런 일이 있었다고 한다. 어린 파인만은 라디오를 잠깐 들여다보고는 그저 왔다갔다 걷기만 했는데, 이것 때문에 처음에는 퉁바리를 들었다고 한다. 그러나 명색이 리처드 슈퍼브레인 파인만인지라, 어디가 잘못되었는지 금방 알아내고는 간단히 수리해냈다고 한다. 그 모습을 보고 감탄한 손님은 이런 말을 토했다. "저 녀석, 생각으로 라디오를 고치네!" 사실 일반적으로는 전자회로의 배치만 보고는 무엇이 문제인지 분간해낼 수 없다. 라디오의 작동 여부는 회로의 지형 그리고 그 회로를 이루는 성분들의 물리적 특성, 이 **모두**에 좌우된다. 예를 들어 너무 큰 저항을 쓰거나 용량이 너무 작은 축전기를 쓰면 최적의 정보 흐름이 만들어지지 못할 것이다. 말하자면 출력이 왜곡될 수 있다. 생물적이든 생태적이든 사회적이든 기술적이든, 네트워크는 모두 마찬가지이다. 서로 비슷하게 보이는 네트워크라 해도 서로 매우 다른 정보 흐름 패턴을 내보일 수 있다. 각 네트워크를 이루는 성분들—꼭짓점들—의 속성이 서로 다를 수 있기 때문이다. 효모 세포 주기의 경우에는 켜짐 또는 꺼짐이라는 단순한 규칙이 사용되었지만(그리고 인상적인 결과를 낳았지만), 여기서 쓸 수 있는 다른 수학적 관계의 후보들은 많이 있으며, 저마다 다른 흐름 패턴을 산출할 것이다. 요지는 이렇다. 정보 패턴의 동역학과 '회로'의 지형 사이에는 명백한 관계가 전혀 없다는 것이다. 그러므로 수많은 실용적인 목적을 고려했을 때, 정보 패턴을 '관심의 대상'으로 다루면 되고, 그것을 떠받치는 기저 네트워크는 잊어도 좋을 것이다. 무언가 잘못되었을 경우에만 실제 '배선'을 신경 쓰면 될 뿐이다.

이스라엘의 두 수학자 우지 하루시Uzi Harush와 바루크 바르젤Baruch Barzel은 최근에 매우 다양한 네트워크에서의 정보 흐름을 컴퓨터 모형을 이용해 체계적으로 조사했다. 두 사람은 네트워크 내에서 각 꼭짓점과 경로가 정보 흐름에 얼마만큼 기여하는지를 끈기 있게 추적했다. 주된 정보 고속도로가 있는지 확인하기 위해, 두 사람은 계에 개입했다. 이를테면 꼭짓점들을 '꼼짝 못하게 해서freezing' 정보 흐름에 어떤 변화가 생기는지 보았다. 그런 다음, 특정 다운스트림 꼭짓점downstream node의 신호 세기가 얼마만큼 달라지는지 산정했다. 놀라운 결과가 몇 개 나왔다. 정보가 주로 허브(수많은 링크들이 집중되는 곳으로, 인터넷의 서버들이 그 예이다)를 통해서 흐르는 네트워크도 있었고, 정보가 허브를 피해 주변부를 싸돌아다니는 쪽을 선호하는 네트워크도 있었다. 비록 다양한 결과가 나오기는 했지만, 두 수학자는 이렇게 보고했다. "정보 흐름의 패턴들은 계의 미시적 동역학과 직접적으로 연결될 수 있는 보편적 법칙들의 지배를 받는다."[22] 보편적 법칙들? 이 주장은 정보 패턴들을 독자적 존재성을 가지는 결맞은coherent 것들로 생각하는 것이 정당할 때가 언제냐는 문제의 핵심을 곧장 찌르고 있다. 내가 보기에는, 만일 그 패턴 자체가 어떤 규칙이나 법칙을 따른다면, 그 패턴들을 정당한 존재자로 대우해도 될 것 같다.

집단 지능

"게으른 자여, 개미에게 가서 그가 하는 것을 보고 지혜를 얻으라."

—잠언 6:6

네트워크 이론은 사회적 곤충 연구에 적용되어 많은 결실을 거두었다. 그 곤충들도 이웃한 개체들 사이에 단순한 규칙들이 반복적으로 적용되고, 거기서 복잡하고 조직적인 행동이 유래하는 모습을 내보인다. 나는 예전에 말레이시아의 한 해변에서, 튼튼한 나무 기둥 꼭대기에 고정해놓은 짚차양 아래에 앉아 있던 적이 있었다. 맥주를 마시면서 감자칩을 먹고 있었던 것으로 기억한다. 그런데 감자칩 하나가 바닥에 떨어졌고, 그걸 나는 줍지 않고 그냥 두었다. 잠시 뒤, 몸집이 작은 개미떼가 그 버려진 감자칩 주변에서 바글거리는 모습이 눈에 들어왔다. 녀석들은 그 감자칩에 관심이 많았다. 얼마 지나지 않아 녀석들은 그 감자칩을 운반하기 시작했다. 먼저 모래 위를 수평으로 가로지른 뒤에 나무 기둥을 타고 수직으로 올라갔다. 집단적 수고로움이 대단했다. 감자칩은 커다란데 녀석들은 자그마한 개미들이었기 때문이다. (그나저나 나는 개미가 감자칩을 좋아할 거라고는 생각도 못했다.) 그러나 녀석들은 그 일을 감당해낼 능력이 있음을 보여주었다. 그 여인네들(일개미들은 모두 암컷이다)은 감자칩 가장자리를 조직적으로 둘러싸고는, 위쪽에 있는 녀석들은 끌고 아래쪽에 있는 녀석들은 밀었다. 녀석들이 어디를 향해 가는 것일까? 기둥 끝부분에 세로로 틈이 하나 나 있고, 개미 몇 마리가 그곳을 지키고 있는 것이 보였다. 그곳이 분명 녀석들의 집인 모양이었다. 그런데 그렇게 끌고 밀고 했건만 허사가 될 게 빤했다. 왜냐하면 (a)그 틈으로 들어가기에는 감자칩이 너무 커 보였고, (b)감자칩을 틈으로 집어넣으려면 칩을 두 차례 직각으로 회전시켜야(칩은 대체로 평평했다) 할 터였기 때문이다. 다시 말해서, 틈으로 밀어 넣는 작전을 실행할 수 있으려면 먼저 감자칩이 기둥에 직각으로 수직면을 이루면서 세워져야 할 것이었다. 몇 분 뒤, 개미들의 전략이 성공한 것을 보고 나는 입을 다물 수가 없었다. 감자칩이 조금도 부서지지 않고 온전히 틈 속으로 끌려 들어갔던 것이다. 어떻게 했는지는 몰라도, 핀 머리만큼이나 작은 그 생물들이 땅바닥에 놓인 감자칩을 보고는 그것의 크기와 평평한 정도를 견적내서 틈의 평면에 들어갈 수 있게끔 칩을 회전시키는 방법을 알아냈던 것이다. 그러고는 단 한 번에 그 일을 해냈다!

이런 이야기는 차고 넘친다. 곤충학자들은 개미들에게 도전과 난제를 던져주고는 약간의 수를 써서 개미들을 좌절시키려고 하는 실험을 즐긴다. 개미들이 주로 집착하는 것은 먹이와 좋은 집인 것 같다(곤충학자들이 주로 집착하는 것임에는 틀림없지만서도). 그래서 녀석들은 많은 시간을 먹이를 찾고 집을 지을 더 좋은 자리를 찾아 무작위적인 듯한 모습으로 사방을 들쑤시고 다닌다. ASU에는 사회적 곤충을 연구하는 큰 규모의 연구진이 있으며, 수장은 스티븐 프랫Stephen Pratt이다. 그 개미실험실을 방문하는 일은 언제나 재미있는 경험이다. 같은 종의 개미들은 거의 모두가 똑같이 생겼기 때문에, 꾀바른 연구자들은 녀석들을 추적해서 무엇을 하는지 볼 수 있도록 녀석들에게 색점을 칠했다. 개미들은 그것을 조금도 개의치 않는 것 같다. 얼른 보면 그 녀석들이 바삐 쏘다니는 모습이 무작위로 아무 길이나 가는 것처럼 보이지만, 대부분의 경우는 그렇지 않다. 녀석들은 집으로부터의 최단 거리에 기초해서 오갈 길을 찾고, 그 길에 화학적으로 표시를 한다. 만일 실험의 일부로 곤충학자들이 먹이를 다른 데다 옮겨 두든지 하여 녀석들의 전략에 혼선을 주면, 개미들은 자동으로 플랜 B를 실행해서 주변 지형의 견적을 다시 낸다. 녀석들의 행동에서 가장 두드러지는 특징은 녀석들이 서로 의사소통을 한다는 것이다. 한 개미가 다른 개미를 만나면 작은 의례를 치르는데, 그 의례는 어떤 위치 정보를 다른 개미에게 전달하는 역할을 한다.* 개미 한 마리가 모은 데이터는 이런 방식으로 군체 내의 다수 개미들에게 빠르게 퍼질 수 있다. 그러면 집단적 의사결정의 길이 열리는 것이다.

내게서 훔쳐간 감자칩의 경우를 보면, 완성된 전략을 미리 가지고 있는 개미는 한 마리도 없었음이 분명하다. 그 개미떼를

---

* 개미가 흔히 쓰는 또 한 가지 의사소통 전략은 행동자취남기기(stigmergy)이다. 이것은 페로몬을 남기고 그것을 감지함으로써 환경을 통해 의사소통하는 방법이다.

앞장서서 이끄는 녀석은 없었다. 의사결정은 집단적으로 이루어졌다. 그런데 어떻게? 내가 일을 마치고 집으로 가는 중에 한 친구를 만났는데, 그 친구가 이렇게 물었다고 치자. "야, 오늘 어떻게 보냈어?" 그러면 친구는 대부분 아무 재미도 없는 농(그래도 전달하는 정보는 많을 수 있다)을 5분 동안이나 들을 각오를 해야 한다. 개미들이 말을 매우 빠르게 하는 녀석들이 아니라면, 서로 잠깐 마주쳐서 나눌 얘기는 '만일 이러면 이렇다'라는 식의 논리적 진술 몇 개를 넘지 않을 것이다. 그러나 군체 전체에서 수없이 이루어지는 개미 대 개미의 마주침을 통합하면, 집단적 정보처리 성능은 올라가게 된다.

이런 형태의 떼의사결정swarm decision-making—과감하게 떼지능swarm intelligence이라고 말할 수도 있을 것 같다—을 시전하는 능력은 개미만 지닌 것이 아니다. 새떼와 물고기떼도 한 몸처럼 행동해서, 마치 서로 한마음이기라도 하듯 일시에 급강하를 하거나 급회전을 한다. 그 배후에 무엇이 있는 걸까? 최선의 짐작은, 단순한 규칙 몇 개를 반복적으로 많이 적용하면 상당히 정교한 결과가 나올 수 있다는 것이다. ASU의 개미 연구 동료들은 '분산형 계산distributed computation' 개념을 탐구하면서, 도토리개미종인 템노토락스 루가툴루스*Temnothorax rugatulus*에게 정보이론을 적용하고 있다. 이 도토리개미는 비교적 적은 수의 일개미들로(300마리가 안 된다) 군체를 형성하기에, 추적하기가 한결 쉽다. 동료들의 목표는 개미들이 집을 짓는 동안 군체 내에서 정보가 어떻게 흘러 다니고 어떻게 저장되고 어떻게 퍼지는지 추적하는 것이다. 모든 추적은 실험실에서 조건을 통제한 상태에서 이루어진다. 연구자들은 개미들에게 갖가지 집들을 새로 제공한 뒤(이전 집은 허물어서 녀석들에게 이사할 동기를 마련해주었다), 어떻게 선택이 집단적으로 이루어지는지 조사한다. 개미들이 단체로 이동할 때에는, 길을 아는 소수의 개미들이 집까지 돌아갔다가 다른 녀석들을 이끌고 새 집까지 데리고 간다. 이것을 '꼬리 물고 가기tandem running'라고 부른다. 그 여정은 느리다. 초행인 개미가 갈피를 못 잡기 때문이다. 그 개미는 길잡이 개미를 끊임없이 접촉해서 자신이 길을 잃지 않았음을 확실히 하려 한다(개미는 그리 멀리 보지 못한다). 길목을 익힌 개미의 수가 충분히 많아지면, '꼬리 물고 가기'를 버리고 '목말 태우기piggy-backing'로 바꾼다. 그게 더 빠르니까 말이다.

내 동료들이 초점을 맞추고 있는 것 가운데 하나는 '꼬리 물고 되돌아가기reverse tandem running'로, 길을 아는 개미가 다른 개미를 새 집에서 헌 집으로 데리고 가는 것을 말한다. 왜 그렇게 할까? 그 행동은 음의 되먹임negative feedback 및 정보 지우기의 동역학과 관련이 있는 것으로 보이지만, 아직 풀어내지는 못했다. 이 문제의 돌파구를 찾기 위해, 연구자들은 개미인형을 설계해서 플라스틱으로 만들어 자석을 안에 넣었다. 그 개미인형을 움직이게 하는 것은 작은 로봇으로, 개미가 타고 이동할 수 있게 만든 판 밑에 숨겨 두었다. 조종 가능한 인공개미들을 손에 넣은 내 동료들은 독자적으로 '꼬리 물고 가기' 방식을 만들어내서 다양한 이론을 시험해보고 있다. 그 움직임 전체는 나중에 정량 분석을 하기 위해 비디오로 찍어둔다. (이 연구가 얼마나 재미 가득할지 짐작할 수 있을 것이다!)

생명의 조직화 과정에서 사회적 곤충은 흥미로운 중간단계의 하나를 나타내며, 그 곤충들이 정보를 처리하는 방식은 특별한 흥미를 끈다. 그러나 광대하고 복잡한 지구상 생명의 많은 세균부터 인간 사회까지 모든 수준에서 개체와 개체, 집단과 집단끼리 이루어지는 정보 교환으로 짜여진다. 바이러스조차 지구 전역을 떼지어 다니는 이동형 정보 꾸러미로 볼 수 있다. 생태계 전체를 정보 흐름과 정보 저장 네트워크로 보면, 중요한 물음을 몇 개 던지게 된다. 이를테면, 유전자 조절 네트워크부터 시작해 심해 분화구의 생태계를 거쳐 열대우림의 생태계까지 복잡성이 높은 쪽으로 올라갈수록, 정보 흐름의 특성들은 과연 눈금 바꿈의 법칙scaling law*을 뭐라도 따르게 될까? 지구상 생명을 전체로 보면, 그 생명의 성격을 어떤 명확한 정보서명information signature 또는 정보의 주제선율motif로 규정할 수 있을 가능성이 매우 높은 것으로 보인다. 만일 지구상 생명에 특별한 면이 전혀 없다면, 지구 외의 다른 세계에 있을 생명도 우리와 똑같은 눈금 바꿈의 법칙들을 따르고 동일한 속성들을 내보일 것이라고 기대할 수 있을 것이다. 그러면 다른 태양계 행성들에서 명확한 생물서명bio-signature을 찾는 일에 큰 도움이 될 것이다.

---

* 눈금 바꿈의 법칙이란 한 양이 척도에 따라 늘거나 주는 방식을 서술하는 수학적 관계를 말한다. 이를테면 태양계에는 행성의 수보다 소행성과 위성 같은 작은 천체들의 수가 훨씬 많다는 식의 관계를 말한다.

형태발생의 수수께끼

생명이 가진 그 모든 놀라운 능력 가운데에서 가장 입을 다물지 못하게 하는 것 하나가 바로 형태발생morphogenesis—꼴의 발생—이다. DNA의 1차원 구조에 새겨지고 콩알의 10억 분의 1 부피 속에 꾸려 넣어진 정보가 어찌어찌해서 기막히게 정확하고 복잡한 안무를 3차원 공간에다 펼쳐놓는다. 그리고 그 안무가 마침내는 완전한 꼴을 갖춘 아기로 자라나게 된다. 어떻게 이런 일이 가능할까?

1장에서 나는 19세기의 발생학자 한스 드리슈가 어떤 생명력 같은 것이 배아발생 과정에 작용한다고 확신하게 되었던 정황을 언급했다. 모호하다 싶은 이런 생기론의 자리를 나중에는 그보다 정확한 '형태발생의 마당morphogenetic field' 개념이 대신 차지하게 되었다. 19세기가 끝나갈 무렵, 물리학자들은 마이클 패러데이Michael Faraday가 도입한 마당field[장] 개념을 써서 큰 성공을 거두어 나갔다. 가장 친숙한 예가 전기이다. 공간상의 한 점에 전하가 자리하면 전기마당이 만들어지고, 주변의 3차원 영역으로 뻗어나간다. 자기마당도 흔히 만날 수 있는 마당이다. 그랬기에 생물학자들이 그와 비슷한 선상에서 형태발생을 모형화할 길을 찾으려 했던 것은 놀랄 일이 아니다. 그런데 문제는 그 마당이 **무엇**의 마당이냐는 당연한 물음에 설득력 있는 답을 줄 수 있는 사람이 아무도 없었다는 것이다. 전기의 마당도 자기의 마당도 아닌 것은 분명했다. 중력의 마당도 원자핵의 마당도 아님은 확실했다. 그렇다면 어떤 '화학적 마당'(나는 '화학적'이라는 말을 유기체 전역에 다양한 농도로 퍼져 있다고 볼 수 있는 화학 물질들을 뜻하는 말로 썼다)이어야만 했다. 그러나 그 화학적 '형태원morphogen'의 정체는 오랫동안 무명씨로 남았다.

그로부터 수십 년이 더 지나서야 의미 있는 진척이 이루어졌다. 20세기 후반부에 생물학자들은 유전학의 입장에서 형태발생에 접근하기 시작했다. 그들이 꾸며낸 이야기는 이런 식이었다. 배아가 수정란에서 발생할 때, 처음의 단세포(접합체zygote)는 거의 모든 유전자가 켜진 상태에서 출발한다. 그 세포가 분열을 거듭하면서 다양한 유전자들이 꺼지게 된다—서로 다른 세포에서 서로 다른 유전자들이 꺼진다. 그 결과, 처음에는 동일한 세포들로 이루어졌던 공이 서로 유형이 구분되는 세포들로 분화하기 시작한다. 이때 유전자의 켜고 끔switching을 분명하게 제어할 수 있는 바로 저 정체불명의 화학적 형태원의 영향을 부분적으로 받는다. 배아가 완전한 꼴을 갖출 때까지 그 분화 과정은 필요한 세포 유형들을 모두 만들어낸다.*

우리 몸에 있는 모든 세포에는 **똑같은** DNA가 들어 있다. 그런데도 피부세포, 간세포, 뇌세포는 서로 다르다. DNA에 담긴 정보는 **유전형**genotype이라고 하고, 실제 물리적 세포는 **표현형**phenotype이라고 한다. 그래서 유전형 하나가 서로 다른 많은 표현형을 생성할 수 있다. 좋다. 그런데 간세포들은 어떻게 간에 모이고, 뇌세포들은 어떻게 뇌에 모이는 것일까? 말하자면 세포

* 그 가운데 다능성 줄기세포들(pluripotent stem cells)은 일부만 분화된 채 그대로 남아 있으며, 다양한 종류의 세포가 될 가능성이 잠재해 있다.

들이 어떻게 '유유상종'할 수 있을까? 이에 관해 우리가 현재 가진 지식의 대부분은 초파리인 드로소필라*Drosophila* 연구에서 얻었다. 형태원 중에는 미분화 상태의 세포를 지정된 장소에서 다양한 유형의 조직—눈, 창자, 신경계 등—으로 분화하게 만드는 것들이 있다. 이렇게 하면, 서로 다른 장소에서 일어나는 세포 분화, 서로 다른 장소에서 방출되는 각기 다른 형태원, 이 둘 사이에 되먹임고리가 수립된다. 성장인자growth factor(이번 장 앞부분에서 이 인자의 하나인 EGF를 언급했다)라고 불리는 물질이 해당 구역에 있는 세포들의 생식을 가속시키고, 그러면 구역마다 성장 속도가 달라지면서 국지적으로 크기의 변화가 생길 것이다. 그러나 이런 얼버무리기식 설명은 말로 하기는 쉽지만, 상세한 과학적 설명으로 바꾸기는 그리 쉽지 않다. 그런 과학적 설명은 화학적 네트워크들과 정보관리 네트워크들을 엮어내는 것에 달려 있기 때문인 면이 크다. 두 가지 네트워크가 엮이면, 서로 얽혀 있으면서 시간에 따라 변하는 인과의 망causal web이 두 개가 된다. 설상가상으로 화학적 기울기만이 아니라 물리적 힘들—전기적 힘과 역학적 힘—도 형태발생에 기여한다는 증거까지 쌓여가고 있다. 이 놀라운 주제에 대해서는 다음 장에서 더 살펴볼 생각이다.

신기하게도 형태발생 문제에도 관심을 가졌던 앨런 튜링은 화학물질들이 조직 속으로 확산해서 다양한 물질들의 농도 기울기를 형성하여 3차원 패턴을 만들어내는 것 같은 반응을 서술하는 방정식 몇 개를 연구했다. 비록 튜링이 방향을 올바로 잡기는 했지만, 튜링 이후 지금까지의 행보는 느리게 진행되었다. 지금까지 식별해낸 형태원들의 경우조차도 수수께끼는 여전히 풀리지 않았다. 어느 후보 화학물질이 특이적 형태원 구실을 정말로 하는지 확증하는 한 가지 방법은 그 화학물질을 만드는 세포들의 클론을 다른 장소에 심어보고(이렇게 심은 세포들을 딴곳세포ectopic cells라고 부른다) 그 잘못된 장소에서도 원래와 같은 특징을 중복해내는지duplicate 알아보는 것이다. 그렇게 되는 경우가 종종 있다. 예를 들면, 날개가 더 달린 파리나 발가락이 더 난 척추동물을 만들어낼 수 있다. 그러나 세포를 둘러싸서 세포에 직접적으로 영향을 주는 물질을 모두 열거한다고 한들, 그건 전체 이야기에서 작은 부분에 지나지 않는다. 배아 조직 속으로 확산하는 화학물질 가운데 많은 수는 세포에 직접적으로 영향을 미치지 않고, 그 대신 다른 화학물질들을 조절하는 발신자signalling agents로 활동할 것이다. 그 세세한 부분을 풀어내는 것은 크나큰 도전과제이다.

상황을 더 복잡하게 하는 요인은 개개 유전자가 혼자 활동하는 경우가 드물다는 것이다. 앞서 설명했다시피, 유전자들은 네트워크를 형성하고, 한 유전자에 의해 발현된 단백질이 다른 유전자의 발현을 억제하거나 향상시킬 수 있다. 캘리포니아공과대학교의 작고한 학자 에릭 데이비슨Eric Davidson과 동료들은 성게(한 세기 전에 드리슈의 주목을 끌었던 바로 그 미물이다)의 초기 단계 발생을 조절하는 네트워크 50개 남짓의 전체 배선도(화학적으로 말한 것이다)를 가까스로 풀어냈다. 그런 다음에 그 칼텍 연구진은 컴퓨터를 프로그램해서, 발생의 출발에 상응하는 조건들을 입력하여 그 네트워크의 동역학을 한 단계 한 단계 본떠서 돌려보았다. 각 단계 사이에는 30분씩 간격을 두었다. 그렇게 해서 그들은 각 단계의 네트워크 회로 상태에 대한 컴퓨터 모형과 실제로 관찰한 성게의 발생 단계를 서로 비교해볼 수 있었다. 수리수리마수리, 얏! 그 컴퓨터 본뜨기simulation는 실제 발생 단계들과 일치했다(유전자 발현 프로필을 측정해서 확증했다). 그러나 데이비슨의 연구진은 거기서 멈추지 않고 더 나아갔다. 그들은 회로 연결에 이런저런 변화를 주고는 배아에 무슨 일이 일어나는지 살펴보았다. 예를 들어 그들은 네트워크에 있는 유전자 가운데 **델타**delta라고 하는 유전자를 KO시키는 실험을 했다. 그랬더니 비골격성 중배엽 조직이 모두 손실되었다—대대적 비정상성을 보인 것이었다. 그 네트워크의 컴퓨터 모형에서 그에 상응하는 방식으로 변화를 주었더니, 결과는 실험에서 관찰한 것과 정확히 일치했다. 이보다 훨씬 과감한 실험도 있었다. 그들은 알에 Pmar1이라는 중요한 효소의 생산을 억제하는 mRNA 한 가닥을 주사했다. 결과는 대단히 놀라웠다. 배아 전체가 골격발생 세포들로 이루어진 공으로 바뀌었다. 이번에도 역시, 그 회로도에 기초한 컴퓨터 모형 또한 실제 관찰한 것과 똑같은 모습의 큰 꼴바꿈을 결과로 내놓았다.

이제까지 내가 제시한 다양한 예들은 생물 속의 정보 흐름을 추적하고 그 흐름을 중요한 구조적 특징과 연결시키는 일에서 '전자공학적 사고electronic thinking'의 위력과 범위가 어느 정도인지 보여주고 있다. 생물학에서 정보 개념이 가지는 가장 강력한 측면 가운데 하나는, 동일한 일반적 생각들이 생명의 모든 크기 수준에 적용된다는 것이다. 너스는 선견지명을 담은 한 시론에서 이렇게 적었다. "정보가 관리되는 방식을 떠받치는 원리와 규칙 들은 이처럼 서로 다른 수준들에서도 유사성을 공유할 수 있다. 그 수준들을 구성하는 요소들이 서로 완전히 다를지라도 말이다. …… 따라서 더 높은 계 수준에서 수행한 연구는 더 단순한 세포 수준에서 수행한 연구의 정보가 되어줄 가능성이 있고, 그 반대도 마찬가지이다."[23]

이제까지 나는 분자 수준인 DNA, 세포 수준인 효모의 세포 주기, 다세포 생물에서 꼴의 발생, 생물 군집과 사회적 조직에서 이루어지는 정보 패턴과 정보 흐름을 살펴보았다. 그러나 슈뢰딩거가 '주기 없는 결정'[비주기적 결정]의 존재를 추측했을 때 그가 초점을 맞추었던 것은 **유전 가능한** 정보가 무엇이고, 그 정보가 어떻게 세대에서 세대로 신뢰성 있게 전달될 수 있느냐 하는 것이었다. 확실히 하자면, 생물과 생태계 안에서 정보는 복잡한 패턴으로 퍼져나가지만, 수직으로도 흐른다. 곧 세대에서 세대로 차례차례 흘러내려 가면서 자연선택과 진화적 변화의 토대를 제공하는 것이다. 그리고 바로 여기, 다윈주의와 정보이론이 교차하는 지점에서, 생명의 마법퍼즐상자로부터 가장 큰 놀라움을 주는 것들이 튀어나온다.

4

다원주의 2.0

"생물학에서는 진화에 비추어보지 않으면 아무것도 이해되지 않는다."

—테오도시우스 도브잔스키Theodosius Dobzhansky[1]

"이빨과 발톱에 피 칠갑을 한 자연." 눈앞에 생생히 광경이 그려지는 이런 말을 앨프리드 테니슨Alfred Tennyson이 다윈 시대의 여명기에 남겼다. 이해할 만한 일이지만, 그 당시의 과학자와 시인 들은 면도날처럼 날카로운 상어의 이빨이 되었든 튼튼하게 몸을 보호해주는 거북의 등딱지가 되었든 앞서거니 뒤서거니 하는 신체적 적응 경쟁에서 드러나는 자연선택의 잔인함에 천착하는 것이 보통이었다. 가혹한 생존경쟁에서 진화가 어떻게 더 큰 날개, 더 긴 다리, 더 예리한 시각 등등을 선택했을지는 쉽게 이해할 수 있다. 그러나 몸—생명의 하드웨어—이야기는 이야기의 절반에 지나지 않는다. 몸만큼 중요한—사실은 몸보다 더 중요한—것은 변화하는 정보 패턴과 명령하고 제어하는 계들로서, 생명의 소프트웨어를 구성하는 것들이다. 생명의 소프트웨어에서도 진화는 생명의 하드웨어에서와 꼭 같이 작동한다. 그러나 우리는 그것을 쉽사리 알아채지 못한다. 정보는 눈에 보이지 않기 때문이다. 이 모든 정보의 흐름을 바꾸고 처리하는 미세한 악마들의 존재도 우리는 알아채지 못한다. 그러나 열역학적 완전성에 가까이 다가간 그 악마들은 수십억 년 동안 진화가 다듬어온 결과들이다.[2]

여기서 컴퓨터 산업과 비슷한 면모를 볼 수 있다. 30년 전의 개인용 컴퓨터는 투박하고 거추장스러웠다. 그러다가 마우스, 컬러 모니터, 고밀도 배터리 같은 혁신이 이어지면서 컴퓨터는 훨씬 능률적이고 편리한 것이 되었다. 그 결과 컴퓨터 판매량이 급격히 늘어났고, 자본주의판 자연선택이 이루어지면서 컴퓨터 개체수가 대폭 증가하게 되었다. 그러나 하드웨어에서 혁신이 이루어지는 사이, 그와 더불어 컴퓨터 소프트웨어에서 이루어진 발전은 그보다 훨씬 인상적이었다. 이를테면 초기의 포토샵 판들과 파워포인트 판들은 오늘날 우리가 사용할 수 있는 판들에 비하면 발치에도 못 미치는 것들이다. 무엇보다도 컴퓨터의 속도는 대폭 빨라진 반면, 가격은 대폭 내려갔다. 그리고 컴퓨터의 성공에 소프트웨어의 발전이 기여한 정도는 적어도 하드웨어 주변기기들만큼은 된다.

다윈의 이론이 세상에 발표된 후로 생명의 정보 이야기가 진화 이야기 안으로 들어오기까지 한 세기가 걸렸다. 현재 생물정보학 분야는 사방으로 널리 뻗어나가고 있는 산업으로서, 어마어마한 양의 데이터를 축적하면서 거침없이 나아가고 있다. 매머드급의 국제적인 노력이 이루어진 끝에 마침내 2003년에 최초로 완전한 인간 유전체 염기서열이 발표된 것은 일반적으로는 생물학, 구체적으로는 의학의 판도를 바꾸는 사건으로 찬

사를 받았다. 이 획기적인 업적의 중요성을 낮춰보아서는 안 되겠지만, 유전체의 완전한 세부도를 손에 넣었어도 '생명을 설명하기'에는 한참 모자라다는 것이 금방 분명해졌다.

20세기 중엽에 다윈의 진화이론이 유전학 및 분자생물학과 결합했을—이를 '현대적 종합modern synthesis'이라고 불렀다—때, 이야기는 거짓말이 아닐까 싶을 만큼 단순해 보였다. DNA는 물리적인 것이다. DNA 복사 과정에서는 필히 무작위로 오류가 일어날 수밖에 없으며, 자연선택이 작용할 수 있는 유전적 변이 메커니즘을 이런 오류들이 제공한다. 유전자의 목록을 만들고, 유전자들이 부호화한 단백질이 하는 기능의 목록을 만들어라. 나머지는 자질구레할 뿐이니.

약 20년 전, 진화에 대한 이런 단순하기 짝이 없는 시각이 허물어지기 시작했다. 단백질 목록에서 출발해 단백질이 기능성을 갖게 되는 3차원 구조의 해부까지는 먼 길을 가야 하고, 더군다나 유전체 프로젝트가 제공한 단백질 '부품목록'은 '조립설명서'가 없이는 무용지물이다. 오늘날이라고 해도, 예지력을 발휘하지 않고서는, 유전체 염기서열을 보고 그 생물의 실제 생김새가 어떠할 것인지 예측할 수 있는 사람은 아무도 없다. 하물며 유전체 염기서열 내에서 일어난 무작위적 변화를 어떻게 표현형의 변화로 번역할 것인지 아는 이도 없다.

유전자는 오직 발현되었을(다시 말해서 켜졌을) 때에만 차이를 만들어내며, 바로 이렇게 유전자를 제어하고 관리하는 분야에서 진짜 생물정보학의 이야기가 시작된다. 목하 떠오르고 있는 후성유전학epigenetics이라는 학문은, 유전학만 따로 떼어놓고 보았을 때, 유전학보다 훨씬 풍요롭고 더욱 미묘한 분야이다. 생물학적 정보 패턴과 정보 흐름의 조직화를 끌고 가는 후성유전적 인자들이 점점 많이 발견되고 있다. 그 결과 다윈주의를 다듬어 확장한 이론이 현재 떠오르고 있으며—그것을 나는 다윈주의 2.0이라고 부른다—생물학에서 정보가 가지는 힘에 대해 완전히 새로운 관점을 만들어내고 있고, 그 안내를 받아 진화론이 크게 수정되어가고 있다.

전기 괴물들

"유전자보다는 유전에 뭔가가 더 있다."

—에바 야블롱카Eva Jablonka[3]

"우주에서 온 것! 머리 두 개 달린 편형동물이 과학자들을 놀래키다."[4] 2017년 6월에 영국의 한 온라인 간행물에서 이렇게 선언했다. 기사—필히 '어리둥절한 과학양반들baffled boffins'과 관련된 글이다—의 주제는 국제우주정거장에 괴물들이 출현했다는 것이다. 그러나 괴물들이 우주정거장을 습격한 것은 아니고, 하등한 편형동물들의 머리나 꼬리를 미리 잘라낸 다음에 지구 궤도로 보내면 녀석들이 어떻게 되는지 보기 위한 실험을 하다가 생겨난 녀석들이었다. 녀석들은 지구 궤도에서도 잘 지내는 것으로 밝혀졌다. 머리 하나가 있던 자리에 머리 두 개를 달고 지구로 귀환한 녀석들은 열다섯 마리에 하나꼴이었다.[5]

그 우주벌레들은 현재 폭풍 성장하고 있는 후성유전학 분야에서 나온 극적인 사례의 하나에 불과하다. 느슨하게 정의해보면, 후성유전학은 유전자 너머에서 생물의 꼴을 결정하는 모든 인자들을 연구하는 학문이다(글상자 9를 참고하라). 머리 둘 달린 그 벌레들은 우리 눈에 친숙한 녀석들과 유전적으로 똑같다. 그러나 생김새로는 서로 다른 종처럼 보인다. 실지로 두 머리 벌레들이 생식하면 두 머리 벌레들이 더 나온다. 과학양반들이 어리둥절했던 것도 놀랄 일은 아니다. 그 과학양반들의 우두머리는 터프츠대학교의 마이클 레빈Michael Levin이었는데, 마침 지금은 ASU의 우리 연구진과 협력하고 있다.

그 벌레 연구의 전후 맥락을 고려하기 위해, 비록 작용 중인 실제 메커니즘 가운데 많은 것들이 여전히 수수께끼이기는 해도 배아발생(형태발생)은 정보가 생물의 꼴을 제어하고 빚어내는 힘을 생생하게 보여주는 예가 된다는 앞 장의 이야기를 되새겨보자. 나는 생물을 짓고 작동시키는 데 필요한 정보의 상당 부분은 계가 유전자를 켜고 끌 수 있는 능력, 그리고 유전자 명령어가 번역된 뒤에 단백질을 수정할 수 있는 능력과 관련이 있다고 설명했다. 어떻게 화학적 경로를 통해 정보 흐름이 조절되고—여기에는 메틸기, 히스톤 꼬리, 마이크로 RNA 같은 것들이 관여한다(글상자 9를 보라)—유전자를 켜고 끄는 이 레퍼토리가 어떻게 수없이 많은 변화하는 화학적 패턴들과 엮이는지는 아직도 제대로 이해를 못하고 있다. 그래서 후성유전학은 무수한 조합과 가능성이 넘쳐나는 광활한 우주를 열어 젖히는 것이다. 나는 발생이 펼쳐지는 동역학을 제어하는 데에서 형태원이라고 불리는 특수한 분자들의 확산이 중요한 역할을 한다고 말했다. 그러나 그것은 이야기의 일부분에 지나지 않음을 알게 되었다. 지난 몇 년 사이, 또 하나의 물리적 메커니즘이 형태발생에서 훨씬 중요할 수 있음이 분명해졌다. **전기변환**electro-transduction이라고 하는 그 메커니즘은 전기적 효과들이 생물의 꼴에 일으키는 변화들과 관련이 있다.

글상자 9: 유전자를 넘어서

생물이 살아가는 동안 유전자는 필요할 때마다 켜지고 꺼진다. 유전자를 조용히 시킬 수 있는 방법은 많다. 한 가지 흔히 쓰이는 방법은 메틸화methylation로, 작은 메틸기methyl group 분자가 유전자의 문자 C에 달라붙어 그 유전자가 읽히지 못하도록 물리적으로 차단한다. 또 하나는 문자가 20개 남짓 정도밖에 안 되는 길이의 자그마한 RNA 조각인 RNAi로서, 꽃을 더 예쁘게 만들려고 했던 식물학자들이 운 좋게 발견했다. 이 메커니즘에서는 평상시처럼 DNA로부터 유전자가 읽히기는 하지만, 전령 RNA가 데이터를 판독한 것을 리보솜에게 전달하느라 바쁜 틈을 타서 RNAi(여기서 i는 '간섭interference'을 나타낸다)가 전령 RNA를 습격하여 두 동강을 내서 그 메시지를 (다소 잔인하게) 쓰레기로 만들어버린다. 복잡한 생물의 경우, 고밀도 염색질 구역에 파묻힌 유전자는 질식사할 수도 있다.

유전자를 켜고 끄는 것 말고도 여러 변수들이 활약을 한다. 발현된 유전자는 단백질을 만들어내고, 뒤이어 그 단백질은 이런저런 방식으로 수정된다. 예를 들어보자. 히스톤histone이라고 하는 단백질은 뉴클레오솜nucleosome이라는 작은 요요yo-yo 구조물로 조립되는데, 그 구조물을 DNA가 감고 있다. 사람의 염색체 하나에 들어 있는 뉴클레오솜은 수십만 개에 달할 수 있다. 그 요요 구조물은 단순히 구조만 이루지는 않고 유전자 조절에도 관여한다. 히스톤에는 다양한 작은 분자들이 달라붙어 꼬리가 될 수 있다. 이 분자적 꼬리표 자체가 하나의 부호를 이룬다는 증거가 얼마 있다. 또한 DNA를 따라 늘어선 뉴클레오솜들 사이의 간격spacing은 규칙적이지도 않고 무작위적이지도 않으며, 그 위치 패턴에는 그 자체로 중요한 정보가 담긴 것으로 보인다. 이 모든 변수들은 매우 복잡하고, 그 세부는 아직 완전히 이해하지 못하고 있지만, 단백질이 제조된 **후에** 단백질에 가해지는 수정이 세포의 정보관리계에서 중요한 조절 요소임은 분명하다. 상황을 더욱 복잡하게 하는 것은 DNA상에서 '유전자'가 꼭 연속된 분절이지만은 않고 여러 조각들로 이루어질 수도 있다는 것이다. 그 결과, 성분들을 올바로 조립하기 위해서는 mRNA가 판독한 데이터를 잘라내고 이어붙일 필요가 있다. 어떤 경우에는 이어붙이기가 한 번 이상 이루어지기도 한다. 이는 DNA상의 단일 구역이 여러 단백질을 동시에 부호화할 수 있음을 뜻한다. 그 가운데 어떤 단백질이 발현될 것이냐는 이어붙이기 작업이 적시한 바에 따라 결정된다. 그리고 그 작업 자체는 다른 유전자와 단백질들이 관리한다. 이런 식으로 물고 물리는 것이다.

아마 이런 변이성을 만들어내는 가장 큰 원천은, 적어도 동물과 식물처럼 복잡한 생물에서는 전혀 단백질을 부호화하지 않는 유전자들이 DNA의 대부분을 이룬다는 사실에 있을 것이다. DNA의 이 '어두운 영역dark sector'이 어떤 목적을 가지는지는 아직도 분명치 않다. 오래전부터 생물학자들은 DNA 상의 상당한 비부호화 분절들을 생물학적 기능에 아무 쓸모도 없는 쓰레기로 치부했다. 그러나 이 '쓰레기'의 상당 부분이 모든 부문의 세포 기능들을 조절하는 다른 유형의 분자들ㅡ이를테면 짧은 RNA 가닥ㅡ을 제조할 때 결정적인 역할을 한다는 증거가 점점 드러나고 있다. 점차 세포는 복잡성의 밑 빠진 독처럼 보이기 시작하고 있다. 이 모든 인과적 인자들ㅡ이것들은 실제 유전자상에 자리하고 있지 않다ㅡ의 발견이 바로 후성유전학이라는 분야를 이루는 부분이다. 생명의 꼴과 기능에서만큼은 후성유전학은 적어도 유전학만큼 중요한 것으로 보인다.

프랑켄슈타인 느낌을 어렴풋이 풍기듯, 전기가 실로 생명력임이 밝혀졌다. 그러나 메리 셸리Mary Shelley(또는 메리 셸리의 프랑켄슈타인 이야기를 할리우드식으로 만든 영화들)가 상상했던 것과는 많이 다르다. 대부분의 세포는 전하를 약간 띠고 있다. 세포는 자신을 둘러싼 막을 통해 양전하를 띤 이온들(대부분 양성자와 나트륨)을 안에서 밖으로 펌프질해서—이러면 알짜 음전하가 만들어진다—전하를 띤 상태를 유지한다. 막을 사이에 두고 만들어진 전위차는 대개 40~80밀리볼트이다. 이 정도 전위차를 높다고 보지는 않겠지만, 세포막은 매우 얇아서 이만한 작은 전압 기울기라 할지라도 국지적으로 엄청난 전기마당—뇌우가 치는 동안 지표면 근처에서 나타나는 것보다 크다—이 있음을 나타내며, 사실상 측정도 가능하다. 연구자들은 전압 민감성 형광염료를 써서 그 전기마당 패턴의 사진을 찍을 수도 있다.

터프츠대학교에서 마이클 레빈—우주벌레의 그 사람이다—은 일련의 굉장한 실험들을 통해, 생물이 발생해 나가면서 최종 형태를 조각하는 데 전기적 패턴화electric patterning가 중요하다는 것을 입증했다. 몸의 많은 곳들에서 나타나는 여러 크기의 전압은 '선행 패턴pre-patterns' 구실을 한다. 말하자면 발생의 흐름을 따라 유전자 발현을 이끌고 가는 눈에 보이지 않는 기하학적 비계 구실을 함으로써 발생 경로에 영향을 주는 것이다. 레빈은 선택한 세포 전역의 전위차를 조절하여 발생 과정을 헝클어뜨려서, 다리와 눈이 더 달린 개구리라든가 꼬리가 있어야 할 곳에 머리가 달린 벌레 등등, 원하는 대로 괴물을 만들어낼 수 있다.*

그 실험 중에는 발톱개구리속*Xenopus*인 아프리카발톱개구리의 올챙이에 초점을 맞춘 실험들이 있었다. 정상적인 개구리 배아는 머리와 몸통의 중간 지역에 있는 한 세포 집단이 멜라닌을 생산하기 시작하면 특징적인 색소침착 패턴이 발달한다. 레빈은 올챙이에 이버멕틴ivermectin 처치를 했다. 구충제로 흔히 쓰이는 이버멕틴은 세포와 주변 환경 사이의 이온 흐름을 바꿔서 세포를 전기적으로 탈분극화depolarize한다. 이른바 명령 세포instructor cells의 전기적 속성을 바꾸자, 극적인 결과가 나왔다. 곧, 색소침착된 세포를 미치게 만들어 암처럼 배아의 먼 지역까지 퍼지게 했던 것이다. 완벽하게 정상인 올챙이 한 마리에서는 발암물질이나 돌연변이가 전혀 없는데도 오롯이 전기적 헝클어짐electrical disruption만으로 전이성 흑색종이 발병했다. 순수하게 후성유전적으로 종양이 유발될 수 있다는 것은, 암이란 유전적 손상의 결과라는 통상적인 시각과 모순된다. 이 이야기는 이번 장 뒷부분에서 할 생각이다.

이 모든 것만으로도 충분히 놀라웠다. 그러나 훨씬 큰 놀라움이 기다리고 있었다. 터프츠대학교의 대니 애덤스Dany Adams가 고안해서 수행한 다른 실험에서는 현미경에 저속도 카메라를 장착해 발톱개구리의 배아가 발생하는 동안 전기적 패턴들이 바뀌는 모습을 동영상으로 촬영했다. 거기에 찍힌 모습은 굉장했다. 그 동영상은 전기 분극 파동 하나가 강화되는 것으로 시작되는데, 그 파동이 약 15분에 걸쳐 배아 전체를 휩쓸고 지나간다. 그런 다음 과분극화가 되거나 탈분극화가 된 구역과 지점

---

* 전기가 열쇠이긴 하지만, 여기서 형태발생마당은 보통의 의미에서 전기마당은 아니다. 말하자면 발생 중인 조직을 넘어서까지 뻗어 있지는 않다. 그 대신 형태발생마당은 전기적 세포 분극의 마당이다. '분극(polarization)'이라는 말은 세포막 안팎에 걸친 전압차를 서술하기 위해 썼다. 세포마다 그리고 장소마다 그 전압강하(voltage drop)가 다르다면, 발생 중인 조직 전역에 전기적 분극 마당이 펴져 있다고 말할 수 있을 것이다. 물리학자라면 전기마당은 벡터마당(vector field)인 반면 그 분극은 스칼라마당(scalar field)임을 알아볼 것이다.

들이 곳곳에서 나타나다가, 배아가 구조를 재조직하면서 안쪽으로 접힌다. 과분극화된 곳들은 장차 입, 코, 귀, 눈, 인두가 될 곳들을 표시한다. 이런 전기적 영역들의 패턴에 변화를 준 다음, 뒤이은 유전자 발현과 얼굴 패턴화가 어떤 식으로 바뀌는지 추적한 연구자들은, 발생 과정의 훨씬 나중에—매우 놀랍게도 개구리가 되기 직전에—떠오르게 되어 있는 구조들을 그 전기 패턴들이 **미리 모양 잡는다**pre-figure고 결론을 내렸다. 전기적 선행 패턴화pre-patterning는 최종 3차원 꼴에 대한 정보를 어떻게 해서인가 저장하여 배아의 먼 지역들이 서로 통신해서 큰 규모의 성장과 형태빚기morphology에 대한 의사결정을 할 수 있도록 함으로써 형태발생을 인도하는 것 같은 모습을 보인다.

배아발생은 생물학적 형태발생을 극적으로 보여주는 한 예이다. 또 한 예는 바로 재생regeneration이다. 동물 중에는 어떤 이유로 꼬리나 팔다리를 잃었을 경우에 그것들을 다시 자라나게 할 수 있는 녀석들이 있다. 아니나 다를까, 여기에도 전기 이야기가 있다. 레빈이 실험 대상으로 선택한 생물은 편형동물에 해당하는 플라나리아였다(앞서 말한 '우주벌레' 종이 바로 이 녀석이다). 이 자그마한 동물들은 한쪽 끝에 머리가 있고 눈이 달렸고 눈 아래에 뇌가 있다. 다른 쪽 끝에는 꼬리가 있다. 학교 선생님들이 플라나리아를 가지고 가르치기를 좋아하는데, 녀석을 두 동강 내도 죽지 않기 때문이다. 죽는 대신에 일어나는 일을 레빈은 다음과 같이 적었다.

뒤쪽 절반의 잘린 부위에서는 머리가 새로 자라고, 앞쪽 절반

> 의 잘린 부위에서는 꼬리가 만들어진다. 둘로 잘리기 전까지는 국지적 환경의 모든 측면들을 공유하고 있던 세포들이 이제는 두 개의 완전히 다른 구조를 형성하는 것이다. 그래서 잘린 부위의 세포들로 하여금 자기들이 어디에 위치해 있고, 잘린 부위가 어느 쪽을 향해 있고, 잘린 조각에 아직 남아 있어서 대체할 필요가 없는 구조가 무엇인지 알게끔 하는 원거리 신호들이 있으며, 그에 대한 우리의 이해는 아직 보잘것없다.[6]

레빈은 잘린 조각 전역에 독특한 전기 패턴이 하나 있음을 발견했다. 잘린 부위 주변에서는 일반적으로 있는 패턴이었다. 레빈은 헵탄올heptanol과 옥탄올octanol이라고 불리는 약을 사용했다. 무슨 로켓 연료처럼 들리는 약들이지만, 세포들이 전기적으로 서로 소통해서, 잘린 부위 주변의 조직들이 자기 정체성이 무엇인지—머리가 되어야 할지 꼬리가 되어야 할지—결정하는 것을 제어하는 생물전기회로의 활동을 수정하는 능력에 간섭할 수 있게 해준다. 이 약들을 쓴 레빈은 머리가 있는 조각에서 꼬리가 아니라 머리가 또 하나 자라도록 할 수 있었다. 그 결과 꼬리가 없고 머리만 두 개인 벌레가 만들어졌다(그림 12를 보라). 마찬가지 방법을 써서 레빈은 머리가 없고 꼬리만 두 개인 벌레도 만들 수 있었다. (레빈은 심지어 머리만 네 개이거나 꼬리만 네 개인 벌레도 만들어낼 수 있었다.) 실험자들이 머리 둘 달린 벌레에서 엉뚱하게 달린 쪽 머리를 잘라내면 가장 놀라운 일이 벌어진다. 이렇게 하면 머리를 두 개 달고픈 욕망이 그 벌레에게서 사라질 것이라고 예상할 수도 있겠지만, 녀석의 남은 부분을 두

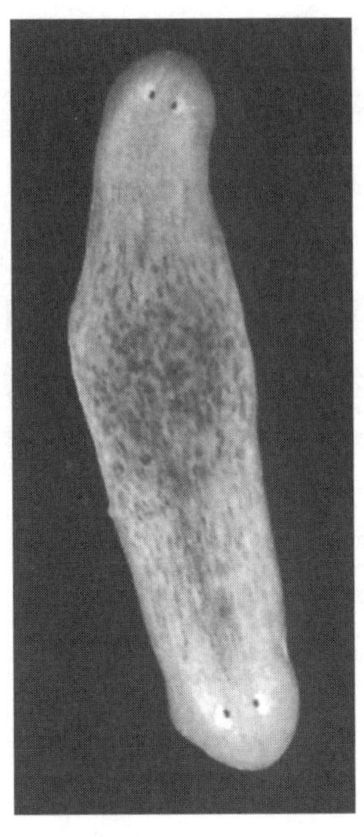

그림 12. 터프츠대학교의 마이클 레빈이 전기적 분극성을 조절해서 만들어낸 머리 둘 달린 플라나리아

녀석을 두 동강 내면, 머리 둘 달린 벌레 두 마리를 생식해낸다. 마치 정상적으로 머리 하나 달린 원래의 플라나리아와 다른 종이기라도 하듯이 말이다. 그러나 둘의 DNA는 똑같다.

동강 내면, 머리 둘 달린 벌레 두 마리가 만들어지는 결과가 나온다! 이는 **후성유전적 유전**epigenetic inheritance이 작용하고 있음을 극적으로 보여주는 예이다(글상자 10을 참고하라). 여기서 핵심이 되는 점은, 이 모든 괴물 벌레들이 **DNA 염기서열은 동일함**에도 불구하고 표현형은 극적으로 다르다는 것이다. 화성에서 지구를 찾아온 이가 있다면, 형태에 기초해서 녀석들을 다른 종으로 분류할 것이 틀림없다. 어쨌든 그 생물의 물리적 속성들(이 경우에는 전기회로의 안정된 상태들)은 변경된 형태 정보를 어떻게 해서인가 세대에서 세대로 전달한다.

이는 두 가지 중요한 물음을 제기한다. 이 생물들에서 형태 정보는 **어디에** 저장되는가? 그 정보는 다음 세대로 **어떻게** 전달되는가? 당연히 그 정보는 유전자에 있지 않다. 유전자는 동일하니까 말이다. DNA 혼자는 모양(해부적 배치)을 직접적으로 부호화하거나 그 모양에 손상이 일어났을 경우에 수리할 규칙들을 직접적으로 부호화하지도 않는다. 이렇게 말해보자. 플라나리아의 머리를 다시 만들어 나가다가 올바른 크기에 도달했을 때 멈춰야 한다는 것을 조직들은 어떻게 아는 것일까? 이에 대한 표준적인 환원주의적 설명은, 대물림된 유전적 명령어들의 집합에서 그 생물의 재생능력이 비롯되었다고 보는 것이다. 말하자면 "네가 두 동강 나면 할 일: 원래 있던 꼬리를 잃었다면 꼬리를 자라게 하라"라는 식이다. 그러나 두 머리 플라나리아와 정상 플라나리아의 유전자가 **똑같음**을 감안하면, 새로 두 동강 난 두 머리 플라나리아는 어떻게 노출된 동강이에 '꼬리를 만들라'라는 정상적인 규약을 무시하고 '머리를 만들라'라고 말해주는 것일까? 레빈의 로켓 연료가 제거된 뒤라 할지라도, 순간적인 그 전기적 땜질—그러나 세대를 이어가면서도 그대로 고정된 땜질—에 의해 개조되는 후성유전적 장치가 정확히 무엇일까?

여기서 가장 큰 문제는 어떤 단백질이 어디에 쓰이느냐는 이야기를 풀어내는 것이 아니라, 어떻게 **전체로서의** 계가 단일 세포보다 훨씬 큰 규모의 크기, 모양, 지형topology에 대한 정보를 처리하느냐는 이야기를 풀어내는 것이다. 여기서 필요한 것은 크고 복잡한 구조들의 모양을 부호화하기 위한 정보의 흐름과 메커니즘에 초점을 맞추는 하향식 시각이다. 하지만 그 부호—또는 만들기와 수리하기 명령어들을 전달하는 신호들의 본성—는 지금까지도 어둠 속에 남아 있다. 앞으로 나아갈 한 가지 길은 어떤 '정보마당information field'이 생물 속에 펴져 있어서, 레빈과 동료들이 이리저리 헤집어놓은 뒤에도, 곧 나올 괴물의 3차원 꼴을 비롯한 큰 규모의 속성들의 세부를 어떻게 해서인가 그 마당이 생물 안에 심어놓는다고 상상하는 것이다. 어떻게 그렇게 될 것인지는 아직 아무도 모른다. 레빈이 표현한 방식으로 말하면, 어떤 '목표 형태target morphology'가 미리 존재해서, 모양을 조절하는 다양한 신호들을 안내하고, 서로 함께 작용하는 화학적, 전기적, 역학적 과정들의 조합에 의해 저장되고 해석되고 실행된다고 할 수 있다.

> '목표 형태'란 계가 장차 발달해서 도달하게 될 안정된 패턴 또는 교란이 일어난 뒤에 재생해서 도달하게 될 안정된 패턴이다. 비록 역학적으로는 아직 이해하고 있지 못하지만, 올바른 크기의 구조가 다시 만들어지는 정확히 그때에 재생이 멈춘다는 것은 국지적 성장이 본체의 크기와 규모에 맞춰 조정된다는 것을 가리킨다.[7]

생물학에서 복잡한 꼴의 성장을 이해하는 일은 선천적 장애부터 암에 이르기까지 의학적으로 막대한 함의를 가진다. 이 꼴들이 적어도 부분적으로나마 전기적 패턴화의 매개를 받는다면, 또는 다시 작성하는(그리고 지정한 대로 세포가 지어지도록 하는) 법을 우리가 배울 수 있을 만한 부호화의 매개를 실제로 받는다면, 병을 고치고 제어할 여지가 생길 것이다. 재생의학regenerative medicine에서 성배라고 할 만한 것은 바로 기관 전체를 다시 자라나게 하는 능력이다. 사람의 간을 수술로 절제를 하면 정상적인 크기로 다시 자라난다. 이 경우에도 수수께끼는 그대로이다. 간은 어떻게 자신의 최종 모양과 크기를 알까? 이 같은 재생능력을 신경, 머리얼굴조직cranio-facial tissue, 심지어 팔다리까지 확장시킬 수 있다면, 그 응용성은 무궁무진할 것이다. 그러나 이런 목표에 도달하려면, 생체계를 응집성 있고 계산 능력을 가진 존재, 곧 자신의 모양과 환경에 대한 정보를 저장하고 처리할 수 있는 존재로 지금보다 훨씬 더 잘 이해해야 한다. 무엇보다도 정보 패턴들—전기적 패턴, 화학적 패턴, 유전적 패턴—이 상호작용해서 특정 표현형으로 번역되는 방식을 발견해내야 한다.

전기변환은 물리적 힘들이 유전자 발현에 영향을 줄 수 있음을 보여주는 한 예에 지나지 않는다. 전체로서의 세포에 작용하는 역학적 압력과 전단응력shear stress이 세포의 물리적 속성이나 행동에 변화를 만들어낼 때도 있다. 잘 알려진 한 예가 바로 접촉억제contact inhibition이다. 페트리 접시 안에 있는 세포들을 잘 살피고 잘 먹이면, 세포들은 행복하게 분열해나갈 것이다. 그러나 세포들이 폐소공포증을 느낄 만한 상태, 이를테면 세포 군체가 접시의 벽을 타고 밀려 올라갈 정도로 개체군이 과밀해지는 상태가 되면 분열은 멈출 것이다. 그런데 암세포들은 접촉억제를 꺼버린다. 게다가 암세포들이 처음의 종양을 벗어나서 몸 구석구석으로 퍼져나가면, 녀석들은 모양과 경직도에서 급격한 변화를 겪는다. 또 다른 예가 있다. 줄기세포를 딱딱한 표면 옆에 두면, 줄기세포는 부드러운 조직 속에 박혀 있을 때와는 다른 유전자들을 발현시킬 것이다. 이것이 줄기세포가 어떤 세포로 분화할 것이냐에 영향을 주며, 따라서 당연히 배아발생에서 중요한 현상이다. 암을 연구하는 사람들 사이에는 유명한 경구가 하나 있다. "세포가 무엇을 건드리느냐가 세포가 할 일을 결정한다." 이런 부류의 현상들에 깔린 메커니즘을 역학변환mechano-transduction이라고 하며, 외부의 역학적 신호—총물리력gross physical force—가 들어오면 그 반응으로 유전자 발현에 변화가 생기게 된다는 뜻이다.[8]

두 머리 우주벌레는 무중력 조건에서 일어나는 역학변환을 놀랍도록 잘 보여준다. 나와 같은 대학에 재직 중인 셰릴 니커슨Cheryl Nickerson의 실험에서 또 하나의 우주적 경이가 탄생했다. 그녀는 NASA와 손을 잡고, 미생물이 지구 궤도로 갔을 때 유전자 발현에 어떤 변화가 생기는지 연구해왔다. 하찮은 살모넬라균salmonella bacterium조차 자신이 우주공간에 떠 있다는 것을 어떻게 해서인가 감지해서, 그에 따라 유전자 발현을 바꿀 수 있다.[9] 이 발견은 우주조종사들의 안녕에 명백한 함의를 가진다. 왜냐하면 지구에서라면 억지할 수 있을 해충이 우주공간에서는 사람을 병들게 할 수도 있기 때문이다. 사람이 보통 몸속에 담아가지고 다니는 미생물 수는 약 1조 마리에 이르며—그중 많은 수가 내장에 있다—미생물군유전체microbiome라는 것을 형성한다. 미생물군유전체는 사람의 건강에서 중요한 역할을 한다. 무중력이나 저중력 조건에서 장기간 거주한 것 때문에 미생물군

유전체 내의 유전자 발현에 변화가 생긴다면, 장기간의 우주비행에 심각한 장애가 될 수 있을 것이다.[10]

홍미를 끄는 발견을 몇 개 더 거론하면서 이번 절을 끝내고 싶다. 도롱뇽은 다리 전체를 재생하는 능력을 가진 것으로 유명하다. 만일 잘라서 내준 다리에 암이 있고, 종양의 중간 지점에서 다리가 잘려나갔다면, 새로 자라난 다리에는 암이 없음이 밝혀졌다. 잘린 동강이에 다리의 형태가 어떻게 해서인가 부호화되어 있어서, 건강한 다리를 만들도록 다시 프로그램된 것이 분명하다. 이 예는, 급속한 세포 증식—사지 재생의 한 특징이다—은 암의 위험이 있다('결코 낫지 않는 상처'로 암을 서술하기도 한다)는 기존의 지혜와 배치된다. 사실 공격적인 암세포들을 배아가 길들이는 능력이 있음을 보여주는 연구도 많다. 또 다른 괴상한 예는 사슴의 뿔과 관련이 있다. 사슴뿔은 해마다 떨어지고 다시 자란다. 어떤 사슴종의 경우, 뿔에 칼집을 낸 뒤에 이듬해에 다시 자란 뿔을 보면, 칼집이 난 바로 그 위치에 딴곳가지 ectopic branch(뿔가지)가 하나 벋어 있다.* 이런 궁금증이 인다. 그 '칼집 정보'는 사슴 어디에 저장되는 것일까? 뿔에 저장되는 것이 아님은 분명하다. 해마다 뿔은 떨어져 나가니까 말이다. 그렇다면 머리에? 머리에서 50센티미터 떨어진 뿔의 지점에 칼집이 하나 났다는 것을 사슴의 머리가 어떻게 알고, 그 칼집이 정확히 어느 지점에 났는지 알아보기 위한 뿔가지뻗기 구조에 대한 지도를 두피 세포들이 어떻게 저장하는 것일까? 참 신기한 일이

* 아기 사슴이 그 변화를 물려받는지는 아직 시험해본 예가 없다.

다! 생명이라는 마법의 퍼즐상자 안에서도 더욱 난해한 퍼즐 조각 가운데 하나가 바로 후성유전적 유전이다.

글상자 10: 후성유전적 유전

유명한 동요 "세 마리 눈먼 생쥐Three Blind Mice"에 나오는 농부의 아내처럼, 독일의 진화생물학자 아우구스트 바이스만August Weismann도 수많은 세대에 걸쳐 생쥐들의 꼬리를 잘랐다. 그러나 단 한 마리도 꼬리 없는 생쥐를 만들어내지 못했다. 이는 라마르크가 제시했던 획득형질의 유전에 의한 진화이론에 타격을 입힌 것이었다. 하지만 최근에 활발하게 이루어지는 후성유전학 연구는 이와는 살짝 다른 그림을 그리고 있다. 몸속의 세포가 분열할 때 유형은 보존된다. 이를테면 간세포 하나가 복제를 하면 두 개의 간세포가 만들어지지, 간세포 하나 피부세포 하나가 만들어지지는 않는다. 따라서 유전자 발현을 결정하는("너는 간세포가 되리라") 후성유전적 표지자들(이를테면 메틸화 패턴)이 딸세포들에게 전달될 것이다. 그러나 세포 대신 **전체로서의 생물** 한 세대가 다음 세대로—이를테면 어미에서 아들로—전달되는 후성유전적 변화의 경우는 어떨까? 그건 세포와는 매우 다른 문제이다. 만일 그런 일이 일어난다면, 다윈주의 진화의 기초 자체가 타격을 입을 것이다. 생물의 몸에서 일어난 변화가 생식세포계열germ line(정자와 난자)로 들어가서 자손에게 영향을 줄 만한 어떤 메커니즘도 있을 수 없다. 그럼에도 불구하고 세대와 세대 사이에 후성유전적 유전이 일어난다는 증거는 오래전부터 생물학자들의 눈앞에서 빤히 쳐다보고 있었다. 당나귀 수컷과 말 암컷이 교접하면 (생식능력이 없는) 노새가 나온다. 당나귀 암컷과 말 수컷이 교접하면 버새가 나온다. 노새와 버새는 유전적으로는 동일하지만 생김새는 서로 매우 다르다. 둘은 후성유전적으로 서로 구별되며, 따라서 부모의 성별이 무엇이냐에 따라 달라지는 후성유전적 결정인자들을 가지고 있어야만 한다. 부모로부터 받은 유전자에 후성유전적 분자 표지들이 새겨지고, 그 표지들이 어떻게 해서인가 생식세포들 속으로 들어가 생식과정에서도 살아남은 다른 예들도 발견되어왔다. 더군다나 식물학자들은 식물이 살아가는 동안 축적된 후성유전적 변화들이 바로 다음 세대뿐만 아니라 그 뒷세대들까지 전달되는 사례들을 많이 알고 있다. 사람에서도 그와 비슷한 일이 일어남을 암시하는 사례들을 밝혀낸 연구가 얼마 있다. 이 가운데에는 제2차 세계대전 당시 연합군이 진격하면서 네덜란드를 우회하는 바람에 식량을 조달받지 못해 아사 직전까지 내몰렸던 네덜란드 가족들에 대한 사례도 있다. 생존자들의 아이들은 평균체중보다 낮은 상태에서 태어나 평생 평균키보다 작은 상태로 살았다. 더욱 놀라운 점은, 그 아이들의 아이들도 평균키보다 작은 것처럼 보였다는 것이다.

그렇다면 후성유전체epigenome는 정확히 어디에 **있을까**? 유전자는 세포 안에서 일정한 장소를 점유하는 물체이다. 말인즉슨, 특정 유전자는 DNA상에서 특정 위치에 자리한다는 뜻이다. 유전자는 현미경으로 볼 수 있다. 하지만 후성유전학을 말할라치면, 유전자와 똑같은 물리적 의미의 '후성유전체'는 없다. 곧, 세포 안의 특정 장소에 자리하는 잘 정의된 대상이 아니라는 말이다. 후성유전적 정보의 처리와 제어는 세포 전역에(그리고 아마 세포를 넘어서까지) 분산되어 있다. 그것은 국지적local이 아니라 전역적global이다. 앞 장에서 내가 폰 노이만의 감독기를 세포 수준에서 빗대었던 경우처럼 말이다.

라마르크주의와 시시덕거리기

"기회는 준비된 유전체의 것이다."

—린 카포랄레Lynn Caporale[11]

다윈이 《종의 기원》을 세상에 내놓기 몇십 년 전, 프랑스의 한 생물학자가 그와는 매우 다른 진화이론을 발표했다. 그 생물학자의 이름은 장-바티스트 라마르크Jean-Baptiste Lamarck였다. 라마르크가 제시한 진화에서 중심된 생각은 생물이 살면서 획득한 형질이 자손에게 유전될 수 있다는 것이었다. 그렇다면 어느 동물이 무자비한 생존경쟁을 벌이면서 이렇게 저렇게 노력을 하면(이를테면 더 빨리 달리거나 더 높은 곳에 닿으려고 애쓴다면), 약간 향상된 형질을 물려받은 자손(조금 더 재빠르고 조금 더 키가 큰 자손)이 나올 것이다. 만일 이 이론이 옳다면, 더 나은 모습을 향해 목적을 가지고 빠르게 변화를 이루어내는 메커니즘을 쥐어줄 것이다. 내 어머니는 집안일을 할 때 정말로 손 한 벌을 더 쓸 수 있었으면 좋겠다고 종종 말씀하시곤 했다. 이런 욕구를 가진 결과, 어머니의 자식들이 팔을 네 개 달고 태어났다고 상상해보라! 이와는 반대로 다윈의 이론에서는 돌연변이적 변화란 눈먼 변화라고 단언한다. 그런 변화는 그 변화를 가진 생물이 처한 상황이나 필요와는 아무 연결점이 없다. 어쩌다 드물게 어떤 돌연변이가 이로움을 준다면, 그것은 순전한 운일 뿐이다. 방향을 가진 진보란 없으며, 형질을 향상시키는 메커니즘이 계 안에 내장되어 있지도 않다.

만일 자연이 라마르크가 상상했던 방식대로 그때그때 딱 도움이 되어줄 돌연변이를 만들어낸다면, 진화가 훨씬 빠르고 효율적으로 작용할 것임은 확실하다. 그럼에도 불구하고 생물학자들은 신의 인도하는 손길과 너무 흡사하다고 봐서 그 생각을 내버린 지 오래이다. 그 대신 생물학자들은 무작위적인 우연에만 호소해서 변이를 설명해내는 쪽을 선호했다. 그리고 수십 년 동안 그런 상황이 이어졌다. 하지만 이제 의심이 스멀스멀 파고들고 있다. 레빈의 괴물 벌레들은 획득형질—이 경우에는 실험실의 칼질에 의해 획득된 형질—이 유전됨을 분명하게 보여주는 예임이 확실하다. 다른 예들도 많이 알려져 있다. 그렇다면 다윈주의를 버리고 라마르크주의를 보듬어야 할 때가 온 것일까?

가장 잘 적응한 것이 생존할 수 있도록 해주는 것이 자연선택임은 누구도 부정할 수 없다. 생물은 변이를 보여주고, 자연은 그중에서 더 잘 적응한 녀석들을 선택한다. 그러나 여기에는 사소한 걱정거리들이 항상 있었다. 자연이 가지고 뭘 할 상대는 자연이 가진 변이체들뿐이다. 그렇다면 여기서 근본이 되는 물음은 이것이다. 그 변이체들은 어떻게 생겨나는가? 최적자의 생존이 그 답이겠지만, 한 세기 전에 네덜란드의 식물학자 휘호 더프리스Hugo de Vries가 일컬었던 최적자의 **도래**arrival는 어떠할까? 생명에는 광범위한 결과를 가져온 놀라운 혁신이 풍부하게 있다. 몇 개만 들자면, 광합성이 그렇고, 척추동물의 골질 뼈대, 새들의 비행, 곤충에 의한 수분, 신경 신호가 그렇다. 생명이 생존 문제에 대해 그처럼 많은 기발한 해법들을 어떻게 만들어내느냐는 물음은 오늘날 활발히 탐구되고 있는 주제이다.[12] 잘 작동하는 것이 있는데 무작위적인 변화가 일어나면, 그것을 더 낫게 하기보다는 더 나쁘게 할 가능성이 크다. 30~40억 년의 세월이 있었다고 해도, 매우 조직적인 복잡성—눈, 뇌, 광합성—이 **단지** 무작위적인 변이와 자연선택으로부터만 생겨나는 게 가능할까?[13]

오랜 세월 수많은 과학자들이 여기에 회의를 표했다. 양자물리학자로서 슈뢰딩거와 같은 시대를 살았던 볼프강 파울리Wolfgang Pauli는 이렇게 적었다. "단순한 확률 모형으로는 우리가 보는 환상적인 다양성을 충분히 만들어내지는 못할 것이다."[14] 뛰어난 생물학자들도 의심을 표현했다. 테오도어 도브잔스키Theodor Dobzhansky는 이렇게 적었다. "현대의 진화이론에 대한 가장 심각한 반론은, 돌연변이는 '우연'에 의해 일어나고 방향성이 없기 때문에, 돌연변이와 선택이 어떻게 그처럼 아름답게 균형을 이룬 기관들—이를테면 사람의 눈—을 형성해낼 수 있을지 알기 어렵다는 것이다."[15] 만일 라마르크주의 진화가 어느 정도

작용했다고 보면, 이 문제들 중 많은 것들이 연기처럼 사라질 것이다.

1988년에 하버드의 한 생물학 연구진이 최적자의 상서로운 도래를 분명하게 보여주는 예를 목격했다고 주장했다. 존 케언스John Cairns가 이끄는 연구진은 다음과 같은 도발적인 주장까지 했다. "세포는 어떤 돌연변이를 일어나게 할지 선택하는 메커니즘을 가지고 있는지도 모른다."[16] **선택한다**고? 《네이처》에 발표되고 이름 높은 실험실에서 나온 말이었기 때문에, 그 선언은 사람들을 대경실색하게 했다. 그들의 실험을 이해하려면, 대장균이 포도당 먹는 것을 좋아하지만 그보다 맛이 덜한 젖당을 먹어야 하는 입장에 처하게 되면 젖당을 대사할 수 있도록 스위치를 바꿔 켤 수 있다고 앞서 얘기했던 바를 상기하면 된다. 케언스의 연구진이 실험에 사용한 대장균은 젖당을 처리할 수 없는 돌연변이 균주였다. 실험자들이 녀석들을 젖당밖에 먹을 것이 없는 환경에 두었더니, 배고픔에 시달리는 녀석들 가운데에서 젖당을 활용하는 꼴로 자발적으로 돌연변이하는 것들이 있음을 관찰했다. 이것 자체로 보면 정통 다윈주의에 아무 위협도 되지 않는다. 그 돌연변이가 어쩌다 운 좋게 생겨난 것이기만 하다면 말이다. 그러나 그럴 가능성이 얼마나 되는지 헤아려본 하버드 연구진은 그 세균들이 순전히 우연으로만 그렇게 될 확률을 크게 능가하는 불가사의할 정도의 성공률을 보였다는 결론을 내렸다. 연구자들은 궁금했다. "개개 세포의 유전체는 경험을 통해 배울 수 있는가?"[17] 바로 라마르크가 제안했던 것처럼 말이다. 그 연구자들은 그 물음에 대한 답이 '예'일 수도 있으며, 자신들이 다루고 있는 경우가 바로 "유용한 목표를 '향해 있는'" 돌연변이일 것이라는 생각을 넌지시 비쳤다.

케언스는 사람들의 들끓는 반응에 대응하여 후속 실험을 몇 가지 했고, 이전 주장의 민감한 측면들을 철회했다. 그러나 이미 엎질러진 물이었고, 자신의 연구진뿐만 아니라 다른 연구진들에서도 실험이 거세게 이어졌다. 수많은 대장균들이 포도당 결핍에 시달렸다. 흥분이 가라앉자 떠오른 것이 있었다. 돌연변이는 무작위적이지 **않다**는 것이었다. 케언스의 주장에서 그 부분은 옳았다. 세균에는 돌연변이가 집중적으로 일어나는 열점들이 있다. 말하자면 평균보다 수십만 배까지 빠르게 돌연변이가 일어나는 특수한 유전자들이 있다는 것이다. 세균이 다양성을 만들어내는 것이 이로운 경우라면 이는 도움이 될 것이다. 세균이 포유동물에 침입하여 숙주의 면역계와 싸움을 벌여야 할 때가 이를 딱 맞게 보여주는 예이다. 세균의 표면에는 저마다의 정체성을 나타내는 특징이 있으며, 병사의 군복 같은 역할을 하는 면이 있다. 숙주의 면역계는 상대가 걸친 옷의 세부를 바탕으로 병원체를 인식한다. 세균이 군복을 계속 바꿔입을 수 있다면 당연히 생존에 이로울 것이다. 그래서 그 '군복 유전자들'의 돌연변이율이 높다는 것은 다윈주의 진화에서도 충분히 이해가 가는 일이다. 이런 상황에 대비하여 세균은 다른 유전자들보다 돌연변이율이 높은 '비상 유전자들contingency genes'을 얼마 진화시켰으며, 이는 이 유전자들에서 돌연변이가 일어날 가능성이 훨씬 높다는 것을 함축한다. 하지만 비상상황에 처해서도 일은 여전히 되는대로 던져보기 식으로 일어난다. 케언스가 처음에 넌지시 비쳤던 것처럼 세균이 상황이 요구하는 대로 특정 돌연변이를 '선택한다'는 증거는 없다.

이보다 더 눈길을 끄는 예에서는, 세균이 궁지에서 벗어나도록 해줄 유전자들만 돌연변이 속도를 높이게끔 선택적으로 스위치를 켤 수 있음을 보여준다. 몬태나대학교의 바바라 라이트Barbara Wright도 그 가엾은 대장균의 돌연변이체를 살펴보았다. 그 돌연변이 대장균에게는 특정 아미노산 하나를 만들도록 부호화하는 유전자 하나에 결함이 있었었다.[18] 여러분이나 나나 보통은 음식을 먹어서 아미노산을 섭취한다. 그러나 우리가 배고픔에 시달릴 경우, 우리 세포들은 자체적으로 아미노산을 만들 수 있다. 세균도 마찬가지이다. 라이트가 궁금했던 것은 오류가 있는 아미노산 유전자를 가진 굶주린 세균이 과연 어떻게 반응할 것이냐였다. 그 세균은 "지금 당장 아미노산이 필요해!"라는 신호를 받지만, 결함 있는 유전자는 불량품 아미노산만 찍어낼 뿐이다. 그 세포는 어떻게 해서인가 이 위험을 감지하고는, 바로 그 결함 있는 유전자의 돌연변이 속도를 올린다. 대부분의 돌연변이는 사태를 더 나쁘게 만든다. 그러나 굶주린 세균 군체 속에서 운 좋게 딱 맞는 돌연변이를 당해 그 결함을 수선하는 녀석들이 하나는 나올 가능성이 충분히 있다. 그러면 그 세포는 수렁에서 빠져나오는 것이다. 사람이 손 한 쌍을 더 가지게 된 것 같은 이로움을 그 세균이 얻게 되었다고 말할 수 있다. 그 돌연변이가 생물이 환경에 더 잘 적응하게 해주기 때문에, 이런 치우친 돌연변이biased mutation에 대해 '적응적adaptive'이라는 말을 쓴다.

오랜 기간 적응적 돌연변이adaptive mutation를 앞장서서 연구해온 사람이 수전 로젠버그Susan Rosenberg로, 지금은 텍사스주 휴스턴의 베일러 의과대학에 재직하고 있다. 로젠버그와 동료들은 굶주린 세균이 어떻게 먹성을 바꿀 길을 그처럼 불가사의할 만큼 당당하게 돌연변이를 통해 찾아내는지 규명하는 연구에도 착수했다. 그들은 DNA에서 이중가닥이 끊어진 곳들을 수선하는 것에 초점을 맞추었다. 그 수선은, 세포가 평상시 하던 일을 그대로 해나갈 수 있으려면 한도 끝도 없이 해야 하는 일이다.[19] 그 끊어진 부분을 깁는 데에는 다양한 방법들이 쓰이며, 개중에는 결과의 질이 뛰어난 것도 있고 모자란 것도 있다. 로젠버그는 굶주린 세균이 충실도가 높은 수선 과정을 칠칠맞지 못한 수선 과정으로 바꿀 수 있음을 발견했다. 그렇게 하면 끊어진 두 부위 중 한 곳에 손상 자국—염기 6만 개 이상 길이로 뻗을 수도 있다—이 만들어진다. 말하자면 자기가 자기 자신에게 파손 행위를 저지르는 고립된 구역이 만들어지는 것이다. 로젠버그는 이 과정을 조직하고 제어하는 유전자들을 찾아냈다. 알고 보니 그 유전자들은 매우 오래된 것들이었다. DNA 수선을 일부러 엉성하게 하는 것은 생명의 역사에서 아득히 먼 옛날까지 거슬러 올라가는 기초적인 생존 메커니즘임이 분명했다. 세균 군체는 이런 식의 돌연변이체들로 이루어진 동일집단cohorts을 만들어냄으로써 적어도 딸세포 하나만이라도 우연히 올바른 해법을 때려 맞힐 가능성을 높이는 것이다. 나머지는 자연선택의 몫이다. 결과적으로, 세균이 스트레스를 받으면 앞뒤 재지 않고 황급히 유전체적 다양성을 만들어냄으로써 고속 진화의 길을 마련하는 것이다.

이 영악한 세균이 케언스가 처음에 암시했던 것처럼 우연보다 더 나은 가능성을 가지고 '올바른' 돌연변이를 만들어낼 수 있다는 암시가 로젠버그의 실험에 담겨 있을까? 가장 잘 적응한 자는 적응에 가장 도움이 되는 돌연변이가 무엇인지 미리 아는 능력을 가지고 '도래'하는 것일까? 이것은 단순히 그렇다 아니다로 답할 문제가 아니다. 미친 듯이 돌연변이를 할 때, 세포가 산탄총식 접근법을 채택하지 않는 것은 맞다. 말하자면 속도가 높아진 돌연변이가 유전체 전역에 균일하게 분포하지 않는다는 말이다. 하지만 로젠버그는, 궁지에서 벗어나 진화하는 데 필요한 유전자들이 거할 가능성이 우연보다 높은 특별한 열점들이 존재함을 확증해냈다. 그러나 바버라 라이트가 발견했던 고초점 메커니즘highly focused mechanism은 스스로를 나쁘게 발현시키는 특수한 오류를 가진 유전자들을 표적으로 하는 반면, 로젠버그가 보여준 돌연변이는 열점 구역에 있는 **모든** 유전자들에게 무차별적으로 영향을 준다. 단백질을 찍어내느라 정신이 없는 유전자든 한가하게 자리만 지키고 있는 유전자든 상관없이 말이다. 이런 의미에서 로젠버그가 밝혀낸 돌연변이 메커니즘이 더 기초적이면서 더 융통성 있는 메커니즘이다.

이를 다음과 같이 빗대어보자. 불타는 건물 안에 갇혀 있다고 상상해보자. 탈출로가 되어줄 창이 어딘가에 있을 것이라는 짐작이 들지만, 과연 어느 창일까? 어쩌면 창이 수십 개나 될지도 모르는데 말이다. 정말 똑똑한 사람이라면 만일의 경우를 위해 화재 시 대피 절차를 미리 숙지해두었을 것이다. 그러나 그러지 못했다고 해보자. 그다음으로 똑똑한 일이 무엇일까? 물론

창을 하나하나 열어보는 것이다. 달리 아무 정보가 없는 상태라면, 무작위적인 표본추출 절차는 어느 것 못지않게 좋은 선택이다. 반면에 벽장에도 들어가 보고 침대 밑으로 숨기도 하는 등 **완전히** 무작위로 허둥지둥 대는 것은 정말로 멍청한 짓일 것이다. 완전한 무작위성보다는 **목표가 있는** 무작위성이 더 효율적이다. 음, 그럼 세균은 매우 똑똑한 녀석은 아니지만, 그렇다고 정말로 멍청한 녀석도 아니다. 녀석들은 좋은 결과가 나올 가능성이 가장 높은 우연들에만 집중하니까 말이다.

이 모든 돌연변이 마법이 어떻게 존재하게 되었을까? 돌아보면 이는 그리 놀랄 것이 못 된다. 관련 메커니즘들이 유연성을 가져서 **스스로** 진화할 수 있다면 진화가 훨씬 더 잘 이루어질 것임은 분명하다. 이것을 종종 진화 능력의 진화evolution of evolvability라고 부른다. 옛날옛날에, 궁지에서 벗어날 길을 진화시키는 능력을 간직한 세포들이 유리한 입장에 섰을 것이다. 상황이 나빠지면 켜지고 상황이 좋으면 꺼지는 진화에 뒷심주기evolution-boosting 메커니즘이 있다면, 그것은 복이다. 스트레스*에 적응적으로 반응하는 것은 생물에 좋은 결과를 주기 위해 진화한 고대의 메커니즘(사실은 마구잡이로 이루어지는 과정부터 초점과 방향을 가진 과정까지 여러 과정들이 관여하는 메커니즘들의 집합)임이 거의 확실하다. 생물학자 에바 야블롱카Eva Jablonka는 적응적 돌연변이를 '알고 하는 탐색informed search'이라고 묘사한다.

---

* 여기서 쓰고 이번 장에서 뒤이어 쓰게 될 '스트레스'라는 말은 하나의 마음 상태를 가리키는 말이 아니라, 세포나 생물이 어떤 식으로인가—이를테면 굶주리거나 다쳐서—위협을 당하거나 곤란을 겪게 되는 상황을 일컫는 말이다.

그녀는 이렇게 결론을 내렸다. "세포가 돌연변이적 해법을 찾아낼 가능성이 높아지는 까닭은 돌연변이를 언제 어디에서 일으킬 것이냐에 대한 지적인 암시를 제공하는 체계를 그 세포의 진화적 과거가 구축해 놓았기 때문이다."[20] 이것이 다윈주의를 반증하는 것이 아니라 다윈주의를 더 정교하게 다듬는 것임을 이해하는 것이 중요하다. 이것이 다윈주의 2.0이다. 생화학자 린 카포랄레Lynn Caporale는 이렇게 적었다. "철저하게 무작위적인 유전적 변이가 유전체 진화의 기반임을 부정한다고 해서 다윈과 월리스가 제시했던 자연선택 이론을 논박하는 것은 아니며, 오히려 그 이론에 대한 더욱 깊은 이해를 제공하는 것이다."[21] 최근에 이루어진 이런 실험들, 곧 라마르크주의의 정취가 느껴지는 이 실험들에서 떠올라 자연선택 이론을 다듬어낸 바는, 자연은 가장 잘 적응한 생물만 선택하는 것이 아니라 **가장 잘 적응한 생존 전략**도 선택한다는 것이다.

이제까지 제시한 생각들은 어떻게 생물이 과거로부터 얻은 정보를 이용해서 미래에 대한 계획을 세우는지 그려주고 있다. 이 정보는 깊은 시간에 걸쳐 대물림될 뿐만 아니라(이를테면 내가 215쪽에서 살펴보았던 '비상 유전자들'이 그 예이다), 앞세대로부터 후성유전적으로도 대물림된다. 그러므로 생명이란 위로 치올라 가는 정보학습곡선informational learning curve으로 묘사할 수도 있다. 생물은 시행착오를 거치며 매 세대마다 '바퀴를 다시 새로 발명하면서' 나아갈 필요가 없다. 생물은 생명의 과거 경험으로부터 배울 수 있다. 이런 식으로 나아가는 흐름은 퇴행과 무너짐을 이야기하는 열역학 제2법칙과 극명하게 대비된다.

유전자 속의 악마들

적응적 돌연변이라는 것이 놀라운 소리로 들릴 수도 있겠지만, 이는 유전체가, 외부에서 만들어져 무작위로 가해지는 타격이나 실책의 수동적인 희생자라는—비록 승산은 스스로 조작하지만—뜻을 아직 함축하고 있다. 그 일은 여전히 운에 좌우되는 일인 것이다. 그러나 궁지에 몰린 세포가 돌연변이를 일으킬 때 외부의 힘에만 의존할 필요가 없다면? 세포들이 **자신의 유전체를 능동적으로 조작할** 수 있다면?

사실 세포들이 그렇게 할 수 있음은 분명하다. 유성생식에는 유전체를 썰고 잘라서 재구성하는 여러 과정이 관여한다. 어떤 과정은 무작위적이지만, 어떤 과정은 지휘를 받는다. 유전체를 섞는 방법은 많이 있으며, 각각의 방법은 세포가 자신의 DNA를 신중하게 배열해서 뒤섞는 일과 관련되며, 그 예가 유성생식만은 아니다. DNA를 복제하는 동안에 일어나는 오류를 바로잡으려면 유전체를 관리하는 또 다른 작전들을 펼쳐야 한다. DNA에 일어난 일차적인 손상—이를테면 방사능이나 열적 파열로 인해 일어난 손상—의 대부분은 딸세포까지 이르지는 못한다. 그전에 수선되기 때문이다. 사람의 DNA는 파괴적인 돌연변이적 손상을 입곤 하는데, 전반적인 복사 오류율이 세대마다 1퍼센트에 이르는 것으로 추정된다. 그러나 하이테크 교정, 편집, 오류 수정 과정이 내장되어 있기 때문에 알짜 돌연변이율은 믿을 수 없게도 100억에 하나꼴로 줄어든다. 그래서 현 상태를 유지하기 위해 세포는 자신의 유전체를 감시하고, 높은 충실도로 유전체를 능동적으로 편집할 수 있다.

그런데 이제 우리는 흥미로운 물음을 하나 만나게 된다. 세포는 자신의 현 상태를 **바꾸기** 위해 자신의 유전체를 능동적으로 편집할 수 있을까? 케언스와 로젠버그의 연구가 있기 수십 년 전에 일련의 놀라운 실험들로 이 물음을 탐구한 인물은 뛰어난 식물학자이자 세포생물학자인 바버라 매클린톡Barbara McClintock이었다. 1920년대에 대학 시절부터 그녀는 옥수수로 실험을 시작해서, 우리가 오늘날 알고 있는 염색체 구조와 조직화의 기본 속성들을 많이 정립했다. 뒤이어 그 공로를 인정받아 노벨생리의학상을 수상했다—생리의학 분야에서 단독으로 노벨상을 수상한 최초의 여성이었다. 매클린톡은 옥수수에 X선을 쏘면 염색체에 무슨 일이 일어나는지 기초적인 현미경을 써서 살펴보았다. 그 결과를 학계에 보고하자 워낙 야단들을 떨고 너무나 많은 의심을 샀기에, 1953년에 매클린톡은 데이터를 더 이상 발표하지 말아야겠다는 생각이 들었다. 그런데 염색체에 방사선을 쏘자 조각조각 끊어졌다는 그녀의 관찰에 대해서는 아무도 뭐라 하지 않았다. 그러나 진짜 큰 놀라움은 그 조각들이 다시 이어질 수 있으며, 그렇게 해서 종종 새로운 배열이 만들어진다는 사실에 있었다. 바닥에 떨어져 깨진 험티덤티Humpty-dumpty가 일종의 바로크적인 방식으로 재조립될 수 있다는 말이었다.* 대대적으로 염색체가 재조직되면 치명적이 될 수 있을 것 같았고, 실

* [옮긴이 주] 험티덤티는 영국의 전래동요에 나오는 인물로, 흔히 달걀 모양의 인물로 그려진다. 담벼락에 앉아 있다가 떨어져 깨졌는데, 다시는 원래 모습으로 되돌릴 수 없었다는 내용을 담고 있다.

제로 종종 치명적인 결과를 낳기도 했다. 그러나 항상 그러는 것은 아니었다. 식물 돌연변이체가 총체적으로 수정된 염색체를 계속해서 복제해나가는 경우도 있었던 것이다. 결정적인 점은, 매클린톡이 그 대규모 돌연변이가 결코 무작위적이지 않음을 알아냈다는 것이다. 마치 옥수수 세포에게는 유전체가 박살 났을 때를 대비한 비상대책이 있는 것처럼 보였다. 훨씬 더 놀라운 점은, 감염이나 역학적 손상 등을 입어 식물이 스트레스를 받는 상황이 되면, X선을 쏘아 파괴하지 않았는데도 염색체의 끊어짐이 **자발적으로** 일어날 수 있다는 것이었다. 그리고 그 끊어진 부위들은 염색체가 복제된 뒤에 다시 이어졌다. 1948년에 매클린톡은 자신이 한 것 가운데 가장 놀라운 발견을 했다. 바로 염색체의 분절들이 자리바꿈을 할 수 있다는 것이었다. 염색체의 분절들이 유전체상에서 위치를 바꿀 수 있다는 말인데, '유전자 뜀뛰기jumping genes'로 널리 알려진 현상이다. 이 현상이 옥수수에서는 색깔이 모자이크식으로 나타나는 패턴을 만들어냈다.

오늘날에는 유전체상의 자리바꿈genomic transpostions이 진화에서 널리 일어나고 있음을 인식하고 있다. 사람 유전체의 절반에 이르기까지 그런 유전자 재주넘기를 겪어온 것으로 추정하고 있다. 암연구자들은 이런 자리바꿈에 매우 친숙하다. 많은 연구 대상이 된 사례의 하나인 필라델피아 염색체Philadelphia chromosome(이 염색체가 발견된 곳의 지명을 땄다)는 사람에서 백혈병을 유발할 수 있다. 필라델피아 염색체는 9번 염색체의 한 덩어리가 22번 염색체의 한 덩어리와 자리를 바꾸는 것과 관련이 있다. 일부 후기 단계의 암에서는 염색체들이 너무 심하게 흐트러져서 거의 알아볼 수 없는 상태가 될 수도 있다. 말하자면 건강한 세포에서 보이는 질서정연한 배열이 염색체 전체의 중복체들duplications과 독립형 조각들로 바뀌치기되어 염색체들이 대대적으로 재배열되는 것이다. 이를 보여주는 극단적인 예가 염색체파열chromothripsis로, 염색체들이 수천 조각으로 분해된 다음에 재배열되어 뒤죽박죽 괴물로 변모한다.

비록 매클린톡이 옳았음을 마지못해 인정하게 되었어도, 그녀의 연구 결과들은 여전히 마음을 어지럽게 한다. 왜냐하면 세포의 유전체에서 일어나는 변화에 세포 자신이 능동적 행위자가 될 수 있음을 그 결과들이 함축하기 때문이다. 매클린톡 자신은 당연히 그렇게 생각했다. '이동성을 가진 유전적 요소들의 발견'의 공로로 노벨상을 수상하고, 수상연설을 하는 자리에서 매클린톡은 이를 다음과 같이 말했다.

> 세포가 자신의 핵 속에 염색체가 찢어진 부위들이 있음을 감지하고 그 부위들을 모아서 서로 이어 하나로 만들 수 있다는 결론을 피할 수 없는 것처럼 보입니다. …… 세포가 이 끊어진 부위들을 감지해서 서로가 서로를 향하도록 방향을 잡은 뒤에 하나로 이어붙여 두 DNA 가닥의 묶음이 올바른 방향을 가지도록 하는 능력은 세포가 자신의 내부에서 일어나는 모든 일을 감지하고 있음을 특히나 확실하게 드러내주는 예입니다. …… 세포가 자기 자신에 대해 어디까지 아느냐, 곤경에 빠졌을 때 세포가 이 정보를 얼마만큼 '사려 깊은' 방식으로 활용하느냐를 결정하는 것이 앞으로 겨냥해야 할 목

> 표가 될 것입니다. …… [고도로 민감한 세포기관으로서 그 중요성을 점점 크게 인정받게 될 유전체는] 유전체상에서 일어나는 활동들을 감시하면서 일상적 오류들을 바로잡고, 특이하고 예상치 못한 사건들이 일어나면 감지해서 거기에 반응하는데, 종종 유전체를 재구조화하는 방법을 써서 그렇게 합니다. 그런 재구조화에 유전체의 어떤 성분들이 쓰일 수 있을지 우리는 알고 있습니다. 하지만 어떻게 세포가 위험을 감지해서 그 위험에 종종 진정 놀랍기 짝이 없는 반응을 일으키도록 하느냐에 대해서는 아무것도 모릅니다.[22]

알고 보니 자리바꿈과 이동성 유전자 요소들은 빙산의 일각에 지나지 않았다. 곤경에 처했을 때 세포는 컴퓨터 프로그램이 버그를 제거하거나 새로운 작업을 수행할 수 있도록 업그레이드되는 것처럼 자신의 유전체를 '다시 작성할' 방법들을 많이 가지고 있다. 젊었을 때 매클린톡과 연구를 같이 했던 제임스 샤피로James Shapiro는 그와 관련된 메커니즘들을 포괄적으로 연구해온 인물이다. 이 메커니즘 가운데 하나는 역방향 옮겨 적기reverse transcription[역전사]라는 것으로, 평상시에는 DNA**로부터** 염기서열을 옮겨 적는 RNA가 이따금 자신의 염기서열을 DNA**에다** 적어 넣을 수 있는데, 이것을 가리키는 말이다. RNA가 DNA로부터 정보를 옮겨 적은 **뒤에** RNA의 염기서열에 수정을 가하는 메커니즘들이 많이 있기 때문에, 역방향 옮겨 적기는 세포가 RNA 수정을 통해 자신의 DNA를 변경할 길을 열어준다. 그동안 상세하게 연구되어온 특수한 역방향 옮겨 적기 유전자 하나

가 BC1 RNA로, 설치류의 신경계에서 중요한 역할을 한다.[23]

현재 우리는 다양한 역방향 옮겨 적기 과정이 진화에서 중요한 역할을 해왔으며, 이를테면 사람과 침팬지가 유전적으로 다른 점들의 많은 부분을 설명해줄 수 있을 것임을 인식하고 있다.

정보의 역류는 RNA → DNA로만 국한되지 않는다. 세포 내에서 일어나는 복잡한 상호작용들이 유전체 수선을 제어하기 때문에, '고칠 것이냐 말 것이냐' 또는 '어떻게 고칠 것이냐'라는 결정은, 만들어진 뒤로 수정이 가해진 다양한 단백질 변종들에 좌우된다. 여기서 요점은 단백질들, 그리고 세포가 생명 주기를 이어가는 동안에 단백질에 가해진 수정이 유전체 내용에 영향을 줄 수 있다는 것이다. 곧, 후성유전적 꼬리가 유전적 개를 흔드는 주객전도가 일어날 수 있다는 말이다. 샤피로는 세포가 계 수준에서 작동하면서 자신의 DNA가 담고 있는 정보 내용에 영향을 주는—그는 이 과정을 **자연적 유전공학**natural genetic engineering이라고 부른다—데 쓰이는 메커니즘을 전부 해서 10개 남짓 찾아냈다. 신다윈주의 생물학의 중심원리central dogma를 요약하자면, 정보는 불활성인 DNA에서 이동성을 가진 RNA로, RNA에서 기능성을 가진 단백질로 한 방향으로만 흐른다. 컴퓨터에 빗대어보면, 다윈주의에서 유전체는 읽기만 가능한read-only 데이터 파일이다. 그러나 매클린톡과 샤피로 등의 연구는 이 신화를 폭파해버리고, 유전체란 읽고 쓸 수 있는read-write 저장시스템이라고 생각하는 쪽이 더 정확하다는 것을 보여준다.

이번 장에서 나는 다윈주의에서 다듬을 것들을 서술했는데, 최적자의 도래라는 수수께끼를 설명하는 데 어느 정도 도움을 준다. 현재 우리에게는 이와 관련된 메커니즘들—이 가운데 라마르크주의적 울림을 주는 것들이 많다—이 여럿 있음을 암시하는 사례연구들이 모여 있으나, 이 현상들을 다스리는 체계적 정보관리 법칙이나 원리는 아직 아무것도 규명되지 못한 형편이다. 하지만 시야에 잡히지 않는 어떤 전체적인 정보처리계가 후성유전적 수준에서 작동하고 있음을 현재 생물학자들이 알아차리고 있다고 상상하고픈 유혹이 생긴다. "자연의 수많은 혁신들—어떤 것은 불가사의할 정도로 완벽하다—은 생명이 혁신을 일으키는 능력을 가속시키는 자연의 원리들이 있을 것을 요구한다."[24] 스위스의 진화생물학자 안드레아스 바그너는 계속해서 이렇게 적고 있다. "진화에는 눈으로 보는 것보다 훨씬 많은 것이 있다. …… 적응을 끌고 가는 것은 우연만이 아니라, 무작위적인 변이가 일어나는 데 걸릴 만한 찰나의 시간 동안에 새로운 분자와 메커니즘을 자연이 발견해낼 수 있도록 해주는 일단의 법칙들이기도 하다."[25] 세인트앤드루스대학교의 진화생물학자 케빈 랠런드Kevin Laland는 '확장된 진화적 종합Extended Evolutionary Synthesis'이라는 별칭이 붙은 사조의 공동 창시자이다. 그는 이렇게 말한다. "우리가 물려받은 유전자들이 우리 몸을 짓는 청사진이라는 생각을 버릴 때가 왔다. …… 유전적 정보는 개체가 어떤 모습이 될 것인지에 영향을 미치는 한 가지 인자에 불과하다. 생물은 자기 자신의 되어감development과 자손들의 되어감에 능동적이고 건설적인 역할을 하며, 그렇게 해서 생물들은 진화에 방향을 부여한다."[26]

정통파 생물학자들은 이런 공격을 고분고분 받아들이지 않는다. 라마르크주의라는 이단은 언제나 격한 감정을 불타오르게 하고, 확장된 진화적 종합은 아직 논쟁의 여지가 많은 도전이며, 후성유전적 변화가 세대에서 세대로 전달될 수 있다는 주장도 마찬가지이다. '순정판' 다윈주의를 얼마만큼 각색해야 하느냐를 놓고 많은 논란이 일고 있다.[27] 그 싸움이 끝나려면 한참 멀었다고 말하는 것이 정당하리라.

암: 다세포성의 혹독한 대가

유전체는 수백, 수천만 년이라는 진화적 시간 규모만이 아니라 생물이 살아가는 동안에도 깊은 변화를 겪을 수 있다. 후자의 경우를 가장 극적으로 보여주는 예는 세계적으로 사망 원인 2위인 암이다. 무시무시한 병이기도 하지만, 암은 우리의 진화적 과거를 들여다볼 창이 되어주기도 한다.

암에 대한 확고부동한 정의는 없고, 그 대신 10개 남짓의 '특징들'로 암의 성격을 규정한다.[28] 사람의 경우에 진행암 advanced cancers은 이 특징 모두를 내보일 수도 있고 몇 개만 내보일 수도 있다. 이 특징들 가운데에는 돌연변이 속도의 급상승, 무제한의 세포 증식, 세포자살apoptosis(세포에 프로그램된 죽음)의 무력화, 면역계 회피, 혈관 형성(새로운 혈액 공급로를 조직하는 것), 물질대사의 변화 그리고 가장 잘 알려져 있고 의학적으로 문제가 되는 것으로, 몸 구석구석으로 퍼져나가 원래 종양이 있던 곳에서 멀리 떨어진 기관들을 식민화하는—전이metastasis

라고 불리는 과정—성향이 있다.

암은 생물학에서 가장 많이 연구되는 주제로, 지난 50년 동안에 발표된 논문만 100만 편이 넘는다. 바로 그렇기에 독자들은 암이란 게 무엇이며 왜 암이 존재하고 지구상 생명의 위대한 이야기에 암이 어떻게 들어맞는지에 대해 합의된 게 아무것도 없음을 알면 놀랍다는 생각이 들 것이다. 손에 쥔 모든 수단을 동원해서 씨를 말려버려야 할 질병으로 암을 이해하는 것과는 반대로, 암을 **하나의 생명 현상**으로 이해하는 쪽으로는 사람들이 거의 눈길을 주지 않았다. 세계 전역에서 이루어지는 어마어마한 규모의 연구는 대부분 암을 쳐부수는 일에 주력해왔다. 그럼에도 불구하고 표준적인 암치료법—수술과 방사선과 화학적 독물을 섞는 것—은 수십 년 동안 바뀐 것이 별로 없다.* 몇 가지 유형의 암을 제외한 모든 암의 생존율은 약간만 높아졌거나 전혀 높아지지 않았다. 화학요법을 통한 수명연장의 대부분은 피할 길 없는 결과인 죽음에 맞서 지연작전을 펼치는 것이며, 그나마도 연장된 수명은 연 단위가 아니라 주나 달 단위이다. 이 암울한 상황의 탓을 지원금 부족으로는 결코 돌릴 수 없다. 미국 정부 하나만 놓고 봐도 1971년에 암과의 전쟁을 선포했다고 하는 닉슨 대통령 이후 지금까지 암 연구에 1000억 달러를 썼으며, 자선단체와 제약회사들은 그보다 수십, 수백억 달러를 더 쏟

* 최근에 와서 암에 대한 네 번째 계열의 공격—면역요법(immunotherapy)—이 많은 주목을 받고 있다. 면역요법은 신체의 면역계를 과잉충전해서 암세포를 파괴하는 것과 관련이 있다. 초기 결과들을 보면 기대할 만도 하지만, 이 기법이 암치료 분야를 탈바꿈시킬지 알기는 아직 너무 이르다.

아부었다.

이렇듯 지지부진한 까닭은 어쩌면 과학자들이 문제를 잘못 된 방향으로 보고 있기 때문이 아닐까? 암에 대해 흔히 하는 오해가 두 가지 있다. 하나는 암이 '현대의 질병'이라는 것이고, 또 하나는 암이 주로 사람이 걸리는 병이라는 것이다. 이보다 진실과 동떨어진 것이 어디 있을까 싶다. 암 또는 암과 비슷한 현상은 거의 모든 포유류, 조류, 파충류, 곤충은 물론 식물에서도 발견된다. 어테나 액티피스Athena Aktipis와 동료들이 해온 연구는 균류와 산호류를 비롯해서 후생동물metazoa 범주 전역에서 암 또는 암과 비슷한 것이 있음을 보여준다.[29](그림 13을 보라.) 히드라 같은 단순한 생물에서조차 암이 발생한 예가 발견되었다.[30]

암이 그처럼 종을 가리지 않고 널리 퍼져 있다는 사실은 암의 진화적 기원이 아득히 오래다는 것을 말해준다. 사람과 파리의 공통조상은 6억 년 전으로 거슬러 올라가며, 암에 걸릴 수 있는 생물들의 범주를 더 넓혀서 보면 공통조상의 수렴점은 10억 년 이상 전까지로 거슬러 올라간다. 이것이 함축하는 의미는 지구상에 다세포 생물(후생동물)이 있어온 세월만큼 암도 있어왔다는 것이며, 충분히 일리가 있다. 암이 몸의 병임은 말할 것도 없다. 따로 떼어낸 세균 혼자가 암에 걸렸다고 하면 별로 말이 되지 않을 것이다. 그러나 몸이 항상 존재했던 것은 아니다. 20억 년 동안 지구상의 생명은 단세포 생물로만 이루어져 있었다. 약 15억 년 전, 원생누대Proterozoic(그리스어로 '초기의 생명'이란 뜻)라고 하는 지질시대 동안에 최초의 다세포 생명꼴들이 출현했다.*

다세포성으로 넘어가는 과정은 생명 논리상의 근본적인 변화를 수반했다. 단세포의 세계에는 오직 한 가지 명령만 있을 뿐이다. 복제하고, 복제하고, 복제하라! 그런 의미에서 단세포는 죽지 않는다. 하지만 다세포 생물은 단세포 생물과는 매우 다른 방식으로 일을 처리한다. 불사성은 특수한 생식세포(이를테면 난자와 정자)에게 넘어갔다. 생식세포는 해당 생물의 유전자를 미래세대로 전달하는 일을 한다. 그 사이에 몸—생식세포들을 실어 나르는 것—은 매우 다르게 행동한다. 곧, 몸은 죽는 것이다. 몸을 이루는 세포들(체세포)이 가진 제한된 복제 능력은 과거에 누렸던 불사성의 희미한 흔적을 보여준다. 이를테면 보통의 피부세포는 50번에서 70번까지 분열할 수 있다. 체세포의 사용기한이 다하면,** 활동을 중지하거나(**노화**senescence라고 부르는 상태) 자살을 한다(세포자살). 그렇다고 해서 기관의 명까지 다 한다는 뜻은 아니다. 똑같은 유형의 세포를 줄기세포가 만들어서 죽은 세포의 자리를 다시 채우기 때문이다. 그러나 결국에는 그 다시 채움 과정도 점점 기운을 잃어간 끝에 몸 전체는 죽게 된다. 자손을 만들었을 경우에는 생식세포 계열의 그 자손만 남아 유전적 유산이 미래에 전달되는 것이다.

어떤 세포가 되었든 정신이 올바로 박혔다면, 잠깐 동안 복

---

* 다세포성은 여러 차례 독립적으로 생겨났다. 진정한 다세포성은 진핵생물에만 해당된다. 하지만 세균은 모여서 군체를 이룰 수 있고, 그러면 암과 비슷한 현상을 내보일 때도 있다.

** 그때가 언제일까? 염색체의 말단에는 텔로미어(telomere)라고 하는 작은 덮개가 씌워져 있는데, 그것이 다 닳을 때이다.

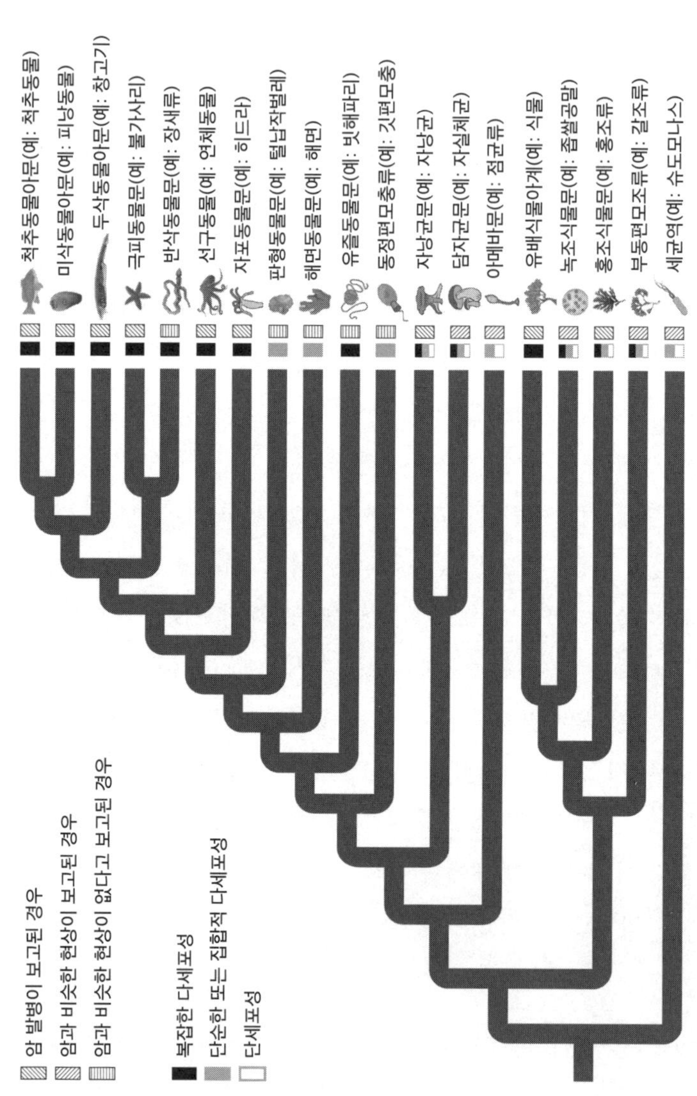

그림 13. 생명의 나무 전역에서 보이는 암

제를 신나게 하고는 자살을 할 수밖에 없는 다세포적 존재에 응할 까닭이 있을까? 진화의 대大생존게임에서 그런 존재 방식이 어떤 이득을 볼 수 있을까? 생물학에서 늘 그렇듯, 여기에도 오가는 것이 있다. 한 세포가 혼자 있지 않고 유전적으로 비슷한 세포 집합의 일원이 된다 해도, 그 세포는 결국 자신이 가진 유전자의 대부분을 생식세포를 통해 퍼뜨릴 수 있게 될 것이다. 세포 하나로 있을 때에는 가질 수 없는 생존기능을 하나의 전체로서 그 세포 집합이 가진다면, 유전자를 물려줄 가능성을 셈해볼 때, 혼자서 다 해나가는 접근법보다는 공동으로 해나가는 쪽으로 생각이 기울게 될 것이다. 그 셈의 결과가 괜찮게 보이면, 개개 세포와 유기체 사이에 거래가 성사된다. 세포들은 집단적 과제에 참여하다가 죽고, 그 보답으로 유기체는 그 세포들의 유전자를 퍼뜨릴 책임을 떠맡는다. 그러므로 다세포성에는 전체로서의 유기체와 세포 구성원들 사이의 암묵적인 계약이 관련되어 있는 것이다. 그 계약에 서명한 일은 10억 년도 더 전인 원생누대에 일어났다.

다세포성이라니, 좋은 생각일 수 있다. 우리가 바로 그렇지 않은가! 그러나 다세포성에는 단점도 있다. 공동의 일에 개인이 참여하게 되면, 부정행위에 항상 취약해진다. 인간사회를 보더라도 이는 친숙한 모습이다. 국민은 정부 조직으로부터 치안, 복지, 사회기반시설 등을 통해 생존적 이로움을 얻는 대가로 세금을 내야 한다. 잘 알다시피 거기서도 부정행위를 저지르고픈 유혹은 강하다. 말하자면 제공받기로 한 이로움은 얻되 세금은 안 내고 싶은 것이다. 이런 일은 세계 어디에서나 일어난다. 그런 부정을 막기 위해 정부는 규칙들을 겹겹이 만들어냈다. (이를테면 오스트레일리아의 세법은 단어가 100만 개에 이를 정도이며, 미국의 세법 조항은 거의 무한대에 가깝게 복잡하다.) 그 규칙들은 정부와 법집행기관들에 의해 경찰된다policed. 그러나 이처럼 정교한 장치들이 마련되어 있음에도 불구하고, 그 체계는 완벽하지 않다. 부정행위자들과 집행관들 사이에는 각축전이 벌어진다. 인터넷 사기행각과 명의도용은 그런 각축전을 보여주는 오늘날의 좋은 예들이다. 그와 비슷한 각축전은 다세포성에서도 벌어진다. 개개의 세포가 계약을 준수하게끔 하려면 여러 겹의 규제가 있어야 하고, 전체로서의 유기체가 경찰하면서 개개 세포의 부정행위를 저지해야만 한다. 그래서 하나의 체세포(피부세포든 간세포든 폐세포든)는 규정이 허용할 때에만 정상적으로 분열할 것이다. 해당 유형의 세포가 더 필요하면, 그 세포 자신이 내면에 가지고 있는 '복제 프로그램'이 그 일을 처리할 것이다. 그러나 분열이 적절치 못하다면, 규제 메커니즘들이 끼어들어 분열을 막든가, 그래도 그 세포가 완강하게 버티면 사형선고를 내린다. 곧, 세포자살을 하게 만든다. 한 세포가 엉뚱한 조직 환경으로 들어갔을 때 일어나는 일이 이 경찰 행위가 얼마나 엄격한지 뚜렷하게 보여준다. 예를 들어, 간세포 하나가 우연히 폐로 운반되었거나 고의로 이식되었다고 해보자. 그러면 그 세포는 재미없어진다. 폐 조직에서 나온 화학 신호들이 폐에 침입자가 있음을 인식하고는("우리 편이 아니다!") 세포자살을 명할 수 있기 때문이다.

많은 세포들로 이루어진 유기체에서 세포 하나에게 부정행위란 어떤 뜻을 가질까? 그것은 바로 단세포 생명의 초기 설정값인 '모든 세포는 나를 위해 있다'라는 이기적 전략으로 돌아가는 것을 뜻한다. 곧, 복제하고 복제하고 복제하는 것이다. 달리 말해, 아무 통제 없이 증식하는 것이다. 그게 바로 암이다. 간단히 말해서 암이란 체세포와 유기체 사이에 맺었던 고대의 계약이 결렬된 것이고, 그 결과 더욱 원시적이고 이기적인 의제로 복귀하는 것이다.

경찰 행위가 왜 실패하는 것일까? 많은 이유가 있을 수 있다. 한 가지 명백한 이유는 방사능 때문이든 발암성 화학물질 때문이든 '경찰 유전자police genes' 중 하나가 손상을 입는 것이다. 유전자 중에는 종양 억제를 담당하는 부류가 있는데, 그중에 p53이 가장 유명하다. p53이 손상을 입으면 종양이 억제되지 않을 수도 있다. 또 다른 유발인자는 면역억제immunosuppression이다. 적응적 면역계adaptive immune system가 맡은 권한에는 암 순찰도 들어 있다. 그 계가 제대로 일한다면, 시작 단계의 암세포가 있을 경우 바로 찾아내서 녀석이 문제를 일으키기 전에 해치운다(또는 잡아 가둔다). 그러나 암세포는 화학적으로 자신을 은폐해서 면역계의 순찰을 피할 수 있다. 암세포는 면역계의 정찰병(대식세포macrophage)을 포섭하여 자기를 위해 일하게끔 녀석을 '변절시켜'(포로가 된 스파이처럼 말이다) 면역계를 전복할 수도 있다. 종양과 연합한 대식세포들은 종양을 엄폐해서 면역 공격을 방해할 것이다.

암이 자리를 잡으려면 두 가지 일이 일어나야 한다. 정상세포 하나가 부정행위에 착수해야 하고, 유기체의 경찰이 엉뚱한 곳을 뒤지고 다녀야 한다. 통상적으로 암을 설명할 때 쓰는 이론은 체세포돌연변이이론somatic mutation theory이다. 이 이론에 따르면, 노화나 방사능, 또는 발암물질로 인해 체세포에 유전자 손상이 축적되면 그 세포의 행동이 엇나가 제멋대로 굴게 된다. 말하자면 세포가 공동의 의제가 아닌 자기만의 의제에 몰입하는 것이다. 그 결과인 '신생물neoplasm', 곧 새로운 세포 개체군이 내가 앞에서 언급했던 암 특유의 특징들을 빠르게 발달시킨다. 이를테면 통제 없는 증식을 하고, 몸 전역으로 퍼져 처음 종양이 있던 곳에서 멀리 떨어진 기관들까지 식민화하는 경향을 가지게 된다. 체세포돌연변이이론은 암이 가지는 **동일한** 특징들이 각 숙주에서 **처음부터 다시 새로** 만들어지며, 거기에는 일종의 가속된 다윈주의적 자연선택 과정만이 작용한다고 가정한다. 무슨 말이냐면, 가장 잘 적응한(말하자면 가장 고약한) 암세포들이 폭주하는 복제를 통해 경쟁자들보다 더 많이 분열하여, 마침내는 숙주를(그리고 자신들까지) 죽인다는 것이다. 비록 체세포돌연변이이론이 깊게 뿌리를 내린 상태이긴 하지만, 예측력은 형편없다. 그 이론의 설명은 사례별로 **이럴 땐 이래**Just So 식으로 말하는 이야기와 다를 게 별로 없다. 가장 심각한 문제는, 단일 신생물을 건장하게 키워주는 그처럼 많은 기능상의 이점들을 그리 짧은 시간에(그래, 여기서도 짧은 시간이 문제가 된다) 돌연변이가 어떻게 부여하느냐를 그 이론이 설명하지 못한다는 것이다. 계속해서 손상을 입고 결함이 생기는 유전체가 그 신생물로 하여금 그처럼 강력한 새로운 기능성과 그처럼 많은 예측 가능한 특징들을 획득할 수 있게 해준다는 것은 역설로 보이기도 한다.

암의 깊은 진화적 뿌리를 추적하기

지난 몇 년 동안 나와 동료들은 체세포돌연변이이론과는 다소 다르게 암을 설명할 방식을 개발했다. 암의 기원을 먼 과거에서 찾으려 한 것이다.[31] 우리가 깊은 인상을 받은 것은, 암이 거의 어떤 것도 새로 발명하지 않는다는 사실이었다. 그 대신 암은 숙주 유기체가 이미 가지고 있는 기능들을 도용할 뿐이다. 그 기능들 중에는 매우 기초적이고 오래된 것들이 많다. 이를테면 무제한 증식은 누대의 세월 동안 단세포 생명의 근본 특징이었다. 따지고 보면 생명이 하는 일은 복제이고, 수십억 년에 걸쳐 세포들은 온갖 위협과 모욕을 받아가면서도 굴하지 않고 계속 복제해나가는 법을 익혀왔다. 보통은 정주성인 세포가 이동성이 되는 과정으로서, 종양에서 떨어져나가 몸 구석구석으로 퍼져나가는 것을 말하는 '전이'는 배아발생의 초기 단계에서 일어나는 일을 모방하고 있다. 이 단계에서 세포들은 종종 어디에 붙박여 있지 않고 조직적 패턴을 이뤄 지정된 위치로 몰려가곤 한다. 그리고 암세포들이 몸속을 돌다가 다른 기관들을 침범하는 성향은 면역계가 상처를 치유할 때 하는 일과 매우 가깝다. 종양과 의사라면 다들 잘 알고 있는 이런 사실들과 더불어, 암이 다양한 단계들을 거치며 악성으로 진행해나가는 예측 가능하고 효율적인 방식까지 합쳐서 보게 되자, 우리는 암이 세포들이 손상되어 무작위로 정신이 돌아버린 경우가 아니라 스트레스에 대처하는 매우 오래고 잘 조직되고 효율적인 생존 반응임을 확신하게 되었다.* 결정적인 점은, 우리가 믿기로, 암 특유의 다양한 특징들은 신생물이 커나가면서 독립적으로 진화한 것—말하자면 어쩌다 우연히 맞닥뜨린 것—이 아니라, 의도적으로 스위치가 켜진 다음, 신생물의 조직적 반응 전략의 일부로서 체계적으로 전개된 것들이라는 것이다.

간추려보면, 암에 대해 우리가 갖게 된 시각은, 암이 손상의 **산물**이 아니라 손상을 일으키는 환경에 대한 체계적 **반응**—원시적인 세포방어메커니즘—이라는 것이다. 세포가 나쁜 곳에 처했을 때 대처하는 한 가지 방식이 바로 암이다. 암이 돌연변이에 의해 **유발될** 수도 있지만, 매우 오래되고 깊이 심겨 있는 비상시 생존 절차 실행 도구의 자가활성이 바로 암의 뿌리원인root cause이다.** 체세포돌연변이이론과 우리 이론의 핵심적인 차이는 다음과 같이 빗대어 그려볼 수 있다. 학교운동장에서 괴롭힘을 당하는 희생자가 있다고 해보자. 그 아이는 생존전략으로 달

---

* 여기서 사용한 '스트레스'라는 말도 앞에서 썼던 경우처럼, 위협을 가하는 미시환경을 가리킨다. 이를테면 발암물질이나 방사능, 또는 저산소증 등을 스트레스라는 말로 일컫고 있다. 스트레스를 **느끼면** 암에 걸리기 쉽다는 널리 퍼진 믿음은 내가 여기서 거론하는 물리적 스트레스와 명백한 관련성이 없다.

** 유발인자(trigger)와 뿌리원인(root cause)의 차이는, 컴퓨터를 사용할 때 기본이 되고 많이들 쓰는 소프트웨어 꾸러미를 돌리는 것에 빗대어볼 수 있다. 이를테면 마이크로소프트 워드를 사용할 때, '열기' 명령은 워드의 실행을 유발하지만, '워드 현상'의 '원인'은 워드 소프트웨어이고, 그 소프트웨어는 컴퓨터 산업에서 아득히 먼 과거에 기원을 두고 있다.

아나는 쪽을 선택한다. 희생자가 그 자리를 벗어난 것은 그 아이 자신이 일으킨 행동이다. 공격자들이 밀고 때리고 하는 것이 그 아이의 도망을 **유발했을** 테지만, 그 아이가 도망치는 행동을 일으키게 한 궁극적 **원인**은 아니다. 말하자면 그는 밀쳐져서 그 자리를 벗어난 것이 아니라 **달려서** 그 자리를 벗어난 것이다. 또 다른 것에 빗대어보자. 컴퓨터가 모욕—오류가 난 소프트웨어나 기계적인 타격—을 당하면, 안전모드로 시작할 수도 있다(그림 14를 보라). 안전모드란 컴퓨터가 손상을 입은 상태에서도 핵심 기능만을 가지고 돌아갈 수 있도록 해주는 초기설정 프로그램default program이다. 이와 마찬가지 방식으로 보면, 암은 세포가 위협을 당했을 때 **세포 자신이 가진** 오래된 핵심 기능만을 가지고 돌아가게 하는 하나의 초기설정 상태default state이다. 그렇게 해서 세포는 생명에 필수적인 기능들을 보존하게 되는데, 그중에서 가장 오래되고 가장 생명에 필수적이고 가장 철저하게 보호받은 기능이 바로 증식이다. 암을 유발하는 위협이 꼭 방사능이나 발암물질일 필요는 없다. 나이 들어가는 조직들이나 저산소 상태의 긴장, 또는 상처를 비롯해서 다양한 종류의 역학적 스트레스가 암을 유발하는 위협이 될 수 있다. (또는 전기적 헝클어짐조차 위협이 될 수 있다. 200쪽을 보라.) 개별적으로 작용하든 집합적으로 작용하든 수많은 인자들이 세포로 하여금 자신 안에 내장된 '암 안전모드'를 채택하게끔 할 수 있다.

비록 암의 초기설정 프로그램을 이루는 요소들이 생명 자체가 기원한 시기까지 거슬러 올라가는 **매우** 오래된 것들이기는 해도, 더 세련된 특징 몇 가지는 진화의 후대 단계들, 특히 원

```
Windows Advanced Options Menu
Please select an option:

    Safe Mode
    Safe Mode with Networking
    Safe Mode with Command Prompt

    Enable Boot Logging
    Enable VCA Mode
    Last Known Good Configuration (your most recent settings that worked)
    Directory Services Restore Mode (Windows domain controllers only)
    Debugging Mode

    Start Windows Normally
    Reboot
    Return to OS Choices Menu

Use the up and down arrow keys to move the highlight to your choice.
```

그림 14.

가슴을 철렁하게 하는 이 화면은 컴퓨터 부팅에 문제가 있을 때 나타날 수 있다. 이 화면은, 어떤 손상이 일어나서 운영체제가 그 문제를 검토하는 동안 핵심 기능만을 가지고 돌아가게 되었음을 가리킨다. 암도 이와 비슷하게 할 수 있다. 곧, 세포의 핵심 기능—10억 년도 더 전에 진화했다—으로 초기화가 되는 것이다. 그보다 최근에 진화한 생명의 '부가 기능들'은 무시하거나 비활성화한다.

시적인 후생동물이 떠올랐던 15억 년 전부터 6억 년 전 사이의 단계들을 반복한다recapitulate. 우리 시각에서 보면, 암은 일종의 퇴행throwback 또는 고대 꼴로의 초기화이다. 전문어로 말해보면 암은 **격세유전적**atavistic 표현형이다. 암은 다세포 생명의 논리 속에 깊이 통합되어 있기 때문에, 암이 가진 고대의 메커니즘들은 높이 보존되었고 맹렬하게 보호되었다. 따라서 그 메커니즘들과 싸우는 일은 끔찍할 정도로 어려운 일이 된다.

우리 이론은 명시적인 예측을 많이 해낸다. 예를 들어, 우리는 암과 인과적으로 연루된 유전자들(보통 종양유전자oncogene라고 부른다)이 다세포성이 시작되던 즈음에 다발을 이루었을 것이라고 예상한다. 이를 뒷받침할 증거가 있을까? 있다. 많은 종들의 유전자 서열 데이터가 서로 얼마만큼 차이가 나는지 그 수를 비교해서 유전자의 나이를 추정하는 일이 가능한데, 많은 시험을 거친 이 기법을 계통층서phylostratigraphy라고 한다. 과학자들은 이 기법을 써서 오늘날의 공통 특징들로부터 거꾸로 거슬러 올라가 과거의 수렴점을 연역해 나가면서 생명의 나무를 재구성해낼 수 있다(그림 15를 보라).

독일에서 이루어진 한 연구는 네 가지 다른 암유전자 데이터집합을 이용하여 후생동물이 진화했을 무렵에 기원한 유전자들에 두드러진 상승점이 존재함을 입증했다.[32] 최근에 오스트레일리아 멜버른의 데이비드 구드David Goode와 애나 트리고스Anna Trigos가 수행한 7가지 종양 유형 분석은 유전자 발현에 초점을 맞추었다.[33] 그들은 나이를 기준으로 유전자들을 16개 집단으로 분류한 다음, 각 집단별로 암과 정상 조직에서의 발현 수준을 비교했다. 결과는 놀라웠다. 암은 나이가 많은 두 집단에 속하는 유전자들을 과도발현시켰고 어린 유전자들은 과소발현시켰는데, 정확히 우리가 예측한 대로였다. 게다가 암이 더 공격적이고 위험한 단계로 진행하면서 나이 많은 유전자들이 높은 수준으로 발현되었는데, 이는 암이 숙주 유기체 내에서 발달하면서 진화의 화살을 빠른 속도로 역행한다는 우리 시각을 확증해 주었다. 이때 세포들은 몇 주나 몇 달 사이에 원시적인 조상 꼴들로 복귀해 나아간다. 더 일반적인 면에서 보았을 때 그 오스트

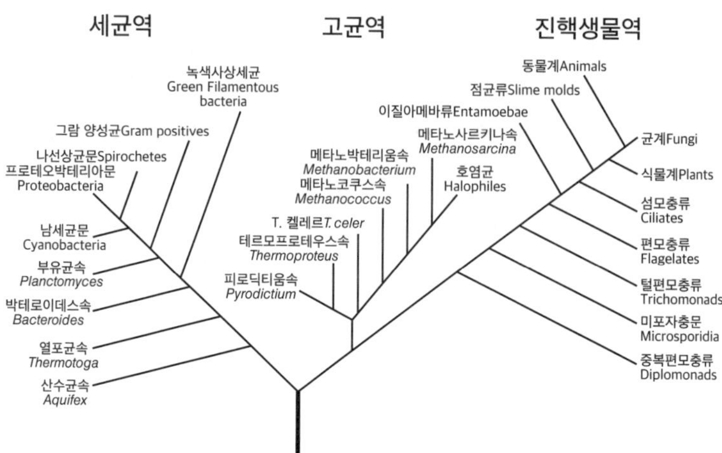

그림 15. 생명의 나무에서 역사 추적하기

다윈이 처음으로 나무 비슷한 것을 그려 시간에 따른 종의 분기를 표상한 이래, 생물학자들은 화석기록을 이용해서 생명의 역사를 재구성하려고 해왔다. 지금은 계통층서라고 부르는 방법도 쓰는데, 이 방법은 수많은 종들 사이의 유전자 서열 차이를 살펴서 먼 과거의 공통조상들을 규정해낸다. 위의 나무는 생명의 크나큰 세 영역들—역domains—이 하나의 공통조상으로부터 갈라져 나온 모습을 보여준다. 선의 길이는 유전적 거리를 가리킨다. 이 나무에서 마지막 공통조상은 약 35억 년 전에 살았다.

레일리아 연구진이 발견했던 것은 암에서는 단세포성과 연관된 유전자들이 후대에 다세포성의 시대에 진화한 유전자들보다 더 활성을 띤다는 것이었다.

애리조나주립대학교에서 우리가 수행한 연구에서는 돌연변이 **속도**를 살펴보았다.[34] 격세유전이론이 예측한 바에 따르면, 암에서는 나이든 유전자들이 돌연변이가 덜 되어야 하고(따지고 보면 그 유전자들은 '안전모드' 프로그램을 돌리는 책임을 지고 있다) 어린 유전자들은 돌연변이가 더 되어야 한다. 내 동료인 킴벌리 부세이Kimberly Bussey와 루이스 시스네로스Luis Cisneros는 총

1만 9756개의 인간 유전자를 고려 대상에 넣었고, 영국생어연구소UK Sanger Institute에서 정리한 암유전자 목록인 COSMIC을 이용했다. 이 데이터를, 모든 분류군에 걸쳐 약 1만 8000종에서 얻어낸 유전자 서열 데이터베이스—여기에는 진화적 나이를 분석한 것도 포함되었다—와 결합했다. 내 동료들은 이렇게 해서 인간 유전체에 있는 유전자들의 진화적 나이를 추정할 수 있었다. 그들은 약 5억 살 아래의 유전자들이 돌연변이될 가능성이 정말로 더 높고—정상적인 조직에서도 그렇지만 암조직에서 특히 그렇다—10억 살이 넘는 유전자들이 돌연변이를 당할 가능성은 평균보다 낮은 경향을 보임을 알아냈으며, 이는 우리가 예측한 대로였다. 그들이 암유전자*의 나이를 조사한 결과는 다세포성이 시작된 무렵에 다발을 이루었음을 보여준다는 독일의 연구를 확증해주기도 했다. 이는 다세포적 조직화를 이루기 위해 진화한 기능들의 헝클어짐이 암으로 이끈다는 우리 주장을 뒷받침해준다. COSMIC은 유전자들을 우성과 열성으로 분류한다. 내 동료들은 열성 돌연변이를 가진 암유전자들이 대부분의 사람 유전자들보다 유의미하게 나이가 많다는 것을 발견했다.

가장 눈길을 끄는 결과는 다음과 같은 사뭇 다른 물음을 던지면서 나왔다. 곧, 암유전자는 무엇에 좋은 것일까? DAVID라고 불리는 데이터베이스는 기능성에 입각해서 유전자들을 체계화한다. 시스네로스와 부세이가 COSMIC 데이터를 DAVID

* 이 연구에서는 암과 인과적으로 관련된 것들임이 입증된 유전자들을 암유전자로 정의했다.

에 입력하자, 세포 주기 제어와 DNA 손상 수선—DNA가 겪을 수 있는 것 중에 최악의 손상인 이중가닥의 끊어짐과 관련이 있다—이라는 두 가지 핵심 기능들에 9억 5000만 살이 넘는 열성 암유전자들이 매우 풍부하다는 결과가 튀어나왔다. 관련 유전자들의 진화적 역사를 살펴본 연구자들은 무언가 의미심장한 것이 있음을 포착했다. 동일한 DNA 수선 경로들에서 돌연변이를 당하지 않은 유전자들은, **세균**에서 스트레스에 대한 적응적 돌연변이 반응—이번 장 앞쪽에서 내가 살펴보았던 바로 그 현상이다(216쪽을 보라)—을 끌고 가는 유전자들에 상응한다는* 것이었다. 그리고 세균에서와 마찬가지로, 이 유전자들은 궁지에서 벗어날 경로를 진화시켜 생존하려는 필사적인 노력의 일환으로 세포의 돌연변이 속도를 올리는 일을 한다. 앞서 나는 세균이 이중가닥 끊어짐을 감지하면 칠칠맞지 못한 수선 메커니즘으로 바꾸어서 두 끊어진 부위 중 한쪽에 오류(돌연변이)의 흔적을 만들어낼 수 있다는 수전 로젠버그의 발견을 설명했다. 우리는 암세포도 이중가닥이 수선된 자리 주변에 손상 패턴을 내보이는지 알고 싶었고, 살펴보니 정말로 그러함이 밝혀졌다. 내 동료들은 일곱 곳(췌장, 전립샘, 뼈, 난소, 피부, 혈액, 뇌)에서 추출한 종양 표본 764개 중에서 668개가 그 끊어진 부위 주변에 돌연변이가 몰려 있다는mutational clustering 증거가 있음을 보았다. 이 모두는 세포가 스트레스를 받으면 조상이 가졌던 유전자 네

* 전문 용어로 말하면, 그 유전자들은 세균의 적응적 돌연변이 반응 유전자들의 '종염기서열 상동유전자들(orthologs)'이라고 한다.

트워크들—다른 무엇보다도 높은 돌연변이율을 만들어내는 네트워크들—을 다시 깨워 암으로 바뀐다는 우리 이론에 들어맞았다. 그래서 암이 가진 것 중 가장 유명한 특징(그리고 암이 약에 내성을 지닌 변종들을 진화시킴으로써 화학요법을 종종 회피할 수 있는 주된 이유)은 세포 스스로 가한 것임self-inflicted을 알게 되었다. 이 발견은 격세유전이론과 잘 어울린다. 곧, 암은 고대의 스트레스 반응을 단순히 도용할 뿐이며, 그 반응은 오늘날에도 세균이 쓰고 있고, 아득히 오래전인 단세포 생명의 시대에 진화했다는 것이다.

스트레스를 받은 세균의 경우처럼, 암세포에서 일어나는 돌연변이도 결코 무작위적이지 않다. 곧, 돌연변이의 '열점'과 '냉점'(돌연변이가 낮은 구역)이 명확히 있다는 말이다. 완벽하게 이해가 가는 일이다. 다세포 생물은 유전체에서 열쇠가 되는 부분들, 이를테면 세포의 핵심 기능들을 돌리는 책임을 맡은 유전자들을 보호하기 위해 애를 써야 하고, 그보다 최근에 진화하고 중요성이 덜한 형질들과 연관된 '부가기능들'에 쓸 자원은 줄여야 한다. 프린스턴의 로버트 오스틴Robert Austin과 에이미 우Amy Wu가 수행한 한 프로젝트는 암세포에 치료용 독물(독소루비신doxorubicin)을 쓴 다음, 그 약물에 대해 암세포의 내성이 어떻게 진화하는지 조사했다. 오스틴과 우는 냉점의 유전자들이 평균보다 유의미하게 나이가 많음을 알아냈다.[35] 이 새로운 결과는 자연선택이 왜 암이라는 천형을 제거하지 않았는지 그 이유를 설명하는 데 도움을 준다. 만일 종양이 정말로 조상의 꼴로 복귀하는 것이라면, 우리는 암을 끌고 가는 고대의 경로와 메커니즘 들이 가장 깊이 보호되고 보존된 것에 해당된다고 예상할 수 있을 것이다. 왜냐하면 그것들이 생명의 가장 기초적인 기능들을 수행하기 때문이다. 그것들은 관련 세포들을 재앙에 빠뜨리지 않고서는 제거할 수 있는 것들이 아니다. 우리가 탐구했던 돌연변이 유발 유전자들mutator genes이 바로 그 한 예이다.

진화가 암을 제거하지 않은 또 한 가지 이유는 배아발생과의 연관성 때문이다. 일부 종양유전자들이 배아발생에서 중요한 역할을 한다는 것은 이미 30여 년 전부터 알려져 있었다. 그래서 그 유전자들을 제거하면 파국이 일어날 것이다. 정상적인 경우, 어른 꼴에서는 이 발생 관련 유전자들이 휴면상태에 있다. 그러나 무언가가 그 유전자들을 다시 깨우면 암이 생긴다. 말하자면 어른 조직에서 엉뚱하게 배아가 발생하는 것이다. 저술가인 조지 존슨George Johnson은 이를 잘 요약해서 종양을 "배아의 사악한 쌍둥이embryo's evil twin"라고 불렀다.[36] 의미심장하게도, 배아의 초기 단계들은 유기체의 기본 몸얼개가 짜여지는 시기로, 다세포 생명의 최초기 국면을 나타낸다. 암의 스위치가 켜지면, 정보 흐름의 유전적 조절자와 후성유전적 조절자 모두 체계적으로 헝클어질 것이다. 매우 다른 상황에서 세포가 초기 배아발생을 반복하기 때문이다. 이때에는 조절 유전자들이 배선되는 방식에서 일어나는 변화와 유전자 발현 패턴에서 일어나는 변화 모두가 관련될 것이다. 우리 연구진은 이 변화들의 정보서명information signatures을 찾으려 하고 있다. 그렇게 해서 앞서 내가 언급했던 암의 물리적 특징들과 함께 가는 암 특유의 '정보적 특징들'을 식별할 수 있기를 바라고 있다. 말하자면, 임상적으로 알아볼 수 있는 변화가 세포와 조직의 형태에서 일어나기에 앞서 암이 개시되었다는 소프트웨어적 지표를 식별해내서, 암이 곧 문제를 일으킬 것임을 사전에 경고할 수 있게 되기를 바라고 있다.

암의 격세유전이론은 진단뿐만 아니라 치료에서도 중요한 함의를 가진다. 우리는 암의 범용 '치료제'를 찾는 쪽으로 전환하는 일은 비용이 많이 들어가는 일이며, 암이란 다세포 생명 자체의 본성에 워낙 깊이 뿌리박혀 있기 때문에, 암이 가진 고대의 격세유전적 생활방식에 해가 되는 물리적 조건들에 암을 처하게 하는 쪽이 암을 (제거하는 것이 아니라) 가장 잘 관리하고 제어할 수 있다고 생각한다. 진화사의 전체 맥락에서 암이 차지하는 자리를 완전히 이해해야지만, 이 킬러 질병에 걸렸을 때 사람의 기대수명을 늘리는 데 크나큰 영향을 주게 될 것이다.

5

도깨비 장난 같은 생명과 양자 악마들

인류가 제아무리 기발한 것을 발명한들 알고 보면 어김없이 자연이 선수 쳤노라고 흔히들 말한다. 우리보다 훨씬 먼저 생명이 바퀴와 펌프, 가위와 래칫을 발견한 것은 틀림없는 사실이다. 그러나 그게 전부는 아니다. 자연은 사람이 컴퓨터를 발명하기 수십억 년 전에 이미 디지털 정보처리과정도 발견했다. 오늘날의 우리는 이제 막 새로운 기술혁명에 돌입하려는 시점에 있으며, 그 혁명은 디지털 컴퓨터가 도래한 뒤에 이어졌던 것만큼이나 전면적인 변화가 일어날 것임을 기약하고 있다. 나는 지금 우리가 오랫동안 추구해왔던 양자컴퓨터를 말하고 있다.

양자컴퓨터에 관해 본질이 되는 생각은 1982년에 캘리포니아대학교 버클리에서 행한 시대를 앞서간 강연 '컴퓨터로 물리를 본뜨기Simulating Physics with Computers'에서 리처드 파인만이 포착해냈다.[1] 파인만은 근본적으로 양자역학적 대상인 분자 같은 것을 모형화할 때 기존 컴퓨터를 쓰게 되면, 그 모든 것들을 추적하기 위해 필요한 막대한 계산 자원을 확보하느라 애를 먹게 될 것이라고 지적했다. 하지만 (당시에는 가설로만 존재했던) 양자컴퓨터를 쓴다면 그 일을 거뜬히 해낼 것이라고 파인만은 추측했다. 왜냐하면 양자컴퓨터가 본뜨는 대상은 기본적으로 자신과 같은 부류일 것이기 때문이다. 1985년에 옥스퍼드의 물리학자 데이비드 도이치David Deutsch는 그 생각을 더 밀고 나가, 원자계와 아원자계의 상태들에 정보를 새긴 다음에 양자역학의 표준 법칙들을 이용해 그 정보를 조작할 수 있을 정밀한 규칙들을 풀어나갔다.

양자컴퓨터의 비밀은 중첩superposition이라고 부르는 것에 있다. 기존 (재래식) 컴퓨터에서는 스위치가 명확하게 켜진 상태이거나 꺼진 상태이며, 각각 1과 0을 표상한다. 그러나 양자컴퓨터에서는 스위치가 켜져 있으면서 **동시에** 꺼져 있을 수 있다. 그래서 1과 0을 동시에 표상할 수 있다. 말하자면 1과 0이 '중첩되는' 것이다. 중첩은 두 수가 단순히 반반씩 섞인 상태만은 아니고, 모든 가능한 비율로 섞일 수 있다. 물리학자들은 그런 것을 큐비트qubit('양자비트quantum bit'의 줄임말)라는 말로 일컫는다. 큐비트 몇십 개만 서로 얽히게 하면, 원리적으로는 오늘날 가장 성능이 뛰어난 재래식 컴퓨터를 뛰어넘는 장치를 만들 수 있다.

그런 물건을 만들려고 물리학자들이 엎치락뒤치락한 세월은 오래지 않았다. 완전한 기능을 하는 양자컴퓨터를 누구보다도 먼저 개발해서 상품화하는 것을 일차적 목표로 하는 산업은 현재 수십, 수백억 달러 규모에 달하며, 세계 각국의 주요 정부 및 상업 연구 프로그램들이 이 일에 관여하고 있다. 이렇게 엄청난 투자를 하는 까닭은 양자컴퓨터가 발휘할 계산 성능이 어마어마하기 때문이다. 양자컴퓨터가 있으면 원자와 분자 수준의 과정들을 상세히 본뜨는 것이 가능할 뿐만 아니라, 현재 통신의 대부분을 암호화하는 데 쓰이는 규칙들을 깰 수도 있고, 방대한 데이터베이스를 빛의 속도로 정렬해낼 수도 있을 것이다. 양자컴퓨터를 널리 쓸 수 있게 된다면, 기존 컴퓨터의 보안은 애들 장난이 될 것이다. 양자컴퓨터라면 정보 서비스, 외교 통신, 은행 거래, 인터넷 쇼핑 등 사실상 기밀로 처리해야 하기에 암호화가 필요한 온라인상의 모든 활동을 위태롭게 만들 것이다.

그런데 양자컴퓨팅이 생명과 무슨 관련이 있는 것일까? 음, 생명에서 가장 중요한 측면은 바로 정보관리information management이다. 생명이 비트를 조작하는 데 매우 능숙하다는 것을 감안하면, 생명이 큐비트를 조작하는 법도 익히지 않았을까? 그렇게 주장한 사람들이 얼마 있다. 비록 생물이 실제로 양자컴퓨팅을 하고 있다는 증거는 빈약하지만, 생명이 실제로 몇 가지 양자 효과들을 활용한다는 것은 점점 분명해지고 있다.

양자이론은 정말정말로 이상하다

한때 아인슈타인은 양자효과들을 '도깨비 장난 같다spooky' 라고 묘사한 적이 있었다. 사실 아인슈타인은 그 효과들이 너무나 도깨비 장난 같기에 자연에 대한 양자역학적 설명에는 결함이 있다는 입장을 고수했다. 양자역학은 빛보다 빠른 효과를 허용하기 때문에, 자신의 소중한 상대성이론과 충돌하는 것처럼 보였던 것이다.* 나아가 아인슈타인은 자연의 근본 현상들을 불확정성과 비결정론이 떠받치고 있다는 생각에도 불편함을 느꼈다. 그러나 오늘날에는 아인슈타인의 편에 설 물리학자가 매우 드물 것이다. 비록 모든 면이 도깨비 장난 같기는 하지만, 양자역학은 주류 물리학 내에서 확고한 자리를 차지하고 있다. 따지고 보면, 아원자입자부터 별에 이르기까지 거의 모든 것을 설명해낼 뿐만 아니라 레이저, 트랜지스터, 초전도체 같은 필수불가결한 기술을 우리에게 선사한 이론도 바로 양자역학이다. 문제는 양자역학이 세계를 설명해내고 21세기의 산업 성장을 끌고 가는 비범한 힘에 있는 것이 아니다. 문제는 바로 실재의 본성에 대해 양자역학이 정말정말 이상한 함의를 가진다는 데에 있다.

다음 세 가지 각본을 상상해보자.

테니스공을 유리창에 던졌더니 튕겨서 되돌아온다. 정확히 똑같은 방식으로 테니스공을 다시 던졌더니, 이번에는 공이 유리창 건너편에 나타난다. 유리창은 깨지지도 않았는데 말이다.

구멍을 향해 똑바로 당구공을 친다. 공이 구멍 가장자리에 이르자, 구멍 속으로 떨어지는 대신 내 쪽으로 곧바로 되튕겨 굴러온다. 마치 구멍의 가장자리 근처에 보이지 않는 벽이 있기라도 한 것처럼 말이다.

* 현재 우리가 아는 바에 따르면 양자역학은 빛보다 빠른 통신을 허용하지 않는다. 따라서 아인슈타인의 반대는 힘을 잃는다.

도롯가의 도랑을 따라 공 하나가 교차로 쪽으로 굴러가고 있다. 교차로에 이르자 공이 스스로 모퉁이를 돈다. 옆으로 공을 차줄 필요가 전혀 없이도 말이다.

이 사건들이 만일 일상에서 일어난다면 기적이라고들 여길 것이다. 그러나 양자물리학의 영역인 원자와 분자 수준에서는 늘상 일어나는 일이다. 일상에서 그 짝을 찾을 수 없는 또 다른 이상한 양자효과들로는 전자 같은 입자들이 동시에 두 곳에 있는 것처럼 보인다는 것,** 서로 몇 미터 떨어진 광자 한 쌍이 자발적으로 행동을 서로 맞추는 것(아인슈타인은 이것을 '도깨비 장난 같은 원격작용spooky action-at-a-distance'이라고 불렀다), 분자가 동시에 시계방향으로도 돌고 반시계방향으로도 도는 것 등이 있다. 괴상하지만 진짜 있는 이 효과들만을 오롯이 다룬 책들은 많이 있다. 여기서 내가 관심을 가지는 물음은 단 하나이다. 도깨비 장난 같은 양자효과가 생명에서도 일어날까?

모든 생명은 양자quantum라는 말에는 사소한trivial 의미가 있다. 따지고 보면, 생명은 응용화학이고, 분자들의 모양, 크기, 상호작용을 설명하는 데 필요한 것은 양자역학 말고는 없다. 그러나 '양자생물학quantum biology'을 말할 때 사람들이 염두에 두는 것은 그것이 아니다. 우리가 정말로 알고 싶은 것은 터널링tunnelling(유리창을 통과하는 공 효과)이라든가 얽힘entanglement(도

** 거듭해서 자주 거론되곤 하는 이 서술을 해석할 때에는 신중해야 한다. 전자가 글자 그대로 둘로 갈라지는 것은 아니다. 전자의 정확한 위치를 결정하려고 실험을 하면, 전자를 찾아내는 곳은 항상 여기 **아니면** 저기다. 그러나 그런 측정이 이루어지지 않은 상태에서는, 전자의 비결정적 위치로부터 명확한 물리적 효과들이 비롯한다.

깨비 장난 같은 원격작용) 같은 **사소하지 않은**non-trivial 양자 과정들이 생명에서도 중요한 역할을 하느냐이다.

글상자 11: 파동인가? 입자인가? 아니, 양자이다!

양자물리학의 기초를 놓은 발견 가운데 하나는 파동이 때때로 입자처럼 행동할 수 있다는 것이다. 이 생각을 처음 제시한 사람은 아인슈타인이었다. 1905년에 아인슈타인은 당시 파동이라고 알고 있던 빛이 에너지를 광자라고 불리는 불연속적인 꾸러미로만 담아 주고받는다는 가설을 세웠다. 그런데 이와 반대로, 보통은 우리가 입자라고 생각하는 전자는 때때로 파동처럼 행동하기도 한다(전자뿐만 아니라 모든 물질입자들이 그렇다). 어떻게 물질이 파동으로 행동하는지 서술하는 방정식을 찾아낸 사람이 바로 슈뢰딩거였다. 이 '파동-입자' 이중성이 양자역학의 한복판에 자리한다. 앞에서 내가 세 공에 대한 각본에서 제시한 것 같은 수많은 놀라운 양자효과들이 바로 물질이 파동의 본성을 가진 결과들이다. 광자나 전자가 '정말로' 파동이냐 입자이냐를 따지는 것은 헛된 일이다. 이 두 측면 가운데 하나가 발현되도록 하는 실험은 할 수 있지만, 두 측면이 동시에 발현되게 하는 실험은 할 수 없다. 그저 미시세계의 주민들이란 일상에서 그 짝을 찾을 수 없는 이들임을 받아들이는 수밖에 없다.

양자파동들이 퍼지고 합쳐지는 방식은 그 물리적 의미

에 결정적인 영향을 준다. 잔잔한 연못에 돌멩이 두 개를 1미터 정도 거리를 두고 함께 던졌다고 해보자. 각 돌멩이가 떨어진 자리에서 물결이 일어나 퍼지면서 서로 겹친다. 한쪽 돌멩이가 일으킨 물결 하나의 마루가 다른 쪽 돌멩이가 일으킨 물결 하나의 마루와 만나면 더 높은 마루를 이루면서 물결이 보강된다. 한쪽 물결의 마루와 다른 쪽 물결의 골이 만나면 두 물결은 상쇄된다. 물결과 물결이 합쳐지면서 이루는 교차 패턴을 아무것도 교란하는 것이 없으면, 그 패턴을 **결이 맞다** coherent고 이른다. 그런데 우박이 연못 여기저기에 떨어져서 수많은 물결들이 더 생겨난다고 해보자. 그러면 두 돌멩이가 일으킨 질서정연한 패턴이 교란될 것이다. 이것을 일러 **결어긋남**decoherence이라고 한다. 양자물질파동quantum matter waves을 놓고 보면, 파동들의 결맞음에서 수많은 이상한 양자효과들이 비롯한다. 결맞음이 사라지면, 사소하지 않은 이 양자효과들의 대부분도 사라진다. 물결처럼 전자파동들도 교란이 일어나면 결이 어긋난다. 생물질에 있는 전자들이 우박을 맞을 일은 없지만, 그 대신 물 분자들이 쉬지 않고 열적 폭격을 가하는 것 같은 분자폭풍을 상대해야 한다. 잠깐만 계산해보아도, 대부분의 생물적 조건에서 결어긋남이 극도로 빠르게 일어날 것임을 알 수 있다. 그러나 어떤 특별한 상황이 되면 결어긋남 속도를 비정상적으로 느리게 하는 예외의 경우escape clauses가 있는 것으로 보인다.

만일 생명에 이점을 주는 무엇이 있다면, 그것이 아무리 하찮은 것이라도 자연선택이 활용하게 될 것임은 예외가 아니라 규칙이다. 만일 '양자적인 어떤 것'이 생명을 더 빠르게 할 수 있고 비용을 더 줄여줄 수 있고 더 좋게 할 수 있다면, 진화가 그것을 어쩌다 만났을 경우 그것을 선택할 것이라고 예상할 것이다. 하지만 이 솔깃한 추리는 곧바로 돌부리에 차이게 된다. 양자효과는 미묘하고 섬세한 형태의 원자적 및 분자적 질서를 나타낸다. 모든 양자효과의 적은 **무질서**이다. 그런데 생명은 무질서로 넘쳐난다! 무작위로 요동하는 분자들의 아우성을 피할 수 없으며, 열역학 제2법칙이 어디든 짓밟고 다닌다. 엔트로피, 어디에나 엔트로피가 있다! 사소하지 않은 양자효과들은 매우 특별한 상황에서만 이 가차 없는 열적 잡음을 만나서도 생존할 수 있다. 어디든 양자현상을 연구하는 실험실을 찾아가보라. 반짝반짝 윤나는 강철용기들, 불빛이 깜박이는 전자기구들, 윙 소리를 내고 있는 저온장치들, 수없이 많은 전선과 파이프, 세밀하게 정렬된 레이저 광선들, 컴퓨터들, 그야말로 비싸고 정밀도 높고 미세하게 조정된 장비들 천지임을 보게 될 것이다. 비싸고 화려한 이 모든 기계장치들의 일차 목적은 바로 열적 요동이 만들어내는 교란을 줄이는 것이다. 말하자면 열적 요동을 차단하거나—관심 대상인 양자계를 주변 환경으로부터 격리시키거나—관련된 모든 것을 절대영도(약 -273℃) 가까이까지 냉각하거나 해서 말이다. 양자컴퓨터 산업에 쏟아붓는 막대한 비용 중에서도 상당 부분은 이렇게 언제 어디에나 있는 열적 교란과 싸우는 일에 투입되고 있다. 그리고 그 싸움이 매우매우 힘들다는 것이 밝혀지고 있다.

열적 잡음이 야기하는 효과들을 피하기 위해 물리학자들이 가야 할 길이 얼마나 아득히 먼지 감안하면, 상대적으로 온도가 높고 어수선한 생물학적 유기체들에서 하나라도 도깨비 장난 같은 일이 일어나고 있다고 말하면 도저히 믿기지가 않을 것이다. 세포 안에 있는 단백질은 격리 상태의 저온계라고 상상할 만한 것이 결코 아니다. 그러나 악마를 기억하라. 그 악마는 혼돈에서 질서를 불러내어 열역학 제2법칙을 속여서 엔트로피의 부식효과를 피해갈 수 있도록 맥스웰이 정교하게 설계한 것이다. 비록 그런 악마라 할지라도 제2법칙에 적힌 바를 어길 수 없다는 것을 우리는 알고 있지만, 그 악마는 제2법칙에 담긴 정신만큼은 확실히 어길 수 있다. 게다가 생명은 악마들로 그득하다. 생명의 악마들이 부리는 기발한 술수 레퍼토리에는, 비트만이 아니라 큐비트까지 가지고 노는 방법도 터득해서 갖고 있지 않을까? 우리가 현재 가진 최첨단 실험실로도 상대가 안 될 만큼 능숙하게 말이다.

터널링

ASU의 내 동료인 스튜어트 린지Stuart Lindsay는 현실에 존재하는 진짜 양자생물학자이다. 그의 연구 초점은 유기분자들, 특히 DNA 때문에 유명해진 A, C, G, T를 전자들이 어떻게 뚫고 흐르는지 탐구하는 것이다. 그의 실험실에서 완성해낸 방법은, DNA 이중나선을 홑가닥들로 뜯어낸 다음, 그중 한 가닥을 판에 난 미세한 구멍—'나노구멍'—으로 스파게티를 먹듯이 빨아들이는 것이었다. 그 구멍 건너편에는 한 쌍의 미니 전극들이 자리했다. '글자'가 하나씩 그 구멍을 통과할 때마다 전자들이 글자를 통과하면서 미세한 전류가 만들어진다. 글자마다 그 전류의 세기와 특성이 구분이 갈 만큼 다르다는 것이 밝혀진 것은 기쁜 일이었다. 그래서 린지의 설정은 고속 염기서열결정sequencing 장치로도 쓰일 수 있다. 린지는 아미노산도 좋은 전기 전도체가 될 수 있음을 알아냈으며, 이는 직접적으로 단백질의 아미노산서열결정을 해낼 길을 열어주었다.

고백하건대, 린지가 그 연구에 대해 처음 내게 말해주었을 때, 나는 유기분자들이 도대체 왜 전기를 흐르게 하는지 이유를 몰라 당혹스러웠다. 따지고 보면 우리는 고무나 플라스틱 같은 유기물질을 절연체—말하자면 전기를 막는 **장벽**—로 사용하고 있잖은가 말이다. 그리고 사실 얼른 보면, 전자가 뉴클레오티드나 아미노산을 통과할 길을 어떻게 찾아내는지도 알기 어렵다. 밝혀진 바에 따르면, 그것을 설명할 길은 터널링—'유리창을 통과하는 공' 효과—이라는 신기한 양자현상에 있다. 장벽을 만난 전자는 그것을 넘어갈 에너지가 충분치 않을 때에도 그 벽을 질러갈 수 있다. 물질이 파동의 본성을 가지지 않았다면(글상자 11을 보라), 전자가 유기물질을 만나면 그냥 튕겨나가고 말 것이다. 1920년대에 슈뢰딩거가 물질파동에 대한 그 유명한 방정식을 제시했을 당시에 터널효과가 있을 것임이 이미 예측되었고, 곧이어 그 예들이 발견되었다. 1890년대에 처음 관찰된 알파붕괴alpha decay라는 형태의 방사능은 방출된 알파 입자들이 우라늄 등의 방사성 물질이 가진 핵력의 장벽을 만났을 때 터널을 뚫고 간다고 보지 않고서는 이해가 가지 않을 현상이다. 전자의 터널링은 전자공학과 재료과학에서 수많은 상업적 응용 분야의 기초를 이루고 있다. 중요한 도구인 주사터널링전자현미경scanning tunnelling electron microscope도 이에 해당된다.

스튜어트 린지는 전자들을 유기분자를 통과시켜 보낼 수 있다. 그런데 자연도 그렇게 할까? 정말로 그렇게 한다. 금속단백질metallo-proteins이라는 부류의 분자들이 있는데, 기본에서 보면 철 같은 금속 원자 하나가 속에 묻혀 있는 단백질이다(유명한 예가 헤모글로빈이다). 금속은 훌륭한 전도체이기 때문에 도움이 된다. 그러나 유기분자를 뚫는 터널링 현상은 실제로 상당히 흔하다. 그렇다면 이런 호기심이 든다. 어찌 되었든 전자는 왜 단백질을 질러가고 싶어 하는 것일까? 그렇게 하는 것이 좋은 한 가지 까닭은 물질대사metabolism 때문이다. 효소들은 산화와 연관되고, 가장 중요한 에너지 분자인 ATP의 합성은 전자를 신속하게 운반하는 것에 전적으로 의존한다. 매끄러운 전자 터널링은 생명의 에너지 생성 기계의 바퀴들에 기름칠을 해주는 격이다. 이건 그냥 기분 좋은 우연의 일치가 아니다. 이 유기분자들은 진화가 갈고닦아낸 것들이다. 유기분자들이 그냥 뒤섞여만 있어서는 이런 일을 해내지 못할 것이다. 적어도 칼텍 베크먼 연구소Beckman Institute의 해리 그레이Harry Gray와 제이 윙클러Jay Winkler의 말에 따르면 그렇다. "특수한 경로를 따라 전하를 빠르고 효율적으로 운송하고, 경로를 이탈한 확산……과 에너지 흐름의 헝클어짐을 막기 위해서는 깐깐한 설계 요건들이 충족되어야만 한다."[2]

이 모두가 대단히 재미있는 물리이기는 하지만, 더욱 크고 흥미로운 물음이 하나 있다. 더 일반적으로 보았을 때, 진화는 과연 효율적인 양자 '터널링 능력tunnellability'에 맞춤한 생분자들을 선택해왔을까? 헝가리 외트뵈시로란드대학교의 가보르 바타이Gabor Vattay와 연구 협력자들이 최근에 행한 분석은 '양자설계quantum design'가 물질대사에만 국한되지 않고 생명의 일반적 특징일 수 있음을 시사하고 있다.[3] 그들이 그 결론에 도달하게 된 것은 핵심적인 생분자들이 전도체와 절연체 사이의 스펙트럼에서 어디에 자리하는지 조사하면서였다. 그들은 절연체처럼 행동하는 물질과 무질서 상태의 금속 사이의 고비 전이점critical transition point[임계 전이점]을 점유하는 새로운 부류의 전도체들을 식별해냈으며, 수많은 중요한 생분자들이 명백히 이 범주에 해당된다고 주장한다. 바타이 연구진이 드는 수많은 예들 가운데에는 테스토스테론, 프로게스테론, 자당, 비타민 D3, 카페인이 있다. 사실 그들은 "생화학 과정들에 적극적으로 참여하는 분자들의 대부분은 정확히 그 전이점에 맞춰져 있는 고비 전도체들critical conductors"이라고 믿는다.[4] 전기를 흐르게 하는 전도능력의 가장자리에서 아슬아슬하게 있는 상태는 분자가 가지는 상당히 희귀한 속성인 것 같다. 그리고 생명이 사용하는 밑감들로 형성 가능한 분자의 가짓수가 천문학적임을 감안하면, 그런 고비 전도성을 부여하는 배열을 어쩌다 맞출 가능성은 미소하게나마 있다. 따라서 강한 진화압이 작용했어야만 할 것이다. 적어도 이 경우에는, 생명이 실제로 양자적 이점을 알아보고는 그것을 시험해본 것으로 보인다.

경쾌한 춤사위

양자생물학은 그동안 대부분 음지에 있다가, 2007년에 극적인 발견이 하나 이루어지면서 빛이 던져졌고—글자 그대로의 의미에 가깝다—덕분에 세상의 주목을 받게 되었다. 당시 시카고대학교에서 그레그 엥겔Greg Engel이 이끄는 일군의 과학자들은 광합성의 물리를 탐구하고 있었다.[5] 여기까지 읽어왔으니, 여러분은 그 정의에서 볼 때 광합성이 하나의 양자현상이라는 생각이 들 것이다. 따지고 보면 광합성에는 광자가 관여하니까 말이다. 그러나 그렇게만 보면 단지 '사소한' 양자효과의 범주에 들 뿐이다. 광합성을 하는 생물—식물일 수도 있고 광합성을 하는 세균일 수도 있다—은 빛을 이용하여 이산화탄소와 물로 생물질biomass을 만들어낸다. 이렇게만 보면, 광자는 단순히 에너지원일 뿐이고, 광자가 가지는 양자적 측면은 부수적이 된다. 그런데 바로 그다음 단계에서 도깨비 장난 같은 모습이 시작된다. 광자를 포획하는 분자 복합체와 실제 화학작용이 일어나는 반응센터는 동일하지 않다. 이는 벌판에 태양광 패널들을 세워 길 아래에 위치한 공장에 전력을 공급하는 모습과 더 비슷하다. 생명에서는 에너지를 둘러싸고 항상 경쟁이 일어난다. 따라서 이 소중한 자원을 이곳에서 저곳으로—이 경우에는 빛을 포획하는 분자들에서 반응센터로—전달할 때 지나치게 많이 흘리는 것은 피해야 좋다. 과학자들은 광합성이 이런 전달을 어떻게 그처럼 효율적으로 해낼 수 있는지 오랫동안 갈피를 잡지 못했다. 그런데 이제 보니 사소하지 않은 양자효과들이 그 길을 닦을 수 있었던 것으로 보인다.

그 일이 어떤 식으로 이루어지는지 설명하자면, 이전에 지나가며 언급했던 또 하나의 이상한 양자적 속성을 다시 살펴볼 필요가 있다. 그것은 바로 양자 입자들이 '동시에 두 곳'에 있을 수 있는 능력이다. 사실 두 곳만이 아니라 수많은 곳에 동시에 있을 수 있다. 여기서 따라 나오는 한 가지는, 입자가 A에서 B로 갈 때 한 경로 이상을 동시에 취할 수 있다는 것이다. 더 정확히 말하면, 입자는 최단 경로만이 아니라 **가능한 모든** 경로를 취한다(그림 16을 보라). 양자역학의 괴상한 셈법에서는 기점과 종점 사이에서 갈 수 있는 **모든** 경로를 통합하려면 1이 필요하다. 입자가 종점에 도달하기까지 그 모든 경로들이 이바지를 하기 때문이다. 이런 말이 완전히 수수께끼처럼 들리겠지만, 입자를 파동으로 보면 수수께끼처럼 들리지 않는다. 파동은 퍼져나가지만, 작은 덩이는 그렇게 하지 못한다. 해저에 박힌 채 수면 위로 솟아나온 말뚝으로 물결이 접근하는 모습을 생각해보라. 물결은 말뚝을 돌아나간다. 어떤 결은 왼쪽으로 가고 어떤 결은 오른쪽으로 간다. 그리고 반대편에서 서로 합쳐진다. 양자파동도 똑같다. 하지만 입자의 관점에서 생각하려고 하면, 이런 상상을 할 수 없다. **단일한** 입자가 어떻게 동시에 모든 곳으로 갈 수 있겠는가? 누가 그런 모습을 그려볼 수 있겠는가? 양자역학에서 '일

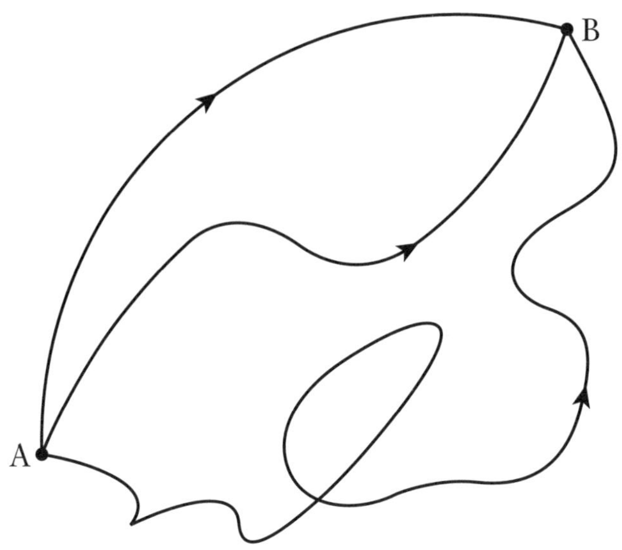

그림 16. 양자 경로들

일상생활에서 보면, 한 입자(이를테면 야구공)가 점 A에서 점 B까지 가는 경우, 입자는 두 점 사이 공간상의 명확한 한 경로를 따라간다. 그러나 원자와 아원자 입자들의 경우는 그렇지 않다. 양자역학의 이상한 규칙들에 따르면, 입자는 A와 B 사이에 있는 가능한 모든 경로들을 귀신처럼 섞어서 취한다. 그 모든 경로가 그 입자의 속성에 이바지하며, 그 경로들 모두가 실제 효과를 가진다.

어나는 일'을 해석하는 인기 있는 방식은 (이 예에서는) A에서 B까지 가는 경로 하나하나가 각각 별개의 세계를 표상한다고 생각하는 것이다. 입자가 가는 길에 장애물(물속에 박힌 말뚝 같은 것)이 있다면, 어떤 세계들에서는 입자가 오른쪽으로 가고, 또 어떤 세계들에서는 왼쪽으로 간다.

물론 사람들은 이렇게 묻는다. "그런데 그 입자는 실제로 어느 길을 갔는가?" 그 대답은 무슨 뜻으로 '실제로'라는 말을 썼느냐에 따라 달라진다. 양자역학에 대한 논의가 오리무중이 되기 시작하면서 많은 사람들이 낙오하는 지점이 바로 여기이다. 그럼에도 불구하고 나는 과감히 그걸 설명해볼 생각이다. 구식 접근법(수십 년 전의 접근법)에서는 이 대안 세계들alternative worlds(각 세계에는 입자 궤적이 하나만 담겨 있다)을 그저 실재의 **후보들**로 여겼다. 말하자면 '실제로 존재'하지는 않지만 집합적으로 혼합 상태amalgam—중첩—를 이루는 유령 같은 가상세계들로 여겼다. 그 혼합 상태에서 우리가 경험하는 '실제 세계'가 떠오른다. 명확성을 기하기 위해, 한 실험자가 잘 정의된 점 A에서 전자 하나를 보낸 다음, 잘 정의된 점 B에서 그 전자를 검출했다고 해보자. 음, 양자역학에 따르면, 전자가 **어떻게** A에서 B로 갔는지 말하는 것은 불가능하다. 두 점 사이의 경로에 대해서는 '사실은 ~을 거쳤다'라고 할 수 있는 것이 전혀 없다. 그 실험자만 그 경로를 아는 게 불가능한 것이 아니라, **자연**조차도 그걸 알지 못한다. A와 B 사이 중간 지점에 검출기를 하나 설치하고 전자가 어느 경로로 가는지 엿보려고 하면, 그것 자체가 전체 결과를 완전히 바꿔버린다. 다채로운 묘사의 대가인 물리학자 존 휠러John Wheeler는 양자 전파quantum propagation(내가 여기서 서술한 방식으로 말하면 'A에서 B 사이')란 "연기 속에 몸을 숨긴 커다란 용과 같다"라고 말하길 좋아했다. 그 용은 (입자의 행방에 대해 날카롭게 정의된 정보를 실험자가 받게 되는 지점인 A와 B에서) '날카로운 이빨'과 '날카로운 꼬리'는 있지만, 그 사이의 모든 것은 연기에 가려져 있는 것이다.

요즘은 상황이 달라졌다. 수많은 일류 물리학자들은 서로 다른 다중적 양자세계들이 사실 **실재하는** 세계들이며, 나란히 존재한다고 주장한다. 이것이 바로 양자역학에 대한 다세계 또는 다중우주 해석의 관점이다. 왜 우리는 하나의 세계만을 경험하느냐고 묻는다면, 여기서 '우리'가 무엇을 뜻하느냐고도 물어야 한다. 각 세계마다 여러분의 다른 버전이 있다고 생각해보라. 그럼 이제 세계들이 많이 있으니 (거의 동일한) 여러분 자신도 많이 있다. 각 버전의 여러분은 오직 한 세계만을 본다. 그 한 사람(또는 그 한 사람들?)이, 유행에는 맞지만 과한 느낌을 주는 이 양자역학 해석을 믿느냐 안 믿느냐는 여기서 중요하지 않다.* 다만 A에서 B로 갈 때 입자가 **모든 경로를 한꺼번에 가볼** 수 있다고 말하면 적어도 안전할 것이다.

경로의 이런 불명확함이 중요할까, 아니면 이 모두가 다 철학적 염불에 불과할까? 중요함은 확실하다. 왜냐하면 대안 경로들이 서로 간섭하기 때문이다(말뚝을 둘러 지나가는 물결들처럼 말이다). 이런 간섭은 이따금 입자 '출입금지 구역들no-go zones'(서로 합쳐진 두 파동의 마루와 골이 만나 상쇄되는 곳)을 만들어내기도 한다. 이와는 반대로 다른 구역에서 파동이 나타나게 만들 수도 있다(파동이 보강되는 곳). 바로 이런 본성을 가진 양자간섭효과들이 광합성을 담당하는 분자복합체에서 차이를 만들어내는 것으로 보인다. 시카고 연구진 그리고 곧이어 합류한 UC 버클리의 그레이엄 플레밍Graham Fleming 연구진은 녹색유황세균green sulphur bacteria에 초점을 맞추었다. 세인의 이목에

---

* [옮긴이 주] '그 한 사람(또는 그 한 사람들?)'은 'one(ones?)'를 옮긴 것으로, 대상을 특정하지 않는 부정대명사를 저자가 문맥에 맞추어 장난스럽게 살짝 바꾼 것을 살려서 옮겼다. 그러나 부정대명사이니만큼 이 부분을 빼고 문장을 읽어도 된다.

서 벗어나 있던 이 미생물은 호수에서도 살고 수심이 5킬로미터 정도나 되는 해저 깊은 곳의 화산 분화구 근처에서도 산다. 그 정도 깊이까지 햇빛이 투과하지는 못하지만, 뜨거운 분화구에서 희미한 붉은빛이 방출된다. 그 세균들은 이 미약한 빛을 가지고 살아간다. '미약하다'라는 말에 주목하길 바란다. 광합성 복합체 하나하나는 광자를 하루에 겨우 하나 정도씩만 얻는 것으로 추정된다. 그 정도면 식물 잎사귀 하나가 얻을 것으로 기대되는 광자 수의 1조분의 1조분의 1에 지나지 않는다. 돌아다니는 광자가 그렇게나 적기 때문에, 녹색유황세균은 자신들이 얻을 수 있는 것만 가지고 매우 최선을 다해야 한다. 그 때문에 효율성은 실로 100퍼센트에 근접해서, 낭비되는 에너지가 거의 없거나 아예 없다.

어떻게 그렇게 되는지 살펴보자. 광자가 하나씩하나씩 안으로 들어오면, 빛을 포획하는 안테나—각각은 일종의 엽록소로 채워져 있다(분자 수는 총 20만 개이다)—묶음 속 어딘가로 흡수된다. 약 1피코초(1조분의 1초) 뒤, 그 포획된 에너지가 화학반응센터에 나타난다. 그곳에 도달하기 위해 에너지는 집 지붕에 있는 안테나를 집안의 텔레비전과 연결해주는 케이블이나 도파관에 느슨하게 비견할 만한 것을 타고 간다(적어도 광케이블 TV가 나오기 전까지는 사정이 이랬다). 광합성의 경우에 케이블 역할을 하는 것은 FMO 복합체라고 하는 분자 다리로서, 1.5나노미터 간격의 분자적 하부단위 8개로 구성되어 있으며, 각 하부단위도 엽록소로 이루어져 있고, 단백질 비계에 고정되어 있다. 광자 자체는 흡수되어 사라지지만, 광자의 에너지는

(조금 있다 간단히 서술할 형태로) 포획되어 어느 분자 구조를 거쳐 FMO 복합체로 들어간다. 생물학자들은 그 분자 구조를 '받침판baseplate'이라는 매력적인 이름으로 부른다. 그 받침판에서 FMO 하부단위 중 하나가 에너지를 받아 릴레이 경주에서 바통을 전달하듯 나머지 하부단위들로 전달하다가, 마침내 가장 중요한 '공장'—반응센터—에 인접한 하부단위까지 도달하게 된다. 공장은 그 에너지를 넘겨받아 화학반응의 동력으로 쓴다. 이 전체 과정은 촌각을 다투는 경주로서, 외부의 교란으로 인해 헝클어지기 전에 물건을 배달해야 한다.

이 모든 설정이 좀 복잡하고 안정감이 없어 보일 수도 있다. 말하자면 오류가 발생할 여지가 많고, 과정이 지연되거나 도중에 '바통을 떨어뜨릴' 수도 있을 것 같이 보인다. 관련 분자들은 모두 크고 복잡한데다, 열적 요동으로 인해 흔들흔들하는 상태에 있다. 고생고생해서 거두어 온전하게 반응센터로 보내야 하는 그 소중한 에너지가 목적지에 닿지도 못하고 산란되어, 중간에 어지러이 자리한 하부구조들 속으로 분산되어 버릴 수도 있는 것이다. 그러나 그런 일은 일어나지 않는다. 에너지는 무사히 도착하고, 그것도 최단시간에 도착한다. 예전에는 이 에너지 운송이 일련의 단순한 뜀뛰기(또는 바통 전달)를 거치며 FMO 복합체를 질러간다고 생각했다. 그것도 열적 소란이 일어나는 분자 환경에서 아무렇게나 이루어진다고 보았다. 그러나 그렇게 아니면 말고 식으로 진행된다고 보기에는 그 메커니즘이 매우 세밀하게 조정되어 있다. 바로 여기에서 양자역학이 끼어든다.

양자역학적 설명의 골자를 여러분에게 전하기 위해, 먼저

나는 이 에너지가 어떤 형태로 저장되는지 설명하고자 한다. 광자가 안테나 분자에 흡수되면 그 분자에서 전자가 하나 방출된다(이것이 바로 친숙한 광전효과photoelectric effect이다). 그러면 양전하를 띠는 '구멍'[양공]이 남게 된다. 전자는 분자 모체 속에 묻혀 있기 때문에, 방출되었다고 하여 그냥 날아가서 자유로워지는 것은 아니다. 그 대신, 전자는 매우 큰 궤도를 돌며 그 구멍에 느슨하게 매여 있다(물리학자들은 전자가 '비국소 상태가 되었다delocalized'라고 말한다). 그런 배열을 일컬어 '엑시톤exciton'이라고 한다. 많은 측면에서 엑시톤은 그 자체로 하나의 양자입자처럼 행동할 수 있으며, 그와 연관된 파동적 속성을 가지고 있다. FMO 복합체를 통과하는 것은 전자 자체가 아니라 바로 이 엑시톤이다. 경로의 관점에서 볼 때, 엑시톤이 취할 수 있는 경로는 수없이 많으며, 양자 결맞음이 유지되는 경우, 그 경로를 동시에 **취할** 것이다. 느슨하게 말해보면, 엑시톤은 모든 선택지를 한꺼번에 조사해서 반응센터로 가는 최선의 가능한 경로를 찾아낼 수 있다. 그리고 그 경로를 취하는 것이다. 지금 내가 서술하고 있는 것은 보통과는 다른 유형의 악마로서, 이 양자적 슈퍼악마는 모든 가능한 경로를 동시에 다 '알며', 그중에서 최선의 경로를 골라낼 수 있다. 좀 더 신중하게 물리학적으로 말하면, 이는 FMO 복합체에 있는 여러 분자들에 걸쳐 보강간섭이 일어나, 결맞은 엑시톤들이 효율성을 최적화하여, 에너지가 분자 환경 속으로 흩어져 사라지기 전에 반응센터로 배달할 수 있다는 주장이다. 에너지가 반응센터까지 가는 데 걸리는 시간은 약 300펨토초(1펨토초femtosecond는 1000조분의 1초)이다.

이 복잡한 메커니즘을 연구하기 위해 버클리 연구진은 초고속 레이저를 써서 연구실의 FMO 복합체를 들뜨게 했다. 그들은 그 엄청난 양의 에너지가 분자적 난장판 속을 미끄러지듯 통과하는 과정을 따라갈 수 있었고, 그 결과 일종의 '양자박동quantum beating' 효과—결맞은 진동—가 에너지의 고속 전달에 정말로 이바지한다고 선언했다.

이 실험들이 내놓은 결과는 완전한 놀라움으로 다가왔다. 왜냐하면 신중하게 균형을 맞춰 추는 엑시톤의 춤이 열적 요동에 의해 엉망이 될 것 같았는데 그러지 않았기 때문이다. 액면만 놓고 볼 때, 양자적 결맞음은 처음에 잠깐 계산했던 것보다 100배 정도 더 오래 유지된다. 비록 열적 잡음이 에너지 전달을 방해하는 한 인자인 것만은 의심할 여지가 없지만, 더 최근에 이루어진 계산에 따르면,[6] 실제로는 약간의 잡음이 있는 쪽이 좋다는 것을 시사한다. 말하자면 올바른 상황하에서는 역설적이게도 그 약간의 잡음이 에너지 전달의 효율성을 **끌어올릴** 수 있다는 것이다(이 경우에는 두 배로 끌어올렸다). 그리고 광합성계는 정확히 바로 그 '올바른 상황'을 진화시킨 것으로 보인다.

식물에서 일어나는 광합성은 세균에서 일어나는 것보다 더 복잡하며, 세균에서 발견된 양자효과들이 식물에서보다 더 중요한지 덜 중요한지는 아직 분명치 않다. 그러나 엥겔-플레밍 실험들은 생명에서 기초가 되는 빛 포획 과정 가운데 적어도 하나에서만큼은 양자의 도움을 받는 에너지 운송이 한 역할을 한다는 것을 보여준다.

도깨비 같은 새들

"매가 높이 솟아올라서 남쪽으로 날개를 펴고 날아가는 것이 네게서 배운 것이냐?"

—욥기 39:26

새들의 길 찾기를 비록 비공식적으로나마 사람들이 연구한 세월은 오래지만, 조류학자들이 체계적으로 기록하기 시작한 때는 이른 1700년대에 들어서였다. 핀란드 투르쿠대학교의 의학 교수 요하네스 레헤Johannes Leche는 그 추운 나라에 가장 먼저 도착하는—평균 5월 6일—새가 흰턱제비house martin이고, 그다음으로 5월 10일에 제비barn swallow가 도착한다는 것을 알아냈다. (나는 새들이 그렇게 날짜를 엄수한다는 것을 미처 몰랐다.) 새들의 이동 패턴을 직접 관찰하던 것이, 나중에는 새들에게 표지를 붙여 추적하는 방법으로 발전했고, 최근에 와서는 레이더와 인공위성으로 새들의 이동을 추적하고 있다. 이 예사롭지 않은 현상에 대한 방대한 정보가 오늘날까지 차곡차곡 쌓여왔는데, 여기에는 마음을 소스라치게 할 정도로 놀라운 통계 데이터도 들어 있다. 예를 들어 극제비갈매기arctic terns는 해마다 무려 8만 킬로미터 이상을 날아갈 수 있으며, 북극에서 번식을 한 다음에 저 멀리 남극까지 이동하여 12월에서 2월까지 겨울나기를 한다. 검은머리솔새blackpoll warbler는 몸무게가 겨우 12그램밖에 안 되는데, 뉴잉글랜드에서 카리브제도—겨울나기를 하는 곳—까지 대서양을 무정차 비행으로 횡단한다. 어떤 비둘기 종은 수백 킬로미터를 비행한 뒤에도 다시 집까지 가는 길을 미덥게 찾아낸다.

이 새들은 어떻게 그렇게 하는 것일까?

과학자들은 새들이 다양한 방법을 써서 길을 찾는다는 것을 발견했는데, 새들은 지역을 알려주는 시각 및 후각적인 단서들뿐만 아니라 해와 별의 방향까지 고려하고 있었다. 그러나 이게 이야기의 전부일 수는 없다. 왜냐하면 어떤 새들은 밤이나 구름 낀 날씨에도 길을 제대로 찾아갈 수 있기 때문이다. 그래서 지구의 자기마당에 특별한 관심이 쏠렸다. 지구의 자기마당이라면 날씨와 무관하기 때문이다. 이른 1970년대에 귀소본능을 가진 비둘기를 대상으로 한 실험들은 비둘기에 자석을 붙이면 올바로 방향을 잡는 능력에 방해를 받게 됨을 보여주었다. 그러나 지구의 자기마당이 극도로 약하다는 것을 감안하면, 새가 정확히 어떻게 그 자기마당을 감지하는 것일까?*

새들의 길 찾기 능력은 양자물리로 인한 것이라고 주장하는 물리학자들이 여럿 있다. 양자물리가 새들이 자기마당을 **볼** 수 있게 해준다는 것이다. 그렇다면 분명 새들의 내부에는 나침반 같은 것이 있어야 하고, 그것이 뇌와 연결되어야 비행 중에 방향조종을 할 수 있을 것이다. 그런 나침반의 존재를 추적하는 일은 쉽지 않았다. 그러나 지난 몇 년 사이에 가당성 있는 후보

---

* 몇 년 전에 내 물리학과 동료 한 사람이 자기는 눈을 가린 채 방향감각을 잃었을 때에도 북쪽을 감지할 수 있다고 주장했다. 그는 그게 지구의 자기마당을 감지하는 능력 때문이라고 생각했다. 내가 아는 한, 이런 기이한 능력이 사람에게 있다는 것을 체계적으로 시험해본 적은 아직까지 한 번도 없다.

가 하나 떠올랐는데, 그 후보는 양자역학—사실 양자역학이 가진 가장 이상한 특징 가운데 하나—에 의존한다.

물질을 이루는 모든 근본 입자들에게는 '스핀spin'이라고 하는 속성이 있다.* 물론 회전하는 물체라는 관념은 우리에게 친숙하고 충분히 단순하다. 지구 자체도 회전하고 있잖은가. 전자를 크기를 확 줄인 지구, 사실상 한 점으로 줄어든 지구라고 상상해보자. 점으로 줄었어도 지구는 회전을 그대로 유지하고 있다. 그런데 행성과는 달리, 모든 전자는 스핀의 양이 **정확히** 똑같으며, 전하와 질량도 마찬가지로 모든 전자가 똑같다. 그래서 스핀은 전자들이 공통적으로 가지는 기본 속성이다. 물론 전자들은 원자들 내부에서 돌기도 하기 때문에, 전자가 어떤 원자에서 돌고 어느 에너지 준위(궤도)를 점유하느냐에 따라 그 속력과 방향은 제각각이다. 그러나 지금 내가 말하고 있는 고정된 스핀fixed spin은 전자에게 고유한 것이다. 그래서 스핀의 온전한 명칭은 놀랄 것도 없이 '고유스핀intrinsic spin'이다.

이것이 새들과 무슨 상관이 있을까? 음, 전자는 전하electric charge도 가지고 있다(전하란 원래 전기를 띤 입자이며, 전자를 전자라고 부르는 까닭이 바로 이래서이다). 1831년에 마이클 패러데이가 발견했다시피, 전하가 이동하면 자기마당이 만들어진다. 설사 전자가 위치 이동을 하지 않는다 하더라도, 전자는 여전히 회전하고 있기 때문에, 그 회전이 전자 주변에 자기마당을 만들

* [옮긴이 주] 물리적 개념으로 쓰일 때에는 보통 번역하지 않고들 쓰는 대로 '스핀'이라고 옮겼으며, 문맥이 일반적일 때에는 '회전'으로 풀어 옮겼다.

어낸다. 그래서 전자 하나하나는 다 지극히 작은 나침반이다. 전자가 전기성뿐만 아니라 자기성도 가지고 있음을 감안하면, 외부 자기마당의 영향을 받을 경우에는 나침반 바늘처럼 전자도 반응을 할 것이다. 말하자면 전자도 외부 자기마당의 힘을 느낄 것이고, 그 자기마당은 두 극이 반대를 향하도록(북극-남극) 전자를 비틀려 할 것이다. 하지만 일을 복잡하게 하는 것이 하나 있다. 나침반의 바늘과는 달리, 전자는 회전하고 있다. 회전하는 물체에 외부의 힘이 작용하면, 그 물체는 나침반 바늘처럼 그냥 흔들흔들 하다가 서는 것이 아니라, 선회gyrate를 하게 된다. '세차운동precession'이라고 부르는 과정이 이것이다. 말하자면, 가해진 힘의 역선을 중심으로 회전축 자체가 빙글빙글 도는 것이다. 기울어져 도는 팽이(지구의 중력 때문에 수직축을 중심으로 팽이가 세차운동을 한다)에 친숙한 독자라면 이 말이 무슨 뜻인지 알 것이다.

전자 하나를 고립시켜서 지구의 자기력만 느끼게 하면 1초에 약 2000번 선회를 할 것이다. 하지만 대부분의 전자들은 원자에 종속되어서 원자핵 둘레를 계속 돈다. 게다가 원자 자체가 가진 내부의 전기마당과 자기마당—원자핵을 비롯해 다른 전자들로부터 생겨난다—은 지구의 미약한 자기마당—원자의 자기마당에 비하면 그 효과는 무시할 만하다—을 압도해버린다. 그러나 원자에서 전자 하나가 탈락되면 얘기가 달라진다. 원자가 광자 하나를 흡수했을 때 이런 일이 일어날 수 있다. 원자의 자기는 원자핵에서 멀어질수록 급격하게 약해지기 때문에, 쫓겨난 전자의 행동에는 원자보다 지구의 자기마당이 상대적으로 더 중요해지게 된다. 따라서 축출된 전자는 원자 안에 있을 때와는 다르게 선회할 것이다.

새의 눈은 항상 광자들의 공격을 받는다. 그것이 눈이 하는 일이다. 그래서 새의 전자들이 미세한 나침반 구실을 해서 새의 방향을 조종할 기회가 생기게 된다. 그러나 축출된 전자들이 무엇을 하고 있는지 새가 알 길이 있어야만 그 기회를 살릴 수 있다. 빛에 의해 자리에서 쫓겨난 전자들은 어떤 화학적 과정에 참여해서, 자기들이 뭘 하고 있는지에 대한 정보를 담은 신호를 새의 뇌에 어떻게든 보내야 한다. 새의 망막은 유기분자들로 빽빽하다. 연구자들은 '크립토크롬cryptochrome'이라는 별칭이 붙은 망막 단백질들—방금 내가 서술한 일을 하는 단백질들이다—에 초점을 맞춰왔다.[7] 크립토크롬의 전자 하나가 광자 하나에 의해 축출될 때, 그 전자는 이전에 집이라 불렀던 분자와의 인연을 모두 끊어내는 것이 아니다. 바로 여기서 아인슈타인의 도깨비 장난 같은 원격작용이 끼어들어 새에게 쓰임이 된다. 비록 그 전자가 원자 둥지에서 축출되기는 했어도, 단백질 원자에 그대로 남아 있는 제2의 전자와 여전히 얽힌 상태일 수 있다. 그러나 둘의 자기적 환경이 다르기 때문에 두 전자의 선회가 서로 어긋나게 된다. 그러나 이런 상태는 오래가지 않는다. 그 전자와 뒤에 남은 양전하를 띤 분자(이것을 자유라디칼free radical이라고 한다)는 화학적 작용을 당하기가 매우 쉬운 표적들이다. (당뇨병부터 암에 이르기까지 수많은 의학적 조건들에서 비난의 화살이 향하는 대상이 바로 세포 내에서 날뛰는 자유라디칼들이다.) 조류 나침반 이론에 따르면, 이 특별한 자유라디칼들은 (재결합을 함으로써) 끼리끼리 반응을 하거나, 망막 속의 다른 분자들과 반응을 해서 신경전달물질을 형성하고, 그러면 이 물질들이 새의 뇌로 신호를 보낸다. 그 신경전달반응의 속도는 두 전자 사이에 도깨비 장난 같은 연결이 이루어지는 면면과 두 전자의 선회가 서로 어긋나는 정도에 따라 천차만별일 것이며, 이는 지구의 자기마당과 크립토크롬 분자들이 서로에 대해 이루는 각과 직접적 함수관계에 있다. 그래서 이론적으로 새들은 시야에 새겨진 자기마당을 실제로 **볼** 수 있는지도 모른다. 그러면 얼마나 쓰임이 많겠는가!

이런 도깨비 장난 같은 얽힘 이야기를 뒷받침할 증거가 뭐라도 있을까? 정말 있다. 프랑크푸르트대학교의 한 연구진은 스칸디나비아에서 아프리카로 이동하는 유럽울새European robin를 포획해서 실험하여, 방향을 찾아내는 녀석들의 능력이 이론에서 예측한 대로 주변 빛의 파장과 강도에 분명히 의존하고 있음을 보여주었다.[8] 그 실험은 새들이 어느 쪽으로 가야 할지 결정할 때 시각 데이터와 자기 데이터를 결합한다는 것을 시사한다. 프랑크푸르트 연구진은 주변 자기마당의 세기를 두 배로 높여보는 실험도 했다. 그러자 처음에는 새의 방향감각이 무너졌지만, 그 똑똑한 작은 녀석들은 한 시간 정도 만에 상황 파악을 완료해서 자신들이 가진 자기장치의 눈금을 어떤 식으로인가 재조정해서 보정해냈다.

진정한 결정타는 UC 어바인의 소르스텐 리츠Thorsten Ritz가 수행한 실험들에서 나왔다. 실험자들은 전파 진동수(MHz)의 전자기파를 새들에게 쏘았다. 전파를 지자기마당과 평행하게 쏘았을 때에는 아무 효과가 없었지만, 지자기마당에 수직방향으로 쏘았을 때에는 새들이 혼란을 일으켰다.[9] 많은 실험을 해서 나온 결과를 서로 다른 진동수 및 주변의 빛 조건과 결합해서 보면, 공진resonance이 있음을 알 수 있다. 공진이란 한 계에서 흡수한 에너지가 일정한 진동수에서 확 커지게 되는 친숙한 현상이다. 이를테면 소프라노 가수가 내는 음이 딱 맞아떨어지면 포도주잔이 깨지는 경우가 바로 그런 예이다. 양자역학적 설명이 옳을 경우, 공진은 정확히 기대할 만한 현상이다. 왜냐하면 유기분자들이 전형적으로 가진 전이 진동수transition frequencies에 맞게 전파를 조정하면, 가장 중요한 도깨비 장난 같은 양자얽힘의 형성을 간섭할 가능성이 있기 때문이다.

이제 양자조류학의 시대가 도래한 것이다!

코 속의 양자 악마들

냄새 감각도 생물학적 양자 악마들이 활동하고 있음을 보여주는 또 하나의 근사한 예가 되어준다. 비록 후각능력 순위에서 아주 높은 자리에 매김되지는 않을지라도, 사람 또한 매우 많은 냄새를 분간할 수 있다. 노련한 조향사perfumer(업계에서는 '코'라고 불린다)는 서로 미묘하게 다른 향기 수백 가지를 분별해낼 수 있는데, 와인감별의 대가에 견줄 만하다.

어떻게 그렇게 되는 걸까? 기본적인 이야기는 다음과 같다. 코 안에는 분자 수용체들이 무수히 많이 있다. 이 수용체들은 저마다 서로 다른 모양의 구멍들로 치장되어 있다. 공기 중의 어떤 분자가 수용체 분자의 구멍 모양과 상보적인 모양을 가졌다면, 자물쇠에 열쇠가 들어가는 것처럼 그 분자는 해당 수용체와 결합할 것이다. 일단 그 도킹 과정이 일어나면, 뇌로 신호가 간다. '샤넬 넘버 5군!' 같은 신호 말이다. 물론 나는 매우 단순화해서 말하고 있다. 냄새 식별은 보통 여러 수용체들이 보낸 신호들을 결합하는 것과 관련되기 때문이다. 그렇다 해도 후각 수용체가 고전적인 맥스웰의 악마처럼 행동한다는 것은 분명하다. 그 악마들은 모양을 기준으로 분자들을 매우 정밀하게 선별하고(맥스웰의 악마처럼 속력을 기준으로 하지는 않지만, 기본 생각은 동일하다) 나머지는 거부하는 방법으로 정보를 걸러내 뇌에게 통신함으로써 생존에 이로움을 준다(아마 샤넬 향수의 경우는 그렇지 않겠지만, 연기를 감지하는 것은 틀림없이 생존에 이롭다 할 만하다).

하지만 이런 단순한 자물쇠-열쇠 모형에는 분명 결점이 있다. 비슷한 크기와 모양을 가진 분자들이 서로 매우 다른 냄새를 맡기도 하고, 반대로 서로 매우 다른 분자들인데도 비슷한 냄새를 맡을 수 있기 때문이다. 이 모두는 대단히 불가해하다. 더욱 미세한 분별 수준—더욱 감각이 예민한 악마—이 있음을 증거는 가리키고 있다. 옛날—사실은 몇십 년 전—에는 어떻게 생각했냐면, 분자의 크기와 모양뿐만 아니라 분자의 고유진동vibrational signature도 이야기에 끼어들 수 있다고 보았다. 분자는 흔들흔들할 수 있으며(실제로도 흔들흔들한다. 열적 요동을 기억하라), 악기가 저마다 특유의 음색을 가진 것처럼, 분자들도 고조파들harmonics을 특수하게 섞은 특유의 진동 패턴을 가지고 있다. 공기 중의 분자가 몸을 흔들면서 코의 도킹 지점에 도달하면, '진동을 골라내도록' 설계된 수용체가 유용한 냄새 분별 수준을 하나 더 제공할 것이다. 하지만 그 메커니즘은 제대로 이해되지 못하고 애매한 채로 남아 있다가, 1996년에 유니버시티 칼리지 런던에 있었던 루카 투린Luca Turin이 거기에 양자역학이 활약하고 있을지도 모른다는 생각을 제시했다. 구체적으로 말하면, 냄새 분자에서 수용체로 전자가 양자터널링을 하는 것일 수도 있다는 말이었다.[10] 투린은 터널링을 하는 전자가 냄새 분자의 진동 상태와 엮이고(분자물리에서는 늘상 벌어지는 메커니즘이다), 나아가 수용체 분자의 전자 에너지 준위가 냄새 분자의 특수한 진동수에 맞게 조율된다는 생각을 제시했다. 터널링하는 전자는 그 진동에서 나온 에너지 양자를 흡수하여(물리학자들은 그 에너지 양자를 포논phonon—소리양자—이라고 부른다) 수용체에 전달함으로써 도킹한 분자의 정체를 신호로 알리는 일을 해준다. 그 전자의 에너지가 수용체의 에너지 준위 구조와 일치하면, 터널링이 촉발되어 코에 불—비유적인 의미에서의 불—이 켜진다.

투린이 제시한 생각은 냄새의 진동이론에 힘을 더해주었으며, 기존의 생각에서 보았을 때에는 당혹스럽기만 했던 냄새의 같음과 다름을 설명할 수 있는 길을 제시해주었다. 곧, 냄새의 같고 다름은 분자 자체의 모양보다는 분자가 가진 진동 패턴에 전적으로 달려 있다는 것이다. 그 이론은 시험 가능하다는 장점도 있다. 냄새 분자의 화학성(과 모양)은 그대로 두고 진동 양상만 바꾸는 방법으로 이론을 시험해볼 수도 있다. 다양한 원자들을 그 동위원소들로 치환해보면 된다. 이를테면 양성자와 중성자 하나씩이 원자핵을 구성하는 중수소deuterium는 보통의 수소보다 무게는 두 배 정도 더 나가지만 화학적으로는 서로 동일하다. 수소 원자 하나를 중수소 원자 하나로 바꾸면, 분자의 모양은 그대로이면서 진동수는 분명하게 바뀔 것이다. 왜냐하면 에너지가 동일할 때 원자가 무거울수록 느리게 운동하고, 따라서 더 낮은 진동수로 떨기 때문이다. 실험을 해본 결과, 중수소로 치환된 분자들의 행동이 냄새를 바꾼다는 것을 정말로 확증해주는 것처럼 보였다. 그러나 그 결과는 아직 논란의 여지가 있고 애매한 면이 있다.[11] 더 최근에 와서 초파리로 실험을 해본 투린은 초파리가 수소를 함유한 냄새 분자 그리고 똑같은 분자이지만 수소 대신 중수소를 함유한 냄새 분자, 이 둘을 구분할 수 있음을 발견했다. 실험자들은 중수소가 함유된 분자를 피하도록 파리들을 훈련시키는 실험도 했다. 그러자 해당 냄새와 관련이 없어도 중수소가 함유된 냄새 분자와 일치하는 양상으로 진동하는 분자들을 파리들이 기피한다는 것을 알아냈다. 이 모두는 적어도 파리가 냄새를 맡는 방식에서만큼은 진동 정보의 양자 터널링이 열쇠가 된다고 보는 이론을 튼튼히 해준다.

양자생물학: 학문으로서 자리를 잡았는가?

거의 한 세기 동안, 양자역학은 카발라 신비주의 같은 느낌을 주었다. 그러나 오늘날에는—대부분은 양자컴퓨팅 때문에—슈뢰딩거의 고양이가 상자 밖으로 나왔으며, 우리는 모두 현재의 세계 그림 속에 웅크리고 급격하게 덩치를 키우고 있는 그 짐승을 대면하지 않을 수 없게 되었다.

—스콧 아론슨Scott Aaronson[12]

닐스 보어는, 양자역학에 충격을 받지 않는 사람은 양자역학을 이해 못한 사람이라는 말을 한 적이 있다. 정말 양자역학은 충격적이다. 비록 양자역학이 물질을 뛰어나게 설명해내기는 하지만, 실재를 갈가리 찢어버리기도 한다. '양자'라는 말과 '이상하다'는 말은 불가피하게 같이 갈 수밖에 없다. 동시에 두 곳에 있는다든지, 장벽을 뚫고 원격이동을 한다든지, 평행세계들을 방문한다든지, 이상하지 않을 수 없다. 이런 일이 일상에서 일어난다면 괴이하기 짝이 없을 것이다. 그러나 원자와 분자가 거주하는 미시세계에서는 늘 일어나는 일이다. 양자마법이 워낙 많이 널려 있으니, 생명도 틀림없이 그 마법을 잘 알고 있으리라고 생각할 법한데, 정말 그렇다! 이번 장에서 내가 서술했다시피, 지난 몇 년 사이, 여러 중요한 생물학적 과정들이 양자적 이상함의 몇몇 측면들을 활용하고 있을 수도 있음을 시사하는 증거들이 점점 쌓여왔다. 그 과정들은 생명 어디에나 양자마법이 작용하고 있다는 힌트를 감질나게 던져준다. 양자생물학이 한 줌의 괴이쩍은 현상들을 모아놓은 것 이상이 되면, 지난 반세기 동안 분자생물학이 그랬던 것만큼 생명에 대한 연구를 깊디깊게 탈바꿈시킬 수 있을 것이다.

슈뢰딩거가 그 유명한 더블린 강연을 했을 무렵, 양자역학은 이제 막 승리를 구가해 나가던 참이었다. 양자역학은 무생명 물질이 가진 많은 속성들을 설명해냈다. 게다가 당시의 수많은 물리학자들이 보기에 양자역학은 생명 물질까지 설명해낼 수 있을 만큼 충분히 강력하면서도 충분히 이상했다. 달리 말하면, 양자역학 또는 아직 풀어 나가고 있는 중인 어떤 새로운 '후기 양자역학post-quantum mechanics'에, 생명 물질이 보이는 그 막대한 복잡성으로 인해 지금까지 우리에게 드러나지 않았던 어떤 '생명의 원리'가 내재해 있을지도 모른다는 희망을 품었다는 것이다. 그 강연에서 슈뢰딩거는 양자역학에서 늘 얻는 몇 가지 기술적 결과들을 이용하여, 생명의 정보가 어떻게 안정된 형태로 저장될 수 있느냐는 물음을 제기했지만, 내가 이번 장에서 생명의 놀라운 속성들을 설명하기 위해 서술했던 이상한 양자효과들을 거론할 생각은 하지 않았다.

그 강연이 있고 수십 년이 흐르는 사이, 양자역학에 깊이 주목한 생물학자는 거의 없었고, 화학에서 쓰는 고전적인 공-막대 모형에 기대어 생물학의 모든 것을 설명하는 것으로 만족하는 생물학자들이 대부분이었다. 그러나 지난 몇 년 사이에 양자생물학에 대한 관심이 쇄도했다. 그러나 도가 지나치다 싶은 주장들도 있어서 아직까지 양자생물학의 지위는 다소 미심쩍은 상태이다. 여기서 열쇠가 되는 물음은, 생명 물질에 실제로 사소하지 않은 양자장난quantum shenanigans이 일어나고 있다면, 그것들이 과연 괴이쩍은 변칙성에 불과할 것이냐, 아니면 생명에 중요한 **모든** 과정들을 포괄하는 양자빙산의 일각일 것이냐 하는 것이다. 내가 여기서 서술한 사례들은 이제까지 탐구해온 가능한 양자생물학 효과의 전부가 결코 아니다. 내가 지금까지 구불구불 제시한 복잡한 설명을 듣고 명백해졌겠지만, 여기서 근본이 되는 문제는 생명이란 어안이 벙벙할 정도로 복잡하다는 것이다. 그 복잡성 속에 미묘한 양자효과들이 잠복해 있을 여지는 넘치도록 있다. 그러나 그와 반대로 단순한 양자이론적 모형들만으로는 잘못된 결론에 이를 여지도 넘치도록 있다.

양자생물학에 힘을 실어주는 데 문제가 되는 것은 '양자'와 '생물학'이라는 두 말을 이어서 서로 긴장관계에 있는 영역들을 서술한다는 것이다. 양자효과는 고립되고 차갑고 단순한 계에서 가장 두드러진다. 반면에 생명은 수많은 부분들이 서로 강하게 상호작용하는 따뜻하고 복잡한 계이다. 양자역학은 처음부터 끝까지 결맞음에 관한 것이다. 외부로부터 온 교란은 결맞음의 적이다. 그러나 앞선 장들에서 내가 설명했다시피, 생명은 잡음을 사랑한다! 생명의 악마들은 열적 에너지를 거두어 써서 창조하고 운동한다. 생명 물질은 온통 시끌벅적하다. 분자들은 정신없이 몰려다니면서 쉬지 않고 부딪히고, 서로 몸을 섞기도 하고 뿌리치기도 하고, 에너지를 주고받고, 모양을 재배열한다. 생명을 가진 유기체에서는 신중하게 통제하는 물리학 실험실 환경과는 달리 이런 아수라장을 차단할 수가 없다. 그럼에도 불구하고 비옥한 중간지대는 있다. 곧, 무언가 생명에 쓸모가 되는 일이 일어날 만큼 충분히 오랫동안 잡음과 양자적 결맞음이 공존하는 영역이 있는 것이다.[13]

양자생물학은 생명을 설명하는 데에만 관심을 두는 것이 아니라, 짭잘한 돈벌이 요령을 양자공학자들에게 가르쳐줄 수도 있다. 오늘날 양자공학quantum engineering의 주된 초점은 양자컴퓨팅이다. 이런 통계를 생각해보라. 얽힌(곧 도깨비 장난같이 연결된) 입자 수가 270개에 불과한 양자컴퓨터라 해도, 관찰 가능한 우주 전체를 재래식(비트를 조작하는) 컴퓨터로 사용하는 것보다 훨씬 큰 정보처리 성능을 발휘할 수 있다. 그럴 수 있는 까닭은 얽힌 성분들의 수가 많을수록 양자컴퓨터의 성능은 **지수적으로** 올라가기 때문이다. 그래서 아원자 입자들이 270개만 얽혀도 상태의 수는 2^{270}개이고, 이는 약 10^{81}개이다(우주에 있는 원자 입자들의 수가 10^{80}개라는 것과 비교해보라). 이 모든 상태들을 조작할 수 있다면, 신과 맞먹는 계산 성능을 발휘할 것이다. 약간의 입자들만 얽히게 해도 기가 질릴 정도로 많은 양의 정보를 처리할 잠재성이 있으니만큼, 자연 어딘가에서 그만한 처리능력이 발현되는 모습을 보리라고 어찌 기대하지 않을 수 있겠는가? 그리고 그 모습을 볼 장소는 당연히 생명일 것이다.

여러 해 전에는 유전 부호를 실행하는 분자기계가 일종의 양자컴퓨터일지도 모른다는 주장들이 있었다.[14] DNA가 진정한 의미의 양자계산을 실행한다고 볼 만한 증거는 거의 없지만, 양자적으로 향상된 정보처리가 어떤 형태로인가 이루어진다고는 얼마든지 볼 수 있다. 맥스웰의 악마는 무작위적인 열적 활동을 저장된 정보 비트들로 바꿈으로써 엔트로피의 퇴행 효과와 열역학 제2법칙을 피해간다. 따라서 맥스웰의 양자 악마라면 양자 결맞음을 파괴하는 퇴행적인 열적 효과들을 피해, 무작위적인 열적 잡음을 저장된 큐비트로 바꿀 수도 있을 것이다. 만일 그 저장된 큐비트들을 유전자 기계들이 조작할 만큼 충분히 오랫동안 양자 결맞음을 보존할 수 있는 그런 악마들을 생명이 진화시켰다면, 정보처리의 유의미한 가속이 일어났을 것이다. 설사 그 가속의 정도가 얼마 되지 않더라도 생명에 이점을 주었을 것이고, 따라서 진화가 선택했을 것이다.

그럼에도 불구하고 나는 이번 장의 마무리를 조심스럽게 해야 한다. 이번 장에서 나는 양자생물학적 효과라고 추정되는 사례들을 살펴보았는데, 그것들 모두 치열한 논쟁을 겪어왔다.[15] 초창기의 주장들 중에는 지나치게 부풀려진 것들도 있었으니만큼, 어떤 식으로든 명확한 결론을 끌어내기 이전에 실험을 더 해야만 하는 상황이다. 생물학적 계들의 복잡성으로 인해, 우리에게 친숙한 고전적인 진동 운동과 얽혀 있는 파동형 양자효과들을 단순하게는 풀어낼 수가 없게 되는 경우가 종종 있으며, 이제까지 수행된 실험들의 대부분은 다르게 해석할 가능성에도 열려 있다. 아직은 어떤 판결도 나지 않은 상황으로 보인다.[16]

생명이 실제 양자계산quantum computation을 수행한다는 생각의 경우는 어떠할까? 오래전에 양자계산의 심오함을 숙고하던 당시, 나는 별안간 호기심 하나에 사로잡혔다. 어떤 것이 되었든 자연적으로 생겨난 무생명 계가 양자계산을 하는 모습을 상상하기는 어렵다. 그럼 생명이 정보처리를 지수적으로 높일 수 있는 이 기회를 이용하지 **않는다면** 왜 그런 가능성이 존재라도 하는 것일까, 하고 묻지 않을 수 없었던 것이다. 만일 우주 어디가 되었든 이제까지 자연이 이용한 적이 없다면, 섀넌이 상상했던 그 모두를 넘어서는 정보 능력을 갖춘 그 물리법칙들이 왜 나온 것일까? 이 미개척의 정보 능력이 단지 공학자 인간들이 써먹게 하려고 138억 년 동안 자연이 손도 대지 않았던 것일까?

방금 내가 말한 것이 전혀 과학적 논증이 아님을 나는 충분히 알고 있다. 그것은 철학적인(어떤 이들은 아마 신학적이라고도 말할 것이다) 논증이다. 내가 이 논증을 제기하는 까닭은, 이론물리학자로서 이제까지 경험한 바로 보건대, 잘 정립된 물리이론이 무언가 가능하다는 것을 예측하면 자연이 어김없이 그것을 이용하는 것 같았기 때문이다. 다른 것 필요 없이 힉스 보손Higgs boson만 생각해보면 된다. 이론이 그 입자의 존재를 예측한 때는 1963년이고, 그 입자가 실제로 존재함을 발견한 때는 2012년이다. 반입자anti-particles와 오메가중입자omega minus particle도 그런 예에 해당한다. 이 모든 경우를 보면, 자연에는 그것들이 있을 잘 정의된 자리가 있었고, 아니나 다를까 그 입자들이 자연에 정말로 존재하는 것이다. 물론 실험을 해서 나온 것이 **아닌** 예측을 하는 사변적인 이론도 많이 있기에, 내 논증이 가지는 신뢰성도 그런 이론이 가지는 신뢰성 정도에 지나지 않을 뿐이다. 그러나 우리가 가진 것 중에서 **가장** 신뢰성 높은 이론은 양자역학이다. 그리고 양자역학의 예측들은 거의 의심을 받지 않는다. 양자역학에는 신과도 같은 지수적인 정보관리가 이루어질 자리가 있다. 자연이 그 자리를 실제로 채울 기회를 간과했을까? 나는 아니라고 생각한다.

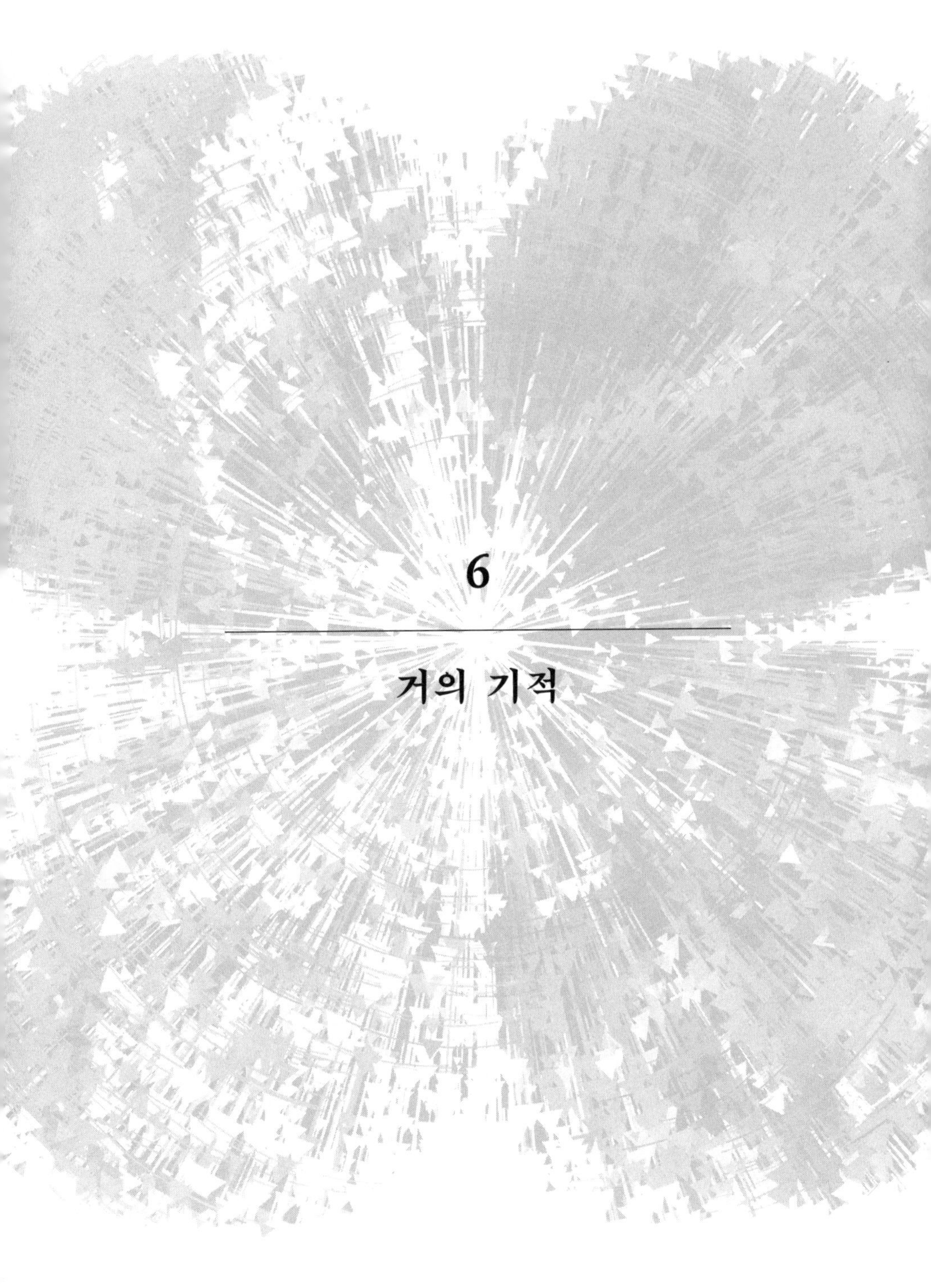

6

거의 기적

"생명은 얼마만큼 놀라운 것일까? 답은 '매우 놀랍다'이다. 화학반응 네트워크를 다루는 우리는 과연 생명만 한 것이 뭐가 있을지 알지 못한다."

—조지 화이트사이즈George Whitesides[1]

사납게 흐르는 개울이나 눈송이 같은 일상의 계부터 성운이나 나선은하계 같은 우주의 장엄한 구조에 이르기까지 우주는 어디에나 복잡성이 차고 넘친다. 하지만 그중에서도 특히나 놀랍게 돋보이는 복잡계가 바로 생명이다. 더블린 강연에서 슈뢰딩거는 생명이 열역학 제2법칙에 완강히 저항하는 능력을 생명을 정의하는 한 성질로 짚어냈다. 생명을 가진 유기체가 엔트로피에 저항하는 묘기를 부리는 방법은 정보를 모아 처리하여 어떤 목적을 가진 활동에 쓰는 것이다. 정보 패턴과 화학반응 패턴을 엮어 매우 높은 열역학적 효율성을 이루기 위해 생명은 악마들을 이용해서 분자적 혼돈으로부터 결맞음과 조직성을 만들어낸다. 과학에서 가장 큰 미해결 문제의 하나는 이런 생명 고유의 배열이 맨 처음에 어떻게 생겨났느냐는 것이다.

생명은 어떻게 시작되었을까? 생명 물질에는 하드웨어적

측면과 소프트웨어적 측면—화학과 정보—이 모두 있기 때문에, 생명의 기원 문제는 곱절로 어려워진다. 신기한 역사적 우연의 일치라 할 수 있는데, DNA의 이중나선 구조에 대한 크릭과 왓슨의 그 유명한 논문이 《네이처》에 발표되고 겨우 3주 뒤인 1953년 5월 15일판 《사이언스》에 이름이 별로 알려지지 않은 화학자 스탠리 밀러Stanley Miller가 쓴 논문이 실렸다. 〈가능한 원시 지구 조건에서 아미노산의 생성A production of amino acids under possible primitive Earth conditions〉이란 제목의 그 논문은 뒤이어 실험실에서 생명을 재창조하려는 시도들의 물꼬를 튼 논문으로 칭송을 받았다.[2] 밀러는 평범한 기체 몇 가지와 약간의 물을 플라스크에 넣어 일주일 동안 전기불꽃을 방전시켰다. 그 결과 갈색의 침전물을 얻었는데, 화학적 분석을 해보니 이토록 단순한 절차로도 생명이 쓰는 아미노산 몇 가지가 만들어졌음을 알게 되었다. 마치 밀러가 별다른 것 없이 기체 한 병과 전극 한 쌍만으로 기나긴 생명 여정의 첫걸음을 뗀 것처럼 보였다. 이 두 논문—하나는 생명의 거대한 정보분자, 다른 하나는 생명의 단순한 화학적 밑감에 관한 것—을 묶어서 보면, 생물학의 중심에 놓인 문제를 맞춤하게 상징하고 있다. 곧, 무엇이 먼저였을까? 복잡한 유기화학이 먼저였을까, 아니면 복잡한 정보 패턴이 먼저였을까? 아니면 어떻게 해서인가 서로가 발맞춰 서로를 존재하게 했을까? 분명한 것은 화학만으로는 생명을 설명하기에 모자라다는 것이다. 우리는 조직성을 가진 정보 패턴의 기원까지도 설명해야 한다. 게다가 정보만이 아니다. 우리는 디지털 정보 저장과 수학적으로 부호화된 명령어를 비롯해서 **논리적 연산들**

이 어떻게 분자들에서 떠올랐는지도 알아야 한다. 이는 **의미론적**semantic 내용이 있음을 함축한다. 의미론적 정보는 더욱 높은 수준의 개념으로서, 분자 수준에서는 그저 무의미한 개념이다. 아무리 복잡하다고 해도 화학만으로는 유전 부호나 맥락에 따른 명령을 결코 만들어낼 수 없다. 부호화된 정보를 화학으로 설명해보라는 말은 컴퓨터 하드웨어가 자신의 소프트웨어를 작성하기를 기대하는 것이나 다를 바 없다. 생명의 기원을 완전하게 설명하기 위해 필요한 것은 정보의 흐름과 저장의 조직화 원리들 그리고 정보가 화학적 네트워크들—생명의 영역과 무생명의 영역을 포괄할 만큼 충분히 넓게 정의된 네트워크들—과 엮이는 방식을 더 잘 이해하는 것이다. 그리고 무엇보다도 중요한 물음은 이것이다. 곧, 그런 원리들은 우리가 아는 물리로부터 유래할 수 있을까, 아니면 무언가 근본적으로 새로운 것이 필요할까?

처음에……

프랜시스 크릭은 생명의 기원이란 "거의 기적과 같은 것이다. 생명의 시동을 걸기 위해 만족시켜야만 했을 조건이 너무나 많기 때문이다"라고 말한 적이 있다.[3] 생명이 '기적처럼' 보이면 보일수록, 생명이 어떻게 시작될 수 있었는지 알아내기는 더욱 더 어려워지는 법이다. 1859년에 찰스 다윈의 걸작 《종의 기원》이 처음 세상에 나왔다. 그 책에서 다윈은 단순한 미생물부터 오늘날 지구의 생물권에서 볼 수 있는 풍요로움과 복잡함에 이르기까지 수십억 년에 걸쳐 생명이 어떻게 진화해왔는지 참으로 놀라운 설명을 제시했다. 그러나 생명이 처음에 어떻게 출발했느냐는 물음을 설명하는 것만큼은 일부러 책에 넣지 않았다. 그는 어느 친구에게 보낸 한 편지에서 이렇게 빈정거렸다. "물질의 기원에 대해서나 머리를 굴리는 편이 낫다."[4] 오늘날의 우리라고 해서 그보다 많이 나아간 것은 아니다. (단, 우리는 빅뱅에서 물질이 기원했다는 것은 어느 정도 이해하고 있다.) 내가 앞서 쓴 장들을 읽은 독자라면 생명이란 그저 여느 구태의연한 현상이 아니라 진정으로 특별하고 고유한 무엇임을 확신하게 되었기를 바란다. 그렇다면 무생명에서 생명으로 넘어감을 우리는 어떻게 설명할 수 있을까?

생명의 기원이라는 난제는 사실 세 문제가 하나로 합쳐진 것이다. 곧, 언제 어디에서 어떻게 생명이 시작되었는가? '언제'의 문제를 먼저 다뤄보도록 하자. 화석기록은 약 35억 년 전—시생누대라고 하는 지질시대에 해당한다—까지 거슬러 올라갈 수 있다. 이만큼 오래된 암석을 많이 찾기도 힘들거니와, 하물며 그 안에서 무슨 화석이라도 찾아내는 것이 쉬울 리가 없다. 하지만 시생누대의 암석 중에서 지금까지 집중 조사가 이루어진 각암chert 노두 한 곳이 있다. 그 노두는 오스트레일리아의 웨스턴오스트레일리아주 필바라 지역에 위치하며, 포트헤드랜드에서 차로 네 시간가량 관목 숲을 뚫고 가면 닿을 수 있다. 지형은 바위투성이로 울퉁불퉁하며, 드문드문 푸나무가 있고, 대부분이 말라붙은 강바닥—돌발홍수flash flooding가 일어나기 쉽다—이 여기저기 길을 내고 있다. 언덕은 붉은 색조가 많이 돌며, 암석질의 노두들에는 고대 미생물의 활동을 보여주는 중요한 흔적들이 담겨 있다. 이 암석들의 연대를 측정해보면 우리 행성이 형성되고 10억 년 사이에 이미 원시적인 생명꼴이 있었음을 알려준다. 가장 설득력 있는 증거는 스트로마톨라이트stromatolite라고 하는 신기한 지질 형세에서 나온다. 스트로마톨라이트는 물결선들이 열을 이루며 늘어선 모양 또는 노출된 암석 표면을 작은 혹들이 장식하고 있는 모양을 하고 있다. 해석이 올바르다면, 이 형세들은 35억 년 전에 미생물로 뒤덮였던 둔덕들, 곧 노출된 암석 표면에 미생물 군체들이 연이어서 입자질 물질 매트를 켜켜이 침전시켜서 만들어낸 둔덕들의 유해이다. 이와 비슷하면서 현생 미생물까지 거주하는 스트로마톨라이트 구조를 오늘날에 볼 수 있는 곳은 지구상에 몇 곳 되지 않는다. 대부분의 지질학자들은 필바라의 스트로마톨라이트가(그리고 세계 곳곳의 그보다 어린 암석들에 있는 스트로마톨라이트들이) 현생 미생물과 비슷하지만 먼 과거에 살았던 무언가의 화석유해라고 자신한다. 스트로마톨라이트가 있는 필바라의 지층에는 생명이 있었다는 신호가 더 있다. 이를테면 고대 산호계의 잔해도 있고, 미생물 개체로 추정되는 화석도 얼마 있다. 모양만 가지고는 그 '화석들'이 단순히 바위에 난 자국 이상의 것이라고 판별하기는 어렵다. 유기물질은 모두 오래전에 사라졌기 때문이다. 하지만 그것이 생명 활동에 의한 것이라는 해석이 매우 최근에 와서 뒷심을 받게 되었다.[5] 지구상에 있는 탄소의 약 1퍼센트는 가벼운 동위원소인 C^{12}의 꼴로 존재한다. 생명은 이 가벼운 탄소동위원소를 선호하기에, 화석에는 보통 이 동위원소가 약간 더 많이 들어 있다. 필바라 암석을 분석한 결과, 그 탄소동위원소의 비율이 암석에 난 자국들의 물리적 모양들과 상관됨을 보여주었다. 이는 그 자국들이 서로 다른 미생물 종들의 화석일 경우에 나타날 만한 결과를 보여준 것이다. 비생물학적으로는 그 결과들을 설명하기가 힘들다.

필바라 암석에서 나온 증거는 35억 년 전의 지구에 생명이 자리를 잡고 있었음을 말해주지만, 실제로 생명이 언제 출발했느냐에 대해서는 이렇다 할 단서를 주지 못한다. 그보다 오랜 생명 활동의 흔적들이 있었대도 정상적인 지질 과정들에 의해 사라졌을 수도 있고, 약 38억 년 전까지 일어났던 큰 소행성들의 폭격—달을 완전히 벌집으로 만들어놓았던 바로 그 폭격—으로 사라졌을 수도 있다. 문제는 필바라 암석보다 오랜 암석이 드물다는 것이다. 38억 년이 넘는 것으로 측정되고 생물에 의해 변화가 일어났음을 암시하는 흔적들이 담긴 암석이 그린란드에 얼마 있지만, 확실히 판정된 것은 아니다. 그럼에도 불구하고 지구 자체는 45억 살밖에 안 되므로, 생명은 적어도 지구 역사의 80퍼센트 동안 존재해온 것이다.

생명은 어디에서 시작되었는가?

생명의 기원 물음에서 '언제' 문제는 적어도 한정이라도 할 수 있지만, 생명이 **어디에서** 처음 출현했느냐는 문제는 짐작하기가 훨씬 어렵다. 여기서 '어디'는 경도와 위도로 표시하는 위치가 아니라, 지질학적 및 화학적 무대를 뜻하는 말로 썼다.

맨 처음 말해야 할 것은 지구상의 생명이 지구에서 **시작되었다**는 설득력 있는 증거는 없다는 것이다. 어디 다른 곳에서 시작되어 이미 만들어진 상태로 지구에 왔을 수도 있다. 이를테면 생명은 화성에서 시작되었을 수도 있다. 약 35억 년 전의 화성은 지금보다 따뜻하고 습해서 지구와 더 가까운 상태였다. 어떤 측면에서 보면, 생명 이전의 화학적 환경은 지구보다 화성이 **더** 유리했다. 이를테면 소행성 폭격의 결과가 지구보다 덜 심각했다고 볼 수 있고, 그 붉은 행성의 화학적 구성 또한 물질대사를 끌고 가기에 지구보다 더 좋았다. 당연히 화성에서 지구로 생명이 퍼질 길이 있어야 했을 텐데, 실제로 있다. 태양계의 초기 역사에서 소행성과 혜성 폭격은 빈번하게 일어났는데(그러나 지금까지 결코 중단된 적은 없다), 폭격이 일어나면 어마어마한 양의 암석을 우주공간으로 날려버릴 수 있으며, 상당량은 태양계 궤도로 들어간다. 화성에서 떨어져나온 암석 중에는 마침내 지구로 떨어진 것들이 얼마 있었을 것이다(그 반대로 지구에서 떨어져나간 암석도 화성으로 간 것이 있을 것이다). 화성에서 온 암석은 지구에 운석으로 떨어졌고, 세계 곳곳에서 수집되었다. 내가 재직하고 있는 ASU도 여러 개 소장하고 있다. 지금까지 지구의 역사 동안 이곳에 온 화성의 물질은 수조 톤에 이른다. 암석 덩어리 속에 꽁꽁 숨은 미생물은 우주공간의 혹독한 조건을 견뎌낼 수 있었을 것이다. 행성과 행성 사이의 빈 우주공간을 가로지를 때 가장 큰 위험요인은 방사선인데, 암석 크기가 어느 수준만 되면 방사선의 대부분을 차단해주었을 것이다. 방사선에 내성을 가진 몇몇 억센 미생물들은 우주 암석 속에서 수백만 년 동안 생존할 수 있는 것으로 추정되었다. 그 정도면 화성에서 지구로 와 화성의 생명을 뿌리기에 충분히 긴 시간이다. 같은 각본이 반대로도 이루어져, 지구의 미생물도 살아 있는 상태로 화성에 갈 수 있다. 이것이 의미하는 바는 지구와 화성이 서로로부터 격리되어 있지 않다는 것이다. 지구와 화성에서는 이제까지 역사 내내 미생물에 의한 교차오염cross-contamination이 있어왔을 수 있다. 이는 지구상의 생명이 다른 곳이 아니라 이곳 지구에서 시작되었다고 확신하기 어렵게 만든다. 가능성은 덜해도, 금성에서 지구로 생명이 왔을 수도 있다. 현재의 금성은 생명에 매우 적대적인 환경이지만, 수십억 년 전에는 지금보다 쾌적했을 수도 있으니까 말이다. 일부 사람들이 진지하게 생각하는 또 다른 가능성이 있다. 처음에 생명이 혜성에서 잉태되었다가 지구와 직접 충돌했거나, 지구에 근접해서 지나간 뒤에 내려앉은 혜성먼지—이쪽이 더 개연성이 높을 것 같다—에 실려 지구로 그 생명이 배달되었을 수도 있다는 것이다.

생명의 요람을 지구에서 다른 곳으로 옮겨 놓는다고 해서, 생명을 생성하는 데 도움이 되었을 지질적 무대가 무엇이었느냐는 더욱 중요한 물음에 큰 진전이 이뤄지는 것은 아니다. 그동안 이 물음을 놓고 수많은 각본들이 거론되었다. 심해 화산의 분화구, 메말라가는 석호, 바다 밑 암석의 구멍들…… 후보가 되는 지질 환경은 이밖에도 길게 이어진다. 모든 사람들이 동의하는 단 한 가지는 산소가 생명을 좌절시키는 인자가 되었을 것이라는 점이다. 오늘날의 복잡한 생물들은 물질대사를 하려면 산소가 필요하지만, 이런 상황은 뒤늦게 발달된 것이다. 약 20억 년 전까지 지구 대기에는 자유산소free oxygen가 매우 적었으며, 마지막 10억 년기에 와서야 현재의 산소 수준에 이르게 되었다. 산소라고 하면 숨쉬기 좋은 것이라는 기분이 들겠지만, 산소는 반응성이 대단히 높은 물질이기 때문에 유기분자를 공격해서 부수기도 한다. 그래서 호기성 생명aerobic life은 (항산화물질처럼) 이에 대처할 온갖 종류의 메커니즘들을 진화시켜왔다. 그런데도 반응성 산소 분자들은 으레 DNA를 손상시키고 암을 유발한다. 생명의 기원을 따지고 들 경우, 자유산소는 골칫거리이다.

물론 산소는 생명에 필수적인 요소이지만, 수소, 질소, 탄소, 인, 황도 생명에는 필수적이다. 이 가운데에서 진정 없어서는 안 될 요소는 탄소로서, 모든 유기화학의 기초이며, 탄소로 빚어낼 수 있는 복잡한 분자는 무한히 다양하므로 생명으로선 이상적인 선택이다. 화학자들은 생명을 향한 첫 단계들은 탄소가 풍부하게 공급되고(이를테면 이산화탄소) 자유수소로 있든 메탄이나 황화수소의 성분으로 있든 수소까지 풍부하게 공급되는 곳에서 일어났을 것이라고 생각한다. 그럴 만한 장소로 많이들 제시하는 곳이 바로 바다 밑 화산 분화구 근처로서, 황도 풍부하고, 그곳의 암석 표면은 가능한 온갖 종류의 촉매가 되어주는 곳이다. 그런 곳들에 과학자들이 초점을 맞춰온 까닭은 깊은 바닷속 분화구 근처에 풍요로운 생태계들이 운집해 있음을 발견했기 때문이다. 그런 곳들은 델 정도로 뜨겁고 위험한 고압의 유출물이 화산 깊은 곳에서 뿜어져 나오고 있다. 그곳 먹이사슬의 밑에 자리한 일차공급자는 '초호열균hyperthermophiles'이라고 하는 열을 좋아하는 미생물들이다. 이 저돌적인 녀석들 중에는 섭씨 120도가 넘는 물속에서 번성하는 것들도 있다(압력이 매우 높기 때문에 이만한 온도에서도 물이 끓지 않는다). 그런 깊고 어두운 곳에서 생명을 발견하리라고는 누구도 예상치 못했다. 더더군다나 화산 근처의 압력솥 같은 조건에 생명이 있을 것이라고 기대한 사람은 확실히 없었다. 그러나 놀라움은 그것으로 끝이 아니었다. 최근 수십 년 사이에 생물학에서 이루어진 가장 놀라운 발견 가운데 하나는 생명이 지표면이나 바다에만 있지 않고 땅속 깊은 곳—육지의 땅속뿐만 아니라 해저 밑의 땅속도—까지 뻗어 있다는 것이다. 이 지하 생물권의 전체 규모는 아직 지도를 그리는 중이지만, 그동안 과학자들은 수 킬로미터 땅속에 있는 암석 내부에서 미생물들이 살고 있음을 발견해왔다(내가 제2장에서 언급했던 남아프리카의 극한환경미생물도 바로 그런 예이다).*

생명이 지각 속 깊은 곳에서 **출발했느냐** 아니면 땅 위에서 처음 생명이 자리 잡은 (또는 화성에서 온) 다음에 땅속으로 침투했느냐는 문제를 놓고 활발하게 논쟁이 벌어지고 있다. 유전자 서열결정에 따르면, 초호열균이 가장 깊은 곳, 따라서 그 함축적 의미상 생명의 나무에서 가장 오래된 가지를 점유함을 보여주며, 이는 열탄력성heat resilience이 지구 생명의 매우 오래된 특징의 하나임을 암시한다. 그러나 그렇다고 해서 최초의 생명체가 꼭 초호열균이었다는 뜻은 아니다. 그곳보다 시원한 다른

* 늦은 1980년대에 천체물리학자 토머스 골드(Thomas Gold)가 땅속 깊은 곳에 뜨거운 생물권이 존재할지도 모른다는 생각을 제시했을 때 그가 받은 것은 비웃음뿐이었다. 그런데 알고 보니 그의 말이 완전히 맞은 것이었다.

곳에서 생명이 시작된 이후에 땅속으로 분기했을 수도 있다. 말하자면 열손상을 수리하는 데 꼭 필요한 메커니즘을 진화시킨 일부 미생물들이 뜨거운 땅속이나 바다의 분화구 근처 해저를 개척해 나갔던 것인지도 모른다. 지구 역사 초기에 일어났던 소행성이나 혜성의 폭격 가운데에는 (지구 전체까지는 아니었을지라도) 지표면의 넓은 지역을 열로 멸균해버릴 만큼 큰 천체와의 충돌도 있었을 테기 때문에, 그때엔 열을 좋아하는 땅속의 미생물들만 살아남았을 것이다. 따라서 그런 미생물들은 최초의 생명꼴을 대표하기보다는 일종의 유전적 병목현상을 대표하는 것들이라고 봐야 할 것이다. 그러나 지금 시점에서는 과연 어느 쪽이었는지 알기는 불가능하다.

1953년에 밀러가 선구적인 실험을 한 뒤로, 초기 지구의 화학적 무대에 대한 기본 관념(산소는 없다!)으로 무장한 과학자들은 생명에 이르는 기나긴 여정에서 최초의 화학적 걸음들이 무엇이었는지 밝혀줄 만한 조건들을 실험실에서 재창조하려는 노력을 수십 년에 걸쳐 기울여왔다. 생명 이전 조건에서 생명을 합성하려는 실험들이 수없이 이어졌지만, 솔직히 말해 그토록 과학자들이 공을 들이고 창의력을 발휘했음에도 불구하고 그리 멀리 나아가지는 못했다. 생명의 분자적 복잡성을 기준으로 했을 때, 그 시도들은 간신히 1루에 진출한 정도이다.

실험실에서 생명을 요리해 만들려고 해보았자 생명의 기원 수수께끼를 풀어낼 가능성이 없는 더욱 근본적인 이유가 있다. 이 책에서 줄곧 내가 강조했듯이, 생명만이 지닌 특징은 조직적인 방식으로 정보를 저장하고 처리하는 능력이다. 물론 생명에는 복잡한 화학도 필요하다. 생명이 소프트웨어적 묘기를 부릴 판을 유기분자들이 깔아주어야 하는 것이다. 그러나 그건 이야기의 절반—하드웨어 부분—에 지나지 않는다. 설사 우리가 현재 감을 잡고 있지는 못해도, 무생명에서 생명으로 넘어가는 화학적 경로는 당연히 **있었다**. 그러나 그 실제 화학적 걸음들은 정말로 결정적인 넘어감, 곧 초기의 정돈되지 않은 분자적 대혼란에서 조직적인 정보관리로 넘어감만큼 중요하지는 않았을 것이다. 그렇다면 **그 넘어감**은 어떻게 일어났을까?

생명은 어떻게 시작되었을까?

나는 가장 어려운 이 물음을 마지막으로 남겨두었다. 간단히 답해보자면 이렇다. 생명이 어떻게 시작되었는지는 아무도 모른다! 상황은 그 정도에서 그치는 것이 아니다. 생명이 시작될 확률을 따져볼 방법조차 아는 사람이 없다. 그러나 그 답이 무엇이냐에 따라 걸려 있는 것은 많다. 만일 생명이 쉽게 시작된다면, 우주는 생명으로 충만해야 할 것이다. 나아가 지구의 생명이, 어떤 생명의 원리 같은 것이 그 기본 법칙들에 내재한 우주가 낳은 산물이라면, 그 웅대한 우주적 구도 안에서 인간이 차지하는 자리는 우리가 희한한 화학적 우연의 산물일 경우와는 심히 다를 것이다.

앞서 언급했다시피, 무생명에서 생명으로 넘어가는 경로에 대해 우리가 기본적으로 모르는 것은 그 경로가 과연 생명 이전

버전의 불가능의 산을 오랜 기간에 걸쳐 꾸준히 고생고생하며 올라가는 것이었느냐, 아니면 오랜 기간 안정 상태를 유지하다가 크게 앞으로(또는 이 비유에서는 '위로') 도약하면서 그 안정 상태가 끊어지는 식으로 단속적으로 일어났느냐 하는 것이다. 그 불가능의 산이 믿기지 않을 만큼 높다는 점을 감안하면, 어떤 화학적 혼합물이 만들어져도 산기슭에서 위로 올라갈 발판을 마련하지 못하고 매번 다시 미끄러져 내려갈 수밖에 없을 것이다. 따라서 그 계가 다음 걸음을 떼기 위해 버티고 있는 동안, 이득이 생기면 잡아두고 손실은 제한하는 일종의 래칫 효과 같은 것이 있어야 한다. 그러나 충분히 합당하게 보이기는 해도 이런 식의 생각은 목적론 문제에 봉착하게 된다. 화학적 국물은 자신이 생명을 만들고자 함을 알지 못한다. 그것은커녕 아무것도 알지 못한다. 그러니 자신이 힘들게 획득한 복잡성을 열역학 제2법칙의 손아귀로부터 보호할 생각도 없을 것이다. 화학이 생명을 향해 가려고 '분투한다'라는 각본은 더할 나위 없이 부조리하다. 일단 생명이 걸음을 떼면, 그 같은 문제는 일어나지 않는다. 왜냐하면 자연선택이 래칫 구실을 해서 이득이 있으면 위로 올려주고, DNA 저장고는 그 이득을 안에 잡아둘 수 있기 때문이다. 그러나 자연선택이 없는 화학은 그런 메커니즘에 의지하지 못한다.*

미끄러져 도로 내려가는 문제는 생명에 이르는 복잡화 경로를 풀어내고자 하는 거의 모든 연구에서 걸림돌이 된다. 화학적 혼합물에서 복잡성이 자발적으로 형성됨을 입증하는 뛰어난 실험과 이론적 분석이 많이 있기는 하지만, 다들 동일한 문제에 봉착한다. 곧, 그다음에는 무슨 일이 일어나는가? 자발적으로 떠오르는 어떤 복잡성을 토대로 화학적 죽이 어떻게 요리되며, 그 죽이 한층 복잡한 무엇으로 어떻게 올라서는가? 이렇게 계속 올라가다가 마침내 어떻게 생명 이전 불가능의 산꼭대기에 이르게 되는가? 이런 답답한 구속복 같은 상황에서 풀려날 수 있게 해줄 가망성이 가장 큰 것은 '자가촉매적' 화학적 순환에 대한 연구에서 나온다. 여기에 깔린 생각은, 이를테면 분자 A와 B가 반응해서 다른 분자 C를 만들었는데, 마침 그 분자 C가 분자 A와 B의 생성을 가속시키는 촉매 구실을 해준다는 것이다. 그러면 되먹임고리가 만들어져서, 일군의 분자가 자기 자신의 생성을 촉매하게 된다. 여기서 규모를 더 키워보면, 준안정상태의 자가촉매계, 다시 말해서 수많은 되먹임고리들이 서로 맞물리면서 얽히고설킨 반응망으로 결합하여 자립적이고 튼튼한 계를 형성하는 광범위한 유기분자 네트워크가 존재할 수 있다.[6] 이 모두를 말로 하기야 쉽다. 그런데 그런 화학계가 존재하는가? 존재한다. 그런 계를 생명을 가진 유기체, 곧 생물이라고 부르며, 앞서 언급한 특징들을 모두 시전한다. 그러나 지금 우리는 빙빙 맴돌고 있다. 왜냐하면 우리가 규명하고 싶은 것은 이 모든 놀라운

---

* '분자적 다윈주의(molecular Darwinism)'라고 부를 만한 사조의 역사는 길다. 분자적 다윈주의에서는 '벌거벗은' 분자들이 다양한 효율로 복제할 수 있고 그중에 최선의 분자들을 자연선택이 걸러낸다고 본다. 이른바 RNA-세계 이론이 이 범주에 들어간다. 비록 이 계통의 연구들이 가르쳐주는 바가 많다고는 해도, 매우 억지스럽고, 뭐라도 이뤄내려면 인간이 세심하게 간섭해야 한다(이를테면 물질을 준비하고 선택 행위를 하는 것 등). 따라서 그 이론이 자연세계와 얼마만큼 관련이 있는지는 전혀 분명하지 않다.

화학이 어떻게 생명 **이전에** 일어날 수 있었느냐는 것이기 때문이다. 우리가 풀려고 하는 문제 속에 이미 주어진 해답을 손으로 적어넣고는 그것을 풀었다고 주장할 수는 없는 노릇이다.

게다가 문제는 내가 말한 것보다 더 심각하다. 정보 측면에서 생명이 가진 고유한 특징 가운데 하나는 수학적 부호를 써서 디지털 정보를 관리한다는 것이다. 셋잇단문자(A, G, C, T 중에서 세 글자를 묶은 것)가 단백질을 만드는 데 쓰이는 20개 남짓한 아미노산 가운데에서 어느 특정 아미노산을 상징한다는 것을 상기해보라. 그 부호화된 명령들이 DNA에서 단백질 조립 기계(리보솜, tRNA 등등)로 운송되는 것은 섀넌의 정보이론이 작용하고 있음을 보여주는 탁월한 예이다. 여기서 메시지 역할은 명령들이 하고, 통신 채널은 물기 가득한 세포의 내부이고, 잡음은 전송 도중에 mRNA에 가해지는 열적 또는 화학적 돌연변이 손상이다.

우리가 아는 모습의 생명이 어떻게 기원했는지 설명하려면, 그런 디지털 정보 관리의 기원은 물론이고, 특히 부호의 기원도 설명해내야 한다. (그 부호가 꼭 우리가 아는 생명이 실제로 사용하는 부호여야 할 필요는 없지만, **모종의** 부호가 어떻게 기원했는지는 설명할 필요가 있다.) 이는 정말 어렵고 어려운 문제이다. 생화학자인 유진 쿠닌Eugene Koonin과 아르템 노보질로프Artem Novozhilov는 이를 "모든 진화생물학에서 가장 끔찍한 문제"라고 불렀으며, "부호화 원리 자체의 기원과 그것을 구현하는 번역계에 대한 이해와 결부되지 못하면 앞으로도 계속 속 빈 것으로 남을" 문제로 보고 있다. 그들은 그 문제가 결코 가까운 시일 안에 풀리지는 않을 것이라고 생각한다.

> 부호의 진화에 대한 최신 연구 동향을 간추려서 보면, 우리는 심각한 회의주의에서 벗어날 수가 없다. 근본 문제는 두 갈래인 것 같다. "유전 부호는 왜 지금 모습대로 있으며, 유전 부호는 어떻게 해서 생겨났는가?" 이 물음은 50년도 더 전인 분자생물학의 여명기에 던져졌으나, 앞으로 50년이 더 지난다 해도 여전히 유효한 물음으로 남을지도 모르겠다. 그나마 위안이라면, 생물학에서 이보다 근본적인 문제는 생각할 수 없다는 것이다.[7]

생물학자들이 부호의 기원에 대해 오랫동안 궁리해온 것은 확실히 맞다. 이 문제에 대해 많이들 제안했던 해법은, 원시 생명은 부호를 쓰지 않았으며, 오늘날 우리가 가진 부호는 나중에 일단 자연선택에 발동이 걸리자 진화하게 된 일종의 소프트웨어 업그레이드를 나타낸다는 것이다. 이른바 RNA 세계 이론이 이런 선상에서 개발되었다. 1982년에 RNA가 정보 저장과 RNA 화학반응 촉매(단백질만큼은 아니지만 자가촉매에 필요한 기준은 충분히 만족시킬 것이다)를 **모두** 할 수 있음이 발견된 이후, 생화학자들은 변이와 선택이 이루어지는 복제를 RNA 국물이 스스로 '발견할' 수 있었을지, 그런 다음에 단백질이 나중에 등장한 것인지 궁금해했다. 하지만 설령 이 설명이 올바른 길을 가고 있다 할지라도, 행성에서 그런 각본이 상연될 확률을 평가하는 것은 사실상 불가능하다. 반면에 그럴 확률이 극히 부정적임은 쉽게 상상할 수 있다.

50년 전에 생물학자들 사이에 퍼져 있던 시각은 생명의 기원이 화학적 요행이었다고 보는 것이었다. 집합적으로 보면 확률이 너무 낮기 때문에 우리가 관찰할 수 있는 우주 어디에서도 똑같은 일이 일어날 가능성이 없을 사건들이 연이어 일어나면서 생명이 기원하게 되었다는 말이다. 나는 이미 앞에서 프랜시스 크릭의 말을 인용했다. 크릭과 같은 시대에 살았던 프랑스의 자크 모노Jacques Monod는 생명이 조건이 허용할 때마다 불쑥 무대에 등장할 준비를 하면서 어떤 식으로인가 '무대 옆에 대기하고 있다'라는 생각에 비판적이었다. 그는 당시 과학자들 사이에 퍼져 있던 시각을 다음과 같이 간추렸다. "우주는 생명을 잉태하고 있지 않다." 그러므로 "사람은 결국 무심하고 광막한 우주에서 자기 혼자뿐임을 알게 된다. 그 우주에서 사람은 우연에 의해 떠올랐다."[8] 제2차 세계대전 이후의 위대한 신다윈주의자 가운데 한 사람이었던 조지 심프슨George Simpson은 지구 밖의 지적 생명을 탐사하는 프로젝트인 SETI를 "가장 불리한 확률로 역사와 벌이는 도박"이라고 일축했다.[9] 모노와 심프슨 같은 생물학자들이 내린 비관적 결론은, 우연히 일어난 화학적 반응들의 결과로 생명이 한 번 이상 떠올랐을 것이라고는 생각할 수 없을 정도로 생명 기계가 너무나 많은 특수한 면들에서 기가 질릴 정도로 복잡하다는 사실에 기초했다. 1960년대에는 지적 생명은 말할 것도 없고 어떤 종류든 외계 생명이 있음을 믿는다고 고백하면 과학적으로 자살하는 것이나 다름없었다. 그럴 바에는 요정을 믿는다고 말하는 쪽이 차라리 더 나았을 것이다. 그런데 1990년대에 이르자 정서가 확 바뀌었다. 예를 들어, 노벨상을 수상한 생물학자 크리스티앙 드뒤브Christian de Duve는 우주를 '생명의 온상'이라고 묘사했다. 그는 기회만 된다면 어디에서나 생명이 떠오를 것이라고 몹시 확신했기에, 생명을 '우주적 명령cosmic imperative'이라고 불렀다.[10] 오늘날에도 이런 시각이 유행하는 것으로 보이며, 저기 우주에는 서식 가능한 행성이 무수히 많다는 것에 종종 호소한다. 이를테면 NASA 우주생물학연구소의 전임 소장이었던 메리 보이텍Mary Voytek의 말에 그런 정서가 표현되어 있다. "다른 모든 별들 주위에 있을 다른 모든 행성들을 생각하면, 다른 어딘가에서 생명이 생겨나지 않았으리라고 상상하기는 불가능하다."[11] 음, 그런 상상은 가능하기만 한 것이 아니라, 실제로 상당히 쉽게 상상할 수 있다. 예를 들어 무생명에서 생명으로 넘어가는 과정은, 각각 특정 온도범위가 필요한 (예를 들면 첫 번째 반응은 5~10℃, 두 번째 반응은 20~30℃ 등등) 100가지 화학반응이 연속되어 일어난다고 해보자. 그 과정은 아마 압력, 염도, 산성도 범위에서도 빠듯하게 구속이 되어야 할 것이다. 나아가 일단의 촉매들까지 있어야 할 것임은 말할 것도 없다. 이렇게 보면 필연적인 꿈의 조건들이 연이어 일어났던 곳은 관찰 가능한 우주에서 단 한 행성뿐이었을 수도 있다. 내 결론은 이렇다. **서식 가능하다**고 해서 **서식하고 있음**을 함축하지는 않는다는 것이다.

불과 반세기 전만 해도 말하는 것조차 금기였는데, 지구 밖에서 생명을 찾는 일이 지금은 과학적으로 인정을 받는 일이 된 까닭은 무엇일까? 다른 태양계의 행성들을 매우 많이 발견한 것이 우주생물학을 크게 분발하게 했음은 의심의 여지가 없다. 하지만 비록 1960년대에는 우리 태양계 밖에 있는 행성을 하나도 찾아내지 못했지만, 대부분의 천문학자들은 그 행성들이 우주에 존재한다고 생각했다. 우주생물학자들이 현재 지적하고 있는 또 하나는 우주에 유기분자들이 있다는 발견이다. 이는 생명의 '원자재'가 풍부하며 우주 전역에 흩어져 있다는 증거가 되어주었다. 그럴지도 모른다. 그러나 아미노산 같은 단순한 밑감과 물질대사와 복제를 하는 세포 사이에는 아득한 복잡성의 간극이 자리하고 있다. 그 간극을 건너가는 최초의 작은 걸음이 우주에서 이미 떼어졌을 수 있다는 사실은 거의 별 의미가 없다. 그러나 지구 밖에도 생명이 있다는 현재의 낙관주의를 뒷받침하는 또 하나의 근거는, 어떤 유형의 생물들은 과거에 인식했던 것보다 훨씬 너른 범위의 물리적 조건들에서 생존할 수 있음을 인식했다는 것이다. 이는 이를테면 화성에도 생명이 있을 가망성을 열어주며, 일반적으로는 '지구형' 행성을 구성하는 요소들이 무엇인지 그 정의를 확장시켜준다. 그러나 이는 생명이 발생할 확률을 기껏해야 두세 배 더 유리하게 해줄 뿐이다. 그에 비하면 어떤 것이든 주어진 복잡한 분자가 밑감들의 국물에서 무작위로 조립되어 형성될 확률은 **지수적으로**exponentially 작다. 생명이 어떻게 시작되었느냐는 문제에 대해서 우리는 아직도 거의 완전한 어둠 속에 있기 때문에, 생명이 생겨날 확률을 평가하려 해보았자 무익하다는 것이 내 의견이다. 모르는 과정의 확률을 결정할 수는 없는 법이니까 말이다! 지구 밖의 생명을 탐사하는 일이 결국 성공을 거두게 될 것이냐 말 것이냐에 대해 우리는 어느 수준에서든—**어떤 수준에서도**—자신할 수 없다.

생명의 편재함을 지지하는 논증 가운데에는 어느 정도 힘이 실린 논증이 하나 있다. 칼 세이건Carl Sagan은 한때 이렇게 적었다. "생명이 기원하는 일은 개연성이 높은 일임에 틀림없다. 조건이 허락하자마자 생명은 펑 튀어나온다!"[12] 이곳 지구에서 생명은 지구가 쾌적한 곳이 된 후 (지질학적인 맥락에서) 아주 금방 생겨난 것은 맞다. 그러므로 생명의 시작은 틀림없이 수월할 것이라고 세이건은 추리했다. 그러나 불행하게도 그런 결론이 필연적으로 따라 나오지는 않는다. 왜일까? 음, 생명이 빠르게 출발하지 **않았다면**, 지속적으로 상승하는 태양의 열에 의해 바삭바삭 튀겨져 지구가 서식 불가능한 곳이 되기 전에 지능을 가진 생명까지 진화할 시간이 없게 되었을 것이다. (약 8억 년이 지나면 태양이 너무 뜨거워져서 바다를 끓여버릴 것이다.) 간단히 말해서 생명이 재빠르게 걸음을 떼지 않았다면, 오늘날 이 자리에서 그 문제를 논의하는 우리는 없었을 것이라는 말이다. 따라서 이 행성에 있는 우리 자신의 존재가 지구에서 일어난 생명 형성에 **의존하고 있음**을 감안하면, 전적으로 지구상 생명의 기원이란 극도로 예외적인 일이며 엄청난 요행이었을 수 있다.

실험실에서 생명 만들기

만일 실험실에서 생명을 만들어낼 수만 있다면, 생명이란 요행이 아니라 얼마든지 쉽게 시작될 수 있음을 분명하게 입증하는 것이 되리라는 생각이 이따금 나오기도 한다. 그런데 언론의 보도들은 생명이 **이미** 실험실에서 창조되었다는 잘못된 인상을 종종 전달하며, 그런 식으로 '신 행세를 하면' 프랑켄슈타인 같은 천벌을 받게 될 수도 있다는 도덕적 함의까지 담기도 한다. 예를 들어, 2010년 5월 20일자 영국의 《데일리 텔레그래프》는 "과학자 크레이그 벤터Craig Venter가 최초로 실험실에서 생명을 창조하여 '신 행세하기'에 대한 논쟁을 촉발시키다"라는 제목으로 특집기사를 내보냈다. 이는 심히 잘못된 인상을 전달한다. 그 오해는 '창조하다'라는 말을 애매하게 쓴 데에서 기인한다. 어떤 의미에서 보면, 인류는 오래전부터 생명을 창조해오고 있다. 이를 가장 분명하게 보여주는 예가 개이다. 개는 늑대를 수많은 세대에 걸쳐 교배시키고 신중하게 선택해서 사람이 만들어낸 동물이다. 2만 년 전까지만 해도 늑대는 있었지만 그레이트데인이나 치와와는 없었다. 더 최근에 와서는 유전자 이식gene transplantation 같은 유전공학기법 덕분에 새로운 생물체를 많이 창조해낼 수 있게 되었다. 다양한 유전자변형GM 식품들이 이에 해당된다. CRISPR-Cas9이라고 하는 신기술은 어느 정도 맞춤형으로 유전체를 재작성할 수 있게 해준다. 크레이그 벤터와 동료들이 한 일은 뛰어났고 주목을 받아 마땅했다. 벤터는 단순한 세균(미코플라스마 게니탈리움*Mycoplasma genitalium*)의 DNA를 맞춤제작한 DNA로 대체했다. 달리 말하면, 벤터는 하드웨어(세포)는 거의 모두 그대로 두고 소프트웨어(DNA)만 바꿔치기 한 것이다. 미코플라스마 세균은 벤터의 의도를 잘 따라주어 그 새로운 소프트웨어를 부팅해서, 벤터가 재공학한 유전 명령들을 실행했다. 그 새로운 생물에게는 미코플라스마 라보라토리움*Mycoplasma laboratorium*이라는 별칭이 붙었다. 이를 컴퓨터에 빗대보면, PC를 한 대 사서 원래 깔려 있던 운영체제를 지우고, 설계자가 임의로 부가기능을 몇 개 더해 넣어 원하는 대로 고친 운영체제를 다시 설치한 것과 같을 것이다. 그렇게 했다고 컴퓨터를 새로 만든 셈이 되는가? 그렇지 않다. 이를 실험실에서 생명을 창조했다고 느슨하게 말해버리면, 화학과 정보, 하드웨어와 소프트웨어를 제대로 구분하지 못하는 것이다. 여기서 요지는, 현존하는 생명을 재공학하는 것—벤터가 한 일이 바로 이것이다—은 생명을 처음부터 새로 만드는 것과는 사실상 매우 거리가 멀다는 것이다.

생명을 처음부터 새로 만든다는 더욱 야심 찬 목표를 이룰 날마저 멀지 않았음을 암시하는 언론 보도가 나올 때도 있다. 2011년 7월 27일자 《뉴욕타임스》는 "살아 있다! 살아 있어! 바로 이곳 지구에서였을 것"이라는 극적인 제목을 붙여 "몇몇 화학자와 생물학자 들이…… 현대 유전학의 도구들을 써서 생명 없는 것과 생명 있는 것을 갈라놓고 있는 간극을 뛰뛰게 해줄 프랑켄슈타인식 전기불꽃을 만들어내려 하고 있다. 시험관 속의 화학물질들이 생명을 얻게 될 날이 다가오고 있다고 학자들은 말한다"라고 보도했다. 그 보도는 충분히 정확하다. 하지만 기사에 언급된 실험에서 사용한 생명의 정의는 극도로 느슨하다. 곧, 이따금 오류를 범하면서(돌연변이) 자기 자신을 복사할 수 있는 분자 혼합물을 생명이라고 보는 것이다. 화학의 측면에서 보면, 이 연구는 의심의 여지 없이 발군의 업적으로서, 생명의 그림퍼즐을 푸는 데 도움이 될 그림조각을 하나 손에 쥐어 준다. 그러나 그들의 분자복제계는 자율적으로 살아나가는 생체 세포와는 거리가 멀다. 아마 이걸 인정할 첫 번째 사람들이 바로 그 실험가들일 것이다.

여기서 근본이 되는 문제는, 이 실험들에서 쓰인 성분들이 단순하다는 것이 아니다. 문제는 그것보다 훨씬 깊다. 지금까지 공표된 성과 중 아무리 대단찮은 것이라 할지라도 그것을 이루려면 특별한 장비와 기술요원들, 불순물을 제거해 정제한 물질, 물리적 조건들에 대한 충실도 높은 통제가 필요하다. 거기다가 예산도 두둑해야 한다. 그러나 무엇보다도 지적인 설계자(다시 말해서 똑똑한 과학자)가 필요하다. 유기화학자는 실험을 통해 제조될 것이 무엇인지 미리 관념을 가지고 있어야 한다. 나는 그 실험들과 관련된 과학자들이나 합성생물학 분야의 창창한 앞날을 낮잡아보는 것이 아니다. 다만 생명의 **자연적** 기원과의 관련성을 낮춰볼 뿐이다. 우주생물학자들은 비싸고 화려한 장비, 불순물 제거 절차, 환경 안정화 시스템 그리고 무엇보다도 지적인 설계자 **없이** 생명이 어떻게 시작되었는지 알고 싶어 한다. 어쩌면 생명을 실험실에서 만들어내기가 정말로 쉽다고 판명이 날지도 모른다. 그러나 대자연이 제공하는 너저분하고 불확실한 조건들에서 생명이 자발적으로 생겨날 가능성은 여전히 극도로 낮을 것이다. 따지고 보면, 유기화학자들은 플라스틱을 쉽게 만들어낼 수 있지만, 자연적으로 플라스틱이 생겨나는 모습을 우리는 보지 못한다. 활과 화살처럼 단순한 것은 아이조차 금방 만들 수 있지만, 무생명 과정으로는 결코 만들어지지 못할 것이다.

따라서 (언젠가) 생명이 쉽게 창조될 수 있음을 알게 될 수 있을지라도, 단지 그 자체만으로는 생명이 우주적 명령임을 입증하지는 못한다.

논쟁의 판도를 흔들 만한 것이라면, 수없이 많은 방식으로 수없이 여러 차례 생명을 합성함으로써 과학자들이 어떤 공통된 원리들을 밝혀내어, 그 원리들을 실제 세계의 조건들에 적용할 수 있게 되는 것이다. 만일 그렇게 되면, 그런 원리들이 이미 과학적 지식 체계 속에 잠복해 있던 것이냐, 아니면 무언가 완전히 새로운 것이 필요하느냐는 깊은 물음이 열리게 될 것이다. 이 문제에서 슈뢰딩거는 열린 마음을 가지고 있었다. 그는 이렇게 적었다. "그러므로 우리는 보통의 물리법칙들로 생명을 해석하기가 어렵다고 해서 사기가 꺾여서는 안 된다. 왜냐하면 그 어려움은 생명 물질의 구조에 대해 지금까지 우리가 얻은 지식을 토대로 했을 때 예상할 수 있는 상황일 뿐이기 때문이다. 우리는 또한 그 구조 속에 퍼져 있는 새로운 유형의 물리법칙을 찾아낼 준비도 해야 한다."[13] 나도 슈뢰딩거와 같은 생각이다. 나는 충분히 큰 복잡성을 갖춘 정보처리계에서 새로운 법칙과 원리 들이 떠오를 것이며, 생명의 기원에 대한 완전한 설명은 그런 계들을 자세히 연구하는 데에서 나올 것이라고 믿는다. '나가는 말'에서 나는 이 사변적인 논제를 다시 다룰 생각이다.

그 사이, 관찰 전선에서 희망이 안 보이는 것은 아니다.

글상자 12: 생명은 행성적 현상인가?

우리가 아는 생명에는 세 가지 근본 특징이 있다. 유전자, 물질대사, 세포가 그것이다. 이 세 가지가 동시에 출현하지 않았음은 분명하다. 따라서 생명의 기원 연구가 풀어내야 할 한 가지 도전과제는 이 가운데 어느 것이 먼저인지 결정하는 것이다. 이 셋 중에서 가장 형성되기 쉬운 것은 세포이다. 자발적으로 세포 구조를 만들어내는 물질은 많다. 그래서 처음에 과학자들은 무수히 많은 작은 주머니들을 초기 지구에서 얻을 수 있었으며, 그것들이 자연의 '시험관' 구실을 해서, 자연이 그것들로 복잡한 유기화학 실험을 했을 것이라고 생각했다. 세포는 또 하나의 핵심적인 기능도 수행한다. 다윈주의적 진화에는 선택의 대상으로 삼을 단위가 있어야 하는데, 세포가 안성맞춤인 것이다. 생명이 없는 방울이라 해도 하나가 두 개의 작은 방울들로 분열하는 식으로 어느 정도나마 번식을 할 수 있다. 이렇게 되면 비슷한 것들끼리 모인 개체군이 진화적 역할을 할 길이 열리게 된다. **개체들**이 존재하지 않으면, 순정판 다윈주의는 무의미해진다.

최근 들어 이와 반대되는 시각 하나가 주목을 받았다. 아마 세포는 나중에 나왔을 것이고, 그전에 복잡한 화학이 이미 물질대사 주기와 네트워크 같은 것을 정립시켜 놓았다는 시각이다. 이런 화학적 자기조직화는 큰 규모에서 '대량으로'—이를테면 트인 바다에서—일어났을 수 있다. 일단 물질대사 과정들이 스스로 돌아가고 스스로 강화할 수 있게 되자, 개별 단위들로 조각날 길이 열렸을 것이고, 오늘날 생체세포라고 인식하는 것에 마침내 이르게 되었으리라고 보는 것이다. 이는 생명의 기원에 대한 하향식 접근법이다. 세포 이전 단계는 아마 열역학적으로 우호적인 환경에서만 일어났을 것이다. 이를테면 심해의 화산 분화구 또는 행성 전체를 다 포괄했을 수도 있다. 생물학자 에릭 스미스와 작고한 해럴드 모로위츠Harold Morowitz는 생명의 그림을 본질적으로 지질적인 또는 행성적인 현상으로 그린다. 그 그림에서 초기 지구의 지구화학은 생명 이전 단계와 함께 진화한다. 그러다가 행성의 상전이planetary phase transition라고 할 만한 것으로부터 마침내 우리가 생명이라고 부르는 것이 떠올랐을 것이라고 그들은 추측한다.[14] 흥미로운 가설이다.

그림자 생물권

생명을 잉태하는 데에서 우연이 부수적인 역할만 하고, 생명의 잉태 과정이 더 '법칙스럽고', (드뒤브가 표현한 대로) 명령에 더 가깝다고 한번 해보자. 그러면 생명의 청사진이 어떤 식으로인가 물리법칙 속에 내재되어 있다고, 그래서 본래적으로 생명 친화적인 우주가 낳으리라고 **예상되는** 산물이라고 할 수 있을까? 아마도 그렇게 말할 수 있을 것이다. 그런데 문제는 이런 생각들이란 철학적이지 과학적이지는 않다는 것이다. 조건이 허락될 때마다 어느 정도 자동적으로 생명이 생겨남을 함축할 법칙이란 게 대체 어떤 것이겠는가? 물리법칙에는 좋아하는 상태 또는 목표한 상태로 '생명'을 발탁하는 것이란 없다. 지금까지 발견된 물리학과 화학의 모든 법칙들은 '생명을 보지 못한다 life blind.' 그 법칙들은 물질의 생물학적 상태를 비생물학적 상태와 구별해서 따로 신경 쓰는 바가 전혀 없는 보편적인 법칙들이다. 만일 자연에 어떤 '생명원리'가 작용하고 있다면, 그것은 아직 발견되지 않은 것이다.

생명은 쉽게 시작되고 우주에 생명이 널리 퍼져 있다고 생각하는 낙관주의자들의 편에 서서 한번 논증을 펼쳐보자. 만일 생명의 발생이 불가피하고 흔히 일어나는 일이라면, 그것을 뒷받침할 증거를 어떻게 얻을 수 있을까? 만일 우리가 아는 생명과는 독립적으로 처음부터 새로 생겨났다고 확신할 수 있는 제2의 생명 표본을 (다른 행성이나 위성, 또는 혜성에서) 찾아낸다면, 드뒤브가 말한 '우주적 명령'을 뒷받침하는 사례임이 즉각적이고 극적으로 확증될 것이다. 내 견해로는, 제2의 생명 탄생을 찾을 가장 유망한 장소는 바로 이곳 지구라고 본다. 수없이 많은 과학자들이 열렬하게 믿는 바대로 만일 생명이 정말로 쉽게쉽게 시작된다면, 분명 지구에서도 생명은 여러 차례 시작되었어야 할 것이다. 음, 생명이 그러지 않았음을 알 길이 있을까? 누가 실제로 눈으로 본 사람이 있던가?

이런 각본을 생각해보자. 40억 년 전에 지구에서 생명이 떠오른다. 그로부터 1000만 년 뒤에 거대한 소행성이 지구를 강타

해서 어마어마한 열을 방출해 바다를 끓이고 지표면을 멸균시킨다. 하지만 타격이 그처럼 커도 생명을 모조리 파괴하지는 못할 것이다. 엄청난 양의 암석이 우주공간으로 분출될 것이고, 그 중 일부에는 지구 최초의 미세한 거주민들이 담겨 있을 것이다. 암석에 실린 미생물 화물은 태양 둘레를 돌면서 수백만 년 동안 생존할 수 있을 것이다. 그러다가 마침내 이 암석들 중에서 지구로 되돌아갈 길을 찾아들어 운석이 되어 떨어진 것들이 있을 것이다. 그렇게 생명이 다시 고향으로 돌아온 것이다. 그런데 격변을 일으켰던 그 충돌이 있고 그 몇백만 년이 흐르는 사이, 지구에서 두 번째 생명이 시작되었다(생명은 쉽게 시작된다는 것을 기억하라). 그래서 우주공간으로 떨어져나갔던 암석이 지구로 돌아오자, 이제 지구에는 **두 가지** 생명꼴이 있게 된다. 거대한 천체들이 지구를 연달아 때리는 일이 2억 년 동안 이어졌기 때문에, 위의 각본은 여러 차례 되풀이되었을 수 있다. 그래서 마침내 그 폭격이 수그러들었을 때, 서로 독립적으로 형성된 수십 가지 생물체들이 지구에서 공존하게 되었을 수 있다. 여기서 흥미로운 물음을 던져보자. 우리가 알지 못하는 생명의 이런 예들 가운데 적어도 하나 정도는 현재까지 살아남지 않았을까? 지구상의 거의 모든 생명은 미생물꼴이기 때문에, 눈으로만 봐서는 녀석들을 똑딱거리게 하는 것이 무엇인지 구분할 수 없다. 따라서 녀석들의 분자적 내부를 들여다보아야 한다. 그렇게 하면 '우리' 생명꼴을 대표하는 미생물들과 '다른' 생명을 대표하는 미생물들—우리와는 독립적으로 기원한 생명에서 유래했다는 의미에서 보면 진정한 외계 생명일 것이다—이 뒤섞여 있음이 눈에 들어올지도 모른다. 그런 외계 미생물 개체군의 존재에는 '그림자 생물권shadow biosphere'이라는 별칭이 붙어 있으며, 이제까지 미생물학자들이 간과해왔던 외계 생명이 바로 우리 코밑에—또는 우리 코 **속**에까지—있을 흥미로운 가능성을 담고 있다.[15]

그림자 생명을 식별해내기는 매우 어려울 것이다. 내 동료들과 함께 나는 몇 가지 폭넓은 전략을 생각해냈고, 내 책《오싹한 침묵*The Eerie Silence*》[한국어판 제목: 침묵하는 우주]에서 설명해 놓았다. 예를 들면, 우리는 조건이 너무나 극단적이어서 우리가 아는 모든 생명—심지어 극한환경미생물까지도—이 도달할 범위를 넘어선 곳들에서 그 다른 생명을 찾아볼 수 있을 것이다. 이를테면 바다 밑 화산 분화구 근처에서 유출물이 흐르는 지역이 그런 곳으로, 온도가 130℃를 훌쩍 넘어선다. 그런데 만일 그림자 생명이 우리가 아는 생명과 뒤섞여 있다면, 그 생명을 식별하기는 더욱 어려워질 것이다. 우리가 아는 모든 생명의 물질대사를 무너뜨리거나 느리게 하는 어느 화학물질이 그동안 소수의 그림자 미생물 개체군을 번성하게 했다면, 눈에 띌 것이다. 과학자 몇 사람이 이런 계열의 연구를 시작했지만, 그런 발견이 얼마나 중대한 결과를 가져올 것인지 감안하면, 그런 연구가 별다른 주목을 끌지 못하고 있는 게 놀라울 정도이다. 이 문제를 해결하는 데 필요한 것은, 생명은 생명이되 우리가 아는 생명이 아닌 생명을 대표하는 미생물 하나—단 하나—만 발견하면 된다. 생화학적인 측면이 우리 자신과 충분히 달라서 독립적 생명 발생이 있었다는 결론을 피할 수 없게 해줄 생물 하나가 우리 손안에(또는 우리 현미경 아래) 들어온다면, 우주가 기름진 곳이라는 주장의 정당성이 입증될 것이다. 생명이 두 번 일어날 수 있다면, 수천억 번도 일어날 수 있음은 확실하다. 그리고 그 외계 미생물 단 하나는 꼭 어디 아득히 먼 행성에 있을 필요가 없다. 그런 생명은 여기 지구에도 있을 수 있으니까 말이다. 당장 내일이라도 그런 생명이 발견될 수 있고, 그러면 우리가 우주를 보는 시각 그리고 그 우주 안에서 인류가 차지하는 자리에 대한 시각이 뒤엎어질 것이고, 우주 어딘가에 지적 생명이 있을 가망성도 크게 높여줄 것이다.

지난 35억 년 세월을 되돌아보면, 생명이 기원한 일은 첫 번째이자 가장 중대한 꼴바꿈 사건—무생물→생물—이었다. 하지만 진화의 역사에는 다른 중요한 과도 과정도 여러 차례 있었다. 그것이 없이는 더 이상의 진전이 불가능했을 결정적인 단계들 말이다.[16] 생명이 시작되고 10억 년 남짓이 흐른 뒤, 그다음으로 중요한 과도 과정이 있었다. 곧, 진핵생물이 도래한 것이다. 유성생식도 또 하나의 큰 걸음을 뗀 것이다. 그다음에는 단세포성에서 다세포성으로의 도약이 있었다. 이런 꼴바꿈을 계속 일어나도록 촉진한 것이 무엇이었을까? 이런 과정들의 밑바탕에 깔린 공통된 특징이 뭐라도 있을까? 진핵생물의 탄생, 유성생식, 다세포성, 이 모두는 두드러진 신체적 변화와 관련이 된다. 그러나 진정한 유의미성은 꼴이나 복잡성의 변화가 아닌 그 변화에 수반되는 **정보적 짜임새**informational architecture의 재조직화에 있다. 각 단계는 대대적인 '소프트웨어 업그레이드'를 나타낸다. 그리고 그중에서도 가장 큰 업그레이드는 약 5억 년 전에 원시적인 중추신경계가 출현하면서 시작되었다. 그 과정을 오늘날까지 빠르게 감아서 보면, 우리가 아는 가장 복잡한 정보처리계인 사람의 뇌에 이르게 된다. 생명의 마법퍼즐상자에 담긴 것 중에서 의심할 여지 없이 가장 놀라운 현상인 '의식'이 바로 그 계에서 비롯한다.

7

기계 속의 유령

"바로 마음의 토대인 의식의 본성에 대해 우리는 로마인들이 알았던 정도만큼만 안다. 곧, 아는 것이 아무것도 없다."

—베르너 뢰벤슈타인Werner Loewenstein[1]

더블린 강연이 있고 13년 뒤, 에르빈 슈뢰딩거는 케임브리지대학교에서 했던 '의식의 물리적 기초The physical basis of consciousness'라는 제목의 강연에서 생명이라는 주제를 다시 다루었다.[2] "어떤 종류의 물질적 과정이 의식과 직접 연관되어 있을까?"라는 물음에 초점을 맞춘 슈뢰딩거는, 가장 예사롭지 않은 이 현상에 대한 물리학자의 시각을 제시해 나갔다. 생명이 가진 수많은 불가해한 속성 중에서도 의식 현상은 특히나 두드러지게 놀라움을 던져주는 현상이다. 의식의 기원 문제는 아마 오늘날 과학이 당면한 것 가운데에서 가장 풀어내기 힘든 문제일 것이며, 2000년 하고도 500년 넘게 숙고에 숙고를 거듭했음에도 불구하고 여태 거의 파고들어 가지 못한 유일한 문제일 것이다. 슈뢰딩거가 던졌던 '생명이란 무엇인가?'라는 물음이 답을 내리기에는 충분히 어려운 물음임을 그동안 알게 되었지만, '마음이란 무엇인가?'라는 물음은 그보다 훨씬 껍질이 단단한 호두 같아서 깨기가 더욱 어렵다.

마음 또는 의식을 설명하는 일은 과학계가 풀어내야 할 도전과제 이상의 의미를 가진다. 어떤 생물에 의식이 존재하느냐, 존재한다면 얼마만큼 존재하느냐는 것에 걸려 있는 윤리적 및 법적 문제가 수없이 많다. 이를테면 낙태, 안락사, 뇌사, 식물인간 상태, 속간힘증후군locked-in syndrome 등에 대해 어떤 의견을 가질 것이냐는, 해당 대상이 의식을 얼마만큼 가졌느냐에 달려 있을 것이다.* 의식을 찾을 가망이 전혀 없는 사람의 생명을 인위적으로 늘리는 것이 옳은 일일까? 무반응 상태의 뇌졸중 환자가 주변의 일을 실제로 자각하고 있는지, 그래서 돌봄이 필요한지 어떻게 판별할 수 있을까? 동물학대에 대한 정의와 관련하여 동물권이 종종 기초로 삼는 논증들은 동물이 과연 괴로움을 당할 수 있느냐, 다시 말해서 동물이 '고통을 느끼느냐'의 여부, 만일 고통을 느낀다면 언제 고통을 느끼느냐는 문제에 대한 매우 두루뭉술한 논증들이다.** 그뿐만 아니라 목하 떠오르고 있는 비생물적 지능non-biological intelligence 분야도 있다. 로봇은 의식을 가질 수 있을까? 만일 로봇에 의식이 있다면, 로봇도 권리와 책임을 가질까? 탄탄한 과학이론에 기초해서 '의식의 정도'를 누구나 받아들일 수 있게 정의할 수 있다면, 이처럼 많은 논란을 일으

---

* 이 책을 쓸 당시에 세인의 주목을 받은 사례가 하나 있다. 찰리 가드(Charlie Gard)라는 이름의 아기가 있는데, 어떻게 손써볼 도리가 없는 불치의 증후군을 가지고 태어난 탓에 거의 아무 반응도 없는 상태에 처해 있었다. 법정에서는 아기에게 실험적인 치료법을 허용하기보다는 생명유지장치를 제거하라는 판결을 내렸다.

키는 문제들에 대해 아마 더 나은 판단을 할 수 있을 것이다.

우리에게는 의식에 대한 포괄적인 이론이 아직 없다. 서양 사회에서는 의식을 가진 마음이란 그 자체로 하나의 존재자라는 생각이 만연해 있다. 이런 시각은 종종 17세기 프랑스의 철학자인 르네 데카르트René Descartes로 거슬러 올라가곤 한다. 데카르트는 몸과 마음, 이 두 가지가 인간 존재를 이루고 있다고 상상했다. 그는 몸과 마음을 각각 연장성을 가진 것res extensa(대충 말하면 물질을 이르는 말)과 사고성을 가진 것res cogitans(애매하긴 하지만 마음을 이르는 말)으로 지칭했다. 대중적인 기독교 문화에서는 후자의 개념을 영혼과 혼동할 때도 있었다. 이를테면 기독교 문화에서 영혼은 별도로 존재하는 비물질적인 성분으로서, 신자들은 그 성분이 우리 몸에 거주하다가 우리가 죽으면 어딘가로 떠나간다고 생각한다. 현대 철학자들(과 이 문제에 관한 한, 현대의 신학자들)은 데카르트식 '권력분립'이라고 알려진 이런 '데카르트적 이원론'을 비판적으로 보는 것이 일반적이고, 인간 존재를 일원적 존재자로 생각하는 쪽을 선호한다. 1949년에 옥스퍼드의 철학자 길버트 라일Gilbert Ryle은 '기계 속의 유령the ghost in the machine'이란 경멸조의 말을 만들어 데카르트의 입장을 서술했다

** 1973년에 영국에서 아이마우스 새우(Eyemouth prawns) 사건이라는 유명한 법적 심사가 벌어졌다. 열여섯 살의 한 소녀가 새우를 산 채로 열판 위에서 요리했다고 하여 동물학대죄로 기소되었다. 그 사건은 결국 기각되었지만, 이미 소련 언론의 주목을 받은 터였다. 당시 영국은 산업 혼란과 경제적 쇠퇴의 시기를 겪고 있었는데, 모스크바는 이 새우 사건을 서구가 몰락하고 있음을 보여주는 한 사례로 삼았다. 말인즉슨, 붕괴하는 자본주의 체제에 맞서 노동자들이 반기를 들고 있는 이때, 어떻게 영국인들은 그처럼 사소한 일에 몰두할 수 있단 말인가?

(그는 데카르트의 입장을 마음에 관한 '공식적인 시각'이라고 불렀다). 그는 비물질적인 마음이 기계적인 몸을 제어하는 것을, 이를테면 운전자의 제어를 받는 자동차에 조롱조로 빗대었다.[3] 라일은 이런 신비주의적 '학설'은 사실의 측면에서도 잘못되었을 뿐만 아니라 개념적으로도 깊은 흠이 있다고 논했다. 그러나 대중의 상상 속에서 마음은 여전히 기계 속에 자리 잡은 흐릿한 유령 같은 것으로 여겨지고 있다. 이 책에서 나는 생명 물질이 가진 놀라운 속성들을 정보 개념이 설명해낼 수 있다고 논했다. 생명의 정보처리가 가장 훌륭하게 발현된 곳이 바로 뇌이다. 그래서 마음과 물질 사이에 다리가 되어줄 만한 측면이 정보에 있다고 여기고픈 마음이 굴뚝 같다. 정보가 생명과 무생명 사이를 연결해준 것처럼 말이다. 회오리치는 정보 패턴들이 '생명력'을 구성하지 않듯, '유령'을 구성하지도 않는다. 그러나 악마의 역할을 하는 분자 구조물들이 정보를 조작한다는 것은 아마 라일이 비웃었던 이원론의 느낌을 어렴풋이 풍길 것이다. 하지만 그 이원론의 뿌리는 신비주의에 있는 것이 아니라 엄밀한 물리학과 계산이론에 있다.

집에 누구 없소?

일상생활에서 우리가 어떤 뜻으로 의식에 대해 말하는지 살펴보는 것으로 출발해보자. 우리 대부분은 거칠게나마 이미 의식을 정의해놓고 있다. 곧, 의식이란 우리의 주변 환경과 우리 자신의 존재에 대한 자각이라고 보는 것이다. 어떤 이들은 여기에 자유의지의 의미를 곁들이기도 할 것이다. 우리는 느낌, 생각, 감각 들로 이루어진 마음 상태들을 가지고 있으며, 어떤 식으로인가 우리의 마음 세계는 뇌를 통해 물리 세계와 엮인다. 우리가 가진 의식의 정의는 이 정도이다. 의식을 더욱 정밀하게 정의하려고 하면, 생명을 정의하려 할 때 맞닥뜨리는 것과 똑같은 문제들에 봉착하는데, 다만 문제의 까다로움은 훨씬 심하다. 컴퓨팅의 토대에 대한 연구로 유명한 수학자 앨런 튜링은 1950년에 《마인드》지에 발표한 한 논문에서 이 문제를 거론했다.[4] "기계가 생각할 수 있을까?"라는 교묘한 물음을 던지면서, 튜링은 인공지능의 본성에 대해 오늘날 마주하고 있는 절망적인 상황의 많은 부분을 미리 보여주었다. 튜링의 주요 공로는 그가 '모방게임imitation game'*이라고 불렀던 것—흔히 '튜링시험Turing test'이라고 지칭한다—으로 의식을 정의한 것이다. 기본이 되는 생각은 이렇다. 만일 기계를 심문하는 사람이 상대가 내놓은 대답이 컴퓨터에서 나온 반응인지 아니면 또 다른 사람이 내놓은 반응인지 분간할 수 없다면, 그 컴퓨터는 의식을 가졌다고 정의할 수 있다는 것이다.

이에 대해 어떤 이들은 컴퓨터가 의식의 모양새를 설득력 있게 본떠낼 수도 있겠지만 그렇다고 컴퓨터가 의식을 **가졌다**는 뜻은 아니라고 반대하기도 한다. 말하자면 튜링시험은 순전히 빗대는 방법analogy으로만 의식을 시험대상에 귀속시킨다는

* 최근에 튜링의 생애를 다룬 영화의 제목이기도 하다.

말이다. 그렇지만 다른 사람과의 관계에서 우리가 늘 하는 것이 바로 정확히 그것 아니던가? 데카르트는 이런 말을 한 것으로 유명하다. "나는 생각한다. 그러므로 나는 존재한다." 그러나 나는 내가 하는 생각은 알고 있지만, 상대방이 되지 않고서는 상대가 하는 생각을 내가 알 수는 없다. 나는 상대의 행동을 보고, 내 행동과 빗대어보는 방법을 써서, 상대의 몸속에 "누군가가 거주하고 있다"라고 추론할 것이다. 그러나 결코 확신은 하지 못할 것이다. 상대도 나에 대해서 마찬가지 입장일 것이다. 내가 할 수 있는 최선은 "너는 생각하고 있는 것처럼 보이니, 너는 존재하는 것처럼 보인다"라고 말하는 것뿐이다. 나 이외에 다른 마음의 존재를 부정하는 철학적 입장을 유아론solipsism이라고 한다. 이 자리에서 나는 유아론에 천착하지는 않을 생각이다. 왜냐하면 만일 여러분—독자—이 존재하지 않는다면, 내 유아론 논증에 여러분이 관심을 가질 일도 없거니와 나는 내 시간만 허비하게 될 테니까 말이다.

수 세기 동안 철학자들은 마음의 세계와 물질의 세계를 연결하려고 끙끙대왔다. 이 난제는 때때로 '몸-마음 문제mind-body problem'라는 이름으로 불리기도 한다. 의식 또는 마음에 대해 수천 년 동안 인기를 끌었던 한 가지 시각은, 그것이 모든 사물들이 보편적으로 가진 기본 특징이라고 보는 것이었다. 범심론pan-psychism이라고 하는 이 학설은 수많은 변이형이 있지만, 하나의 기본 자질로서 마음이 우주에 충만하다는 믿음을 다들 공통적으로 가지고 있다. 여기서 사람의 의식은 보편적 마음의 본질이 집중되고 증폭되어 표현된 것에 지나지 않는다. 이런 측면에서 범심론에는 생기론과 공통된 요소들이 있다. 그런 사고는 20세기까지도 이어졌다. 이를테면 융의 심리학에서도 그런 측면들을 찾아볼 수 있다. 하지만 범심론은 전기화학적 복잡성을 강조하는 현대의 신경과학과 편안히 공존하지 못한다. 특히 뇌가 가진 높은 기능들은 신경 짜임새의 집단적 조직화와 분명하게 연관되어 있다. 신경세포neuron 하나하나가 '약간의' 의식을 가지고 있어서 신경세포들이 많이 모이면 더욱 의식적이 된다고 하면 별로 말이 되지 않을 것이다. 신경세포 수백, 수천만 개가 통합되어 복잡하고 상호연결성이 높은 네트워크를 이룰 때에만 의식은 떠오른다. 사람의 뇌에서 이루어지는 의식경험은 동시에 현전하는 수많은 성분들로 구성된다. 예를 들어 내가 어떤 풍경을 의식하면, 그 순간의 풍경 경험에는 시야 곳곳에서 들어온 시각정보와 청각정보가 포함되고, 그 정보들은 뇌의 여러 부위에서 정교하게 처리된 다음, 결이 맞는 하나의 전체로 통합되고, 하나의 의미로운 전체적 경험으로서 (어떻게 해서인가!) '의식을 가진 나'(그게 뭐든 간에)에게 전달되는 것이다.

이 모두는 흥미로운 물음을 하나 던지게 만든다. 곧, 마음이 자리하는 곳은 **정확히 어디인가**? 분명한 답은, 우리 두 귀 사이 어딘가에 있다는 것이다. 그러나 이번에도 우리는 완전하게 확신할 수는 없다. 오랫동안 사람들은 느낌의 근원을 뇌가 아닌 다른 기관들, 이를테면 창자, 심장, 비장 등과 연관시켰다. 이 고대의 믿음이 남긴 흔적은 실로 아직까지도 살아남아 있다. 이를테면 화가 나면 '비장을 배출하다venting their spleen'라고 묘사하기도 하고, '창자 느낌gut feeling'을 직관을 뜻하는 말로 쓰기도 한다. 낭만적 사랑과 관련하여 '심장을 뛰게 하는 이sweetheart' '심장을 고동치게 하는 존재heartthrob' '심장이 부서지다heartbroken' 같은 말들을 매우 흔하게 쓴다. 애정을 담은 말로 "그대는 나의 뇌를 뛰게 하는 사람sweetbrain"이라고 말하면, 비록 과학적으로는 더 정확한 표현이라 할지라도, 여인의 '심장을 얻게win the heart' 해줄 가능성은 없을 것이다("나의 편도를 뛰게 하는 사람sweetamygdala"은 그보다 더 가능성이 없을 것이다).

더 극단적으로 가보자. 의식의 근원이 단연 우리 몸속에 있다고 어떻게 확신할 수 있는가? 사람 머리를 때리면 의식을 잃게 만들기 때문에, '의식의 자리'는 틀림없이 머리뼈 내부에 있을 것이라는 생각이 들 수도 있다. 그러나 그렇게 결론 내릴 논리적 근거는 없다. TV에서 심란한 뉴스가 나오자 격분해서 TV를 치면, TV 스크린이 꺼질 수도 있다. 그러나 그렇다고 해서 텔레비전 속에 뉴스 앵커가 있다는 뜻은 아니다. 텔레비전은 수신기에 불과하다. TV에서 보는 뉴스가 진짜로 행해지는 곳은 멀리 떨어진 해당 방송국이다. 그렇다면 뇌는 다른 어딘가에서 만들어진 '의식의 신호'를 수신하는 장치에 불과할 수도 있을까? 혹 그 신호가 남극에서 오는 것일까? (남극이라고 진지하게 생각하는 것은 아니다. 그냥 요지를 말하고자 하는 것뿐이다.) 사실 '저기 어디 있는' 다른 누구 또는 다른 무엇이 '우리 머릿속에 생각을 집어넣는' 것일지도 모른다는 생각은 널리 퍼져 있는 생각이다. 데카르트 자신이 그런 가능성을 제기하기도 했다. 그는 짓궂은 악마가 우리 마음을 가지고 장난을 친다고 상상했다. 오늘날에는 많은 사람들이 텔레파시를 믿는다. 그렇기 때문에 마음이 다른 곳에 있다는 기본 생각은 그렇게까지 터무니없지는 않다. 사실 저명한 과학자 중에도, 우리 마음속에 퍼뜩 떠오르는 모든 것이 꼭 우리 머리에서 기원하지는 않는다는 생각을 집적거린 이들이 있을 정도이다. 이 가운데에는, 비록 신비주의에 더 가깝기는 하지만 인기를 끄는 생각 하나가 있다. 수학적 영감의 번뜩임은 수학적 형상과 관계 들이 자리하는 플라톤적인 영역, 뇌 너머에 있을 뿐만 아니라 공간과 시간까지도 넘어서 있는 그 영역을 수학자의 마음이 어떻게 해서인가 '뚫고 들어가서' 일어난다는 생각이다.[5] 우주론자인 프레드 호일Fred Hoyle은 한때 이보다 한층 과감한 가설을 품은 적이 있었다. 곧, 뇌에서 일어나는 양자효과들이 우리 사고 과정에 외부로부터의 입력이 있을 가능성을 열어두어, 우리를 유용한 과학적 개념들로 인도해준다는 것이다. 호일은 이 '외부의 길라잡이'가 우주의 아득히 먼 미래에서 미묘하지만 잘 알려져 있는 양자역학의 '시간 거꾸로 가기backwards-in-time' 속성을 이용해 과학적 진보의 방향을 조종하는 어떤 초지능체일지도 모른다는 생각을 내놓았다.[6] 그런 엉뚱한 생각들은 일축한다 할지라도, 미래에는 확장된 마음extended minds이 보통이 될 수도 있다. 사람들은 마음 활동의 일부를 강력한 계산 장치들에 내맡겨서 더욱 높아진 지능을 즐길 수도 있다. 그 장치들은 아마 클라우드 속에 위치해서 와이파이를 통해 뇌와 연결될지도 모른다. 그렇게 하면 뇌의 일부는 의식의 수신기로 다른 일부는 의식의 생산자로 목적을 재조정하는 셈이 될 것이다.

우리 사고가 뇌의 외부에서 생성된다는 추측을 극단으로

끌고 간 한 예가 바로 본뜨기 논증simulation argument[시뮬레이션 논증]으로서, 현재 일부 철학자들 사이에서 유행하고 있으며, 영화 〈매트릭스〉를 통해 널리 알려졌다. 여기에 깔린 일반적인 생각은, 우리가 '실제 세계'라고 여기는 것이 사실은 진짜 실제 세계에 있는 기똥차게 좋은 컴퓨터의 내부에서 창조된 근사한 가상현실 쇼라는 것이다. 이런 구도에서 보면, 사람들은 본떠진 의식의 모듈들이다.* 본뜨는 주체simulators—그들이 누구 또는 무엇인지, 또는 **그것**이 무엇인지—에 대해서는 아무것도 말할 수 없다. 왜냐하면 우리 불쌍한 본떠진 것들은 시스템 속에 붙들려 있기에 우리가 있는 곳을 초월해 있는 본뜨는 주체(들)의 세계에 결코 접근할 수 없기 때문이다. 우리가 사는 본떠진 가짜 세계에서 우리는 본떠진 (가짜) 몸을 가지며, 그 몸속의 뇌도 본떠진 것이다. 그러나 의식과 함께 이루어지는 실제 생각, 감각, 느낌 등은 결코 그 가짜 뇌에서 생겨난 것이 아니라, 그 가짜 뇌와는 전혀 다른 존재의 면에 자리한 본뜨기 시스템에서 생겨난 것이다.

이런 색다른 각본들을 생각해보는 일이 재미는 있지만, 지금부터 나는 보수적인 시각을 고수할 생각이다. 곧, 의식은 실제로 어떻게 해서인가 뇌 속에서 생성된 것이라고 보고, 어떤 물리적 과정이 의식을 만들어낼 수 있는지 묻겠다는 것이다. 이렇게 판을 좁혔다고 해서 실망하지는 말기를. 이것만으로도 우리

* 여기서 '컴퓨터'라는 말은 적당하지 않다. 왜냐하면 우리가 오늘날 컴퓨터라고 생각하는 것으로는 의식을 본떠내지 못할 것임이 거의 확실하기 때문이다.

가 드잡이해야 할 도전적인 문제들은 여전히 차고 넘치니까 말이다.

마음이 물질을 다스린다

유아론자가 아닌 이들—나 말고 다른 사람들도 의식을 가지고 있음을 인정하는 이들—이라 해도 사람이 **아닌** 생물들도 의식을 가지고 있느냐에 대해서는 의견이 분분하다. 사람들은 대부분 자기들이 키우는 애완동물들이 마음을 가지고 있다는 가정에 아무 문제도 못 느끼는 것 같지만, 생명의 나무를 타고 원시의 밑둥치까지 미끄러져 내려가 보면, 마음의 유무를 날카롭게 구분해주는 경계도 보이지 않고 '저기 뭔가 있다'라는 행동적 단서도 보이지 않는다. 쥐에게 의식이 있을까? 파리는? 개미는? 세균은? 빗대는 방법을 써서 논증하고 싶은 경우에 기준으로 삼을 의식의 중요한 한 가지 특징은 주변 환경을 자각하고 변화에 적절하게 반응하는 능력일 것이다. 음, 세균이 먹이를 향해 이동하는 모습에는 목적을 가지고 행위하는 것처럼 보이는 면이 있다. 그러나 여러분이나 나와 같은 방식으로 세균이 정말로 '배고픔을 느낄' 수 있다고 상상하기는 어렵다. 그러나 누가 그걸 알겠는가?

뇌의 해부적 구조에 기대어 논증할 때도 있다. 뇌 및 뇌와 연관된 신경계가 하는 일의 대부분이 무의식적으로 수행되는 것임은 분명하다. 기본 살림 기능들, 이를테면 감각신호를 처리하고 통합하기, 기억 검색하기, 운동 활동 제어하기, 심장을 계속 뛰게 하기 같은 기능들은 우리가 자각하지 못한 상태에서 진행된다. 사람이 의식을 잃어도(이를테면 깊은 잠에 빠졌거나 마취 상태여도) 뇌의 많은 부위들은 무탈하게 돌아간다. 이는 뇌 전체가 의식을 가진 것은 아님을, 더 정확히 말하면, 의식을 생성하는 기능은 뇌의 일부—흔히들 겉질시상corticothalamus이라고 불리는 부위라고 여긴다—에만 국한되어 있다는 것을 암시한다. 그러나 뇌에서 무의식적이기는 해도 여전히 경탄을 자아낼 만큼 복잡한 다른 부분들에는 없는데 겉질시상에는 있는 속성이 정확히 무엇인지 결정하기란 어렵다. 더군다나 동물 중에는 새들처럼 지적인 행동을 내보이는 동물들도 있는데, 이 동물들이 가진 뇌 해부구조의 조직성은 사람과는 매우 다르다. 그래서 의식과 지능이 함께 가는 것은 아니거나, 아니면 어느 특정 뇌 부위에 의식을 귀속시키는 것은 잘못이거나 할 것이다.

그러나 한 가지만큼은 논란의 여지가 없다. 곧, 뇌가 정보를 처리한다는 것이다. 바로 그래서 '의식의 근원'을 우리 머릿속에서 회오리치는 정보 패턴들에서 찾고 싶어지는 것이다. 그동안 신경학자들은 피험자가 이런저런 감각작용이나 감정을 경험하거나 감각기관의 입력을 받았을 때 뇌에서 어떤 일이 일어나는지 지도를 그리는 일에서 장족의 발전을 했다. 그건 쉬운 일이 아니다. 사람의 뇌에는 신경세포가 약 1000억 개가 있고(은하계에 있는 별의 수와 얼추 비슷하다), 신경세포 하나하나는 다른 신경세포 수백 개—아마 수천 개까지—와 연결되어 정보 흐름의 방대한 네트워크를 형성한다. 신경세포 수십억 개가 빠르게 발화하면서 보낸 전기화학 신호들이 그 네트워크 속을 정교하게 연쇄적으로 흘러 다닌다. 그리고 어떻게 해서인가 이 어지러운 전기적 혼전으로부터 결이 맞는 의식이 떠오른다.

의식 문제를 정제해서 가장 기본이 되는 것만 남겨보면, 우리가 알고자 하는 것은 다음 두 물음에 대한 답이다.

1. **어떤 물리적 과정이 의식을 생성하는가?** 슈뢰딩거가 물었던 물음이 바로 이것이다. 이를테면 뇌에서 일어나는 것 같은 부류의 회오리치는 전기 패턴들이 의식을 생성하는 것처럼 보이는데, 그렇다면 국가전력망에서 회오리치는 전기 패턴들의 경우는 어떠할까? 첫 번째 예에 대해서는 수긍하고, 두 번째 예에 대해서는 부정한다면, 의식 문제에 걸려 있는 것은 전기 자체가 아니라 **패턴들**로 귀결되지 않겠느냐는 물음이 생긴다. 뇌는 충분히 복잡한데 전력망은 그렇지 않다고 할 만한 어떤 패턴 복잡성의 문턱이 있을까? 그리고 여기서 중요한 것이 패턴이라면, 꼭 전기로 만들어진 패턴이어야 하는가, 아니면 어른거리는 어떤 패턴이든 복잡하기만 하면 다 되는가? 사납게 흐르는 액체는 혹 어떠한가? 또는 서로 맞물린 화학적 주기들은? 그게 아니면, 패턴 외에 다른 성분이 필요할 수도 있을까? 그럼 아마 의식에 관한 '전기 플러스electricity plus' 이론이라고도 부를 수 있을 텐데, 그렇다면 그 '플러스' 부분이 무엇일까? 아무도 모른다.

2. **마음이 존재한다고 하면, 마음은 물리적 세계에 어떻게 차이를 만들 수 있는가?** 말하자면 마음이 어떻게 물질과 엮여서 물질적인 것들에게 인과적 영향력을 발휘하는가? 이것이 바로

옛날부터 내려온 몸-마음 문제이다. 내가 내 팔을 움직이기로 선택해서 내 팔이 움직인다면, 물리적 우주에서 무언가가 바뀌는 것이다(이를테면 내 팔의 위치가 달라지게 된다). 그런데 어떻게 이런 일이 일어나는 것일까? '선택'이나 '결정'이 어떻게 원자들의 운동으로 변환되는 것일까? 내 팔을 움직이고자 하는 욕망은 회오리치는 전기 패턴들에 지나지 않으며, 그 패턴들이 전기 신호들을 촉발시키고, 그 신호들이 신경을 타고 내 팔까지 도달해서 근육 수축을 야기한다는 말은 내게 아무 소용이 없다. 왜냐하면 그것은 수수께끼 1에 호소해서 수수께끼 2를 설명하는 것이나 다를 바가 없기 때문이다.

이렇게 내가 문제를 서술해 나가는 바탕에는 한 가지 숨은 가정이 깔려 있는데, 의식에 대한 논의에서 항상 암묵적으로 깔려 있는 가정이다. 곧, 의식을 '소유하는' 어떤 행위자 또는 인격 또는 존재자가 존재한다는 것이다. 마음은 누군가'의 것'이다. 물론 여기서 내가 말하고 있는 것은 바로 자아감각이다. 엄밀하게 말하면, 우리는 세계를 의식하고 있음과 나 자신을 의식하고 있음('자의식')을 반드시 구별해야 한다. 아마 파리는 세계를 의식할지는 몰라도 하나의 행위자로서 자기 자신을 의식하지는 않을 것이다. 그러나 사람에게는 깊은 자아감각, 곧 '기계 속의 유령' 같은 것이 있다는 느낌이 있음을 부정할 수 없다.* 그런 이

* 어린아이들을 상대로 한 심리학 실험들은 약 두 살이 되기 전까지는 완전한 자아인식이 발달하지 않음을 시사한다.

원론에 철학적으로 어떤 문제점이 있든 간에, 거의 모든 사람들이 마음을 실재하는 것으로 간주한다고 말하는 것이 무탈할 듯싶다. 그런데 마음이란 게 무엇일까? 물질적인 실체도 에테르적인 실체도 아니다. 그럼 혹 정보? 정보라면, 그냥 여느 통상적인 의미의 정보가 아니라, 뇌 속에서 회오리치는 매우 특수한 정보 패턴들일 것이다. 신경회로의 정보 흐름이 어떻게 해서인가 의식을 생성한다고 여기는 일반적인 관념이 명백하게 보이기도 하지만, 마음을 완전하게 설명하려면 거기서 훨씬 더 나아갈 필요가 있다. 마음이 정보에 기초를 두고 있다는 생각이 옳다면, 마음은 정보가 존재한다는 것과 똑같은 의미로 존재할 것이다. 그러나 우리는 정보를 물질로부터 떼어낼 수 없다. 롤프 란다우어가 가르쳐준 것처럼, "정보는 물리적이다." 따라서 마음 또한 뇌에서 일어나는 물질적인 작용과 필히 결부되어야 한다.

그러나 **어떻게**?

시간의 흐름

"과거, 현재, 미래는 고집스럽게 부여잡고 있는 착각일 뿐이다."

—알베르트 아인슈타인[7]

신경 정보와 의식이 연결되어 있다는 한 가지 실마리는 인간 경험에서 가장 기본이 되는 측면에서 나온다. 곧, 시간이 흐른다는 감각이 바로 그것이다. 심지어 감각이 상실된 상태에 있어도 사람은 자아감각을 유지하고 자기가 계속 존재하고 있다는 감각을 유지한다. 그래서 시간의 지나감은 자아인식self-awareness에서 떼려야 뗄 수 없는 한 부분이다. 2장에서 나는 '시간의 화살'의 존재를 서술하면서, 시간의 화살이 열역학 제2법칙까지 거슬러 올라갈 수 있으며, 궁극적으로는 우주의 초기 조건들까지 거슬러 올라갈 수 있다고 말했다. 그 점에 대해서는 아무 이견이 없다. 하지만 많은 사람들은 물리적인 시간의 화살, 시간이 **흐른다**는 심리적 감각, 이 둘을 혼동한다. 대중적인 과학글에서도 흔히들 '시간이 앞으로 흐른다time flowing forwards'는 문구를 사용하거나 '시간이 거꾸로 달릴time running backwards' 가능성을 거론한다.

일상의 과정들에 시간 속 방향성이 내장되어 있음은 명백하다. 그래서 순서가 거꾸로 된 과정—이를테면 깨진 달걀이 다시 원상복구된다든가 혼합되어 있는 기체들이 저절로 분리된다든가 하는 모습—을 보게 된다면 우리는 소스라치게 놀랄 것이다. 내가 조심스럽게 시간 **속in**의 물리적 상태들의 순서를 서술하고 있음에 유념하길 바란다. 그런데 그 상태들의 순서를 서술하는 표준적인 방식은 시간**의of** 화살로 지칭하는 것이다. 이렇게 전치사를 잘못 사용하면 심각한 오해를 낳는다. 화살은 **시간 자체**가 가진 속성이 아니다. 이런 측면에서 볼 때, 시간은 공간과 다를 게 별로 없다. 지구의 자전을 생각해보자. 지구의 자전은 (북극과 남극의) 비대칭성을 정의하기도 한다. 우리는 그것도 화살로 표시할 때가 있다. 예를 들어 나침반의 바늘은 북쪽을 가리키고, 지도에서는 화살표로 북쪽을 가리켜 보여주는 것이 관례이다. 하지만 지구의 북극-남극 비대칭성이(또는 지도상의 화살표가) '공간의 화살'이라고 말할 생각은 전혀 하지 못할 것이다. 공간은 자전하는 지구나 북극과 남극에 아무 신경도 쓰지 않는다. 이와 마찬가지로 시간 또한 달걀이 깨지건 재조립되건, 기체들이 섞이건 분리되건 아무 상관도 하지 않는다.

시간이 **흐른다**는 감각을 '시간의 화살'로 부르는 것—너무나 자주 이렇게들 부른다—은 서로 별개인 두 은유를 혼동하는 것이 분명하다. 첫 번째는 (나침반 바늘처럼) 공간적 방향성을 가리키는 뜻으로 화살을 쓰는 것이고, 두 번째는 날아가는 화살에 빗대어서 화살로 운동의 방향성을 상징하는 것이다. 나침반 바늘의 화살이 북쪽을 가리킨다고 해서 내가 북쪽으로 **운동하고 있음**을 가리키지는 않는다. 이와 마찬가지로, 세계에서 일어나는 사건들의 순서에 화살표를 붙여서 과거와 미래를 구분하는 것은 괜찮지만, 그렇게 해놓고 이 비대칭성의 화살이 사건들의 시간순서timeline를 따라 미래로 **운동하고 있음**, 말하자면 시간**의** 운동을 함축한다고 말하는 것은 괜찮지 않다—사실은 부조리한 말이다.

시간의 지나감이라고들 말하는 것을 측정할 수 없다는 것에 유념하면 내 논증이 한층 튼튼해진다. **시간의 흐름을 감지할 수 있는 실험실 장비는 없다.** 아니 잠깐, 시간의 지나감을 측정하는 것이 시계 아닌가, 하는 생각이 들 것이다. 그러나 사실은 그렇지 않다. 시계가 측정하는 것은 사건과 사건 사이의 시간 **간격**이다. 시계는 침들의 위치를 세계의 상태(이를테면 공의 위치나 관찰자의 심리상태)와 상관시켜서 시간의 간격을 측정하는 것이다. '중력이 시간을 느리게 한다'라든가 '시간은 지구보다 우주공간에서 더 빨리 달린다'라는 식의 비공식적인 서술이 진짜로 의미하는 바는, 우주공간의 시계 침들이 지구에 있는 동일한 시계 침들보다 상대적으로 느리게 회전한다는 것이다. (정말 그렇다. 두 시계를 읽어서 비교해보면 이를 쉽게 시험할 수 있다.) 뭐니 뭐니 해도 가장 말을 잘못되게 쓴 경우는 '거꾸로 달리는 시간' 운운하는 것이다. 시간은 전혀 '달리지' 않는다. 이 말을 물리학에 맞게 올바로 번역해보면, 정상적 방향성을 가진 물리적 상태들의 순서가 (불변하는) 시간 속에서 역전될 가능성이 있다는 것이다. 이를테면 지진이 일어나는 동안 잔해들이 저절로 건물로 조립된다든가, 맥스웰의 악마가 혼돈에서 질서를 창조한다든가 하는 것이다. '거꾸로 가는' 것은 시간 자체가 아니라 **상태들의 순서**이다.

어느 경우를 보아도 시간이 운동할 수 없음은 명백하다. 운동은 어느 시간에서 나중 시간까지 어느 것의 상태(이를테면 공의 위치)가 변화한 것을 서술한다. 두 번째 시간 차원이 있어서 그것에 상대적인 움직임을 판단할 수 있지 않는 한, 시간 자체는 '운동'할 수 없다. 결국 "시간은 얼마나 빠르게 지나가는가?"라는 물음에 내릴 수 있는 가능한 답이 무엇일까? "1초에 1초씩"이 될 수밖에 없으며, 이는 동어반복이다! 확신이 안 간다면, 이런 물음에 답을 하려 해보라. "만일 시간이 지나가는 빠르기가 바뀌었다면, 그걸 어떻게 알겠는가?" 만일 시간이 빨라지거나 느려졌다면, 세계에서 어떤 차이가 관찰될 수 있을까? 내일 아침에 일어났는데 시간의 흐름이 두 배 빨라졌다고 해보자. 그러면 내 심리 과정의 빠르기도 두 배가 될 테고, 그러면 아무것도 안 바뀐 것처럼 보일 것이다. 마찬가지 이유로, 만일 내가 아침에 일어났는데 세상의 모든 것이 크기가 두 배로 커졌다면, 나도 두 배로 커졌을 테니, 전과 다르게 보이는 것은 아무것도 없을 것이다. 결론은 이렇다. '시간의 흐름'을 글자 그대로 시간이 흐른다고 보면 말이 안 된다.

앞서 말한 것들을 철학자들이 지적한 지 한 세기가 넘었건만, 아직도 시간의 흐름 은유는 너무나 위력적이어서 그 은유를 쓰지 않고서는 정상적으로 말을 나누기가 매우 어려운 실정이다. 어렵지만 불가능하지는 않다. 세계에 대해 시간의 지나감에 의거해서 하는 모든 진술은, 시간의 지나감에 조금도 의거하지 않고 다양한 순간의 세계 상태를 그와 똑같은 순간의 뇌/마음 상태와 단순히 상관만 시키는 더욱 번거로운 진술로 대체할 수 있다. 예를 들어 이런 진술을 생각해보자. "큰 기대를 갖고 지켜보던 우리는 오후 6시에 바다 위로 해가 넘어가는 모습에 매혹되었다." 관찰 가능한 이 기본 사실들은 다음과 같은 볼품없는 진술로 똑같이 전달할 수 있다. "오후 5시 50분을 가리키는 시계 침들의 배치는 수평선 위에 있는 해 및 기대감을 가진 관찰자의 뇌/마음 상태와 상관된다. 오후 6시를 가리키는 시계 침들의 배치는 수평선 아래에 있는 해 및 매혹됨을 느끼는 관찰자의 뇌/마음 상태와 상관된다." 시간이 흐른다거나 지나간다고들 하는 비공식적인 말은 일상생활을 영위하는 데에선 필수불가결하지만, 시간 자체의 물리로 거슬러 올라가서 보면 말이 안 되는 말이다.

멈출 길 없는 시간의 물살에 우리의 인식이 휩쓸려가고 있다는 **심리적** 인상을 우리가 매우 강하게 가지고 있다는 것에는 이론의 여지가 없다. 그래서 시간이 지나간다는 그 **느낌**을 과학적으로 설명할 길을 찾고자 하는 것은 지극히 합당한 일이다. 이런 친숙한 심리적 흐름을 설명할 길은 물리학이 아니라 신경과학에서 찾을 수 있다고 나는 본다. 이는 대략적으로 어지럼증에 빗대어볼 수 있다. 몸을 빙글빙글 몇 번 돌리다가 탁 멈추면, 분명 그렇지 않음에도 불구하고 세계가 내 주위를 빙글빙글 돌고 있다는 강한 인상에 빠질 것이다. 그 현상은 속귀와 뇌에서 일어나는 과정으로 소급할 수 있다. 곧, 계속 돌고 있다는 느낌은 착각이라는 말이다. 이와 마찬가지로 시간이 운동한다는 감각 또한 착각이며, 짐작컨대 기억들이 뇌에 저장되는 방식과 어떤 식으로인가 연결되어 있는 것 같다.

결론을 내려보면 이렇다. 시간은 지나가지 않는다. (지금쯤이면 이를 독자들이 확신하게 되었기를 바란다!)

음, 그럼 **실제로** 지나가는 것은 무엇일까? 나는 그것이 순간순간 변화하면서 내가 흘러간다는 의식적 인식conscious awareness이라고 논할 생각이다. 시간이 흐르거나 지나간다는 오해는 자아가 **보존된다**는 암묵적 가정으로 거슬러 올라갈 수 있다. '시간이 흐르기' 때문에 세상은 변하지만, 순간순간의 '나'는 그대로라고 사람들이 생각하는 것은 자연스럽다. 그러나 루이스 캐럴Lewis Carroll의 이야기에 등장하는 앨리스의 말마따나, "어제로 돌아가는 것은 소용없는 짓이야. 왜냐하면 어제의 나는 오늘과는 다른 사람이었으니까."[8] 앨리스의 말은 옳았다. 어제의 '나'

와 오늘의 '나'는 같지 않다. 확실히 하자면, 오늘의 나와 어제의 나 사이에는 매우 강한 상관성이 있다—더 정확히 말하면, 둘 사이에는 상호의존정보mutual information가 많다. 곧, 어제의 나와 오늘의 나는 기억, 믿음, 욕망, 태도 등 대개 느리게 변할 뿐인 것들로 이루어진 정보의 타래로서, 그 때문에 두 '나'가 연속되어 있다는 인상이 만들어진다. 그러나 연속이 보존은 아니다. 미래의 세계 상태들과 상관되는(다시 말해서 그 상태들을 관찰하는) 미래의 '나'들이 있고, 과거의 세계 상태들과 상관되는(다시 말해서 그 상태들을 관찰하는) 과거의 '나'들이 있다. 매 순간 그때그때의 세계 상태에 맞는 '나'는 그 상태와의 상관성을 '지금'이라고 해석한다. '지금'이란 사실 '그 시간'에서의 '그 나'에게 '지금'이다. 그게 다이다!

시간의 흐름 현상은 느리게 진화하는 저장된 정보의 복잡한 패턴이 바로 '자아'임을 드러낸다. 그 정보는 나중 시간들에도 접근할 수 있으며, 그때그때 새로이 지각한 바들을 대어서 맞춰볼 수 있는 정보적 주형이 되어준다. 시간이 흐른다는 착각은 그 지각들이 불가피하게 약간씩 불일치한 데에서 비롯한다.

배선 속의 악마

알쏭달쏭한 자아에 대해서는 이쯤 얘기하고 그치도록 하자. 자, 그럼 뇌는 어떠할까? 뇌의 경우에는 '자아'보다 더 탄탄한 기반 위에 서게 된다. 대충만 보아도 뇌가 전기화학적 활동이 들끓는 상태임은 분명하다. 먼저, 입이 다물어지지 않는 통계 몇 가지를 보자. 사람의 뇌에 있는 신경세포의 수가 약 1000억 개임을 상기해보자. 이 뇌세포들은 정보를 처리하는 발전소들이다.[9] 뇌세포 하나하나에는 축삭axon이라고 하는 섬유가 몸뚱이에서 벋어 나와 있다. 그 길이는 무려 1미터가 넘을 수도 있다. 축삭은 신경세포들을 연결해서 네트워크를 형성시키는 전선 구실을 하는데, 그 네트워크의 조밀도가 얼마나 대단한지! 신경세포 하나에 다른 신경세포 1만 개까지 연결될 수 있다. 축삭이 수백 차례 분기할 수 있기 때문이다. 축삭은 다른 신경세포와 곧바로 이어붙는 것이 아니다. 그 대신 신경세포에는 가지돌기dendrite라고 불리는 빽빽한 덤불들이 달려 있는데, 축삭은 그 가지돌기 중 하나를 물게 된다. 동일한 신경세포의 가지돌기마다 다른 축삭이 부착될 수 있어서, 수많은 축삭으로부터 유입되는 신호들을 한 번에 결합할 수 있는 기회를 만들어준다. 사람의 뇌 전체에서 이런 연결 수가 1000조 개까지 이를 수 있다고 추정되는데, 정말로 놀라운 수준의 복잡성이 아닐 수 없다. 신경세포는 미친 듯이—아마 1초에 50번 정도—'발화'할(축삭을 통해 펄스를 보낼) 수 있다. 모두 합치면, 뇌는 1초에 약 10^{15}번의 논리연산을 수행하는 것이다. 이 정도면 세상에서 가장 빠른 슈퍼컴퓨터보다도 더 빠르다. 무엇보다도 마음을 사로잡는 것은, 슈퍼컴퓨터는 수많은 메가와트의 열을 발생시키는 반면, 뇌는 그 모든 일을 하면서도 열 발생량은 저전력 전구 하나만큼밖에 되지 않는다는 것이다! (이것만으로도 충분히 인상적인데, 뇌는 란다우어 한계를 크게 넘어선 상태에서도 여전히 작동한다. 87쪽을 참고하라.)

종종 뇌를 전기회로와 비교하곤 하는데, 뇌의 작용의 바탕에 전기의 흐름이 깔려 있다는 점에서는 옳다. 그러나 컴퓨터(또는 전력망)에서 전기신호는 전선을 타고 흘러가는 전자들로 이루어진 반면, 뇌에서 전선에 빗댈 만한 것—축삭—은 매우 다르게 작동한다. 축삭의 외막에는 미세한 구멍들이 전체적으로 나 있다. 그 구멍들은 열고 닫히면서 한 번에 입자 하나씩 통과시킬 수 있으며, 맥스웰이 처음에 생각했던 덧문을 여닫는 악마와 매우 흡사하다.[10] 축삭의 경우에는, 서로 다르게 특화된 단백질들이 저마다 다른 (분자가 아닌) 이온—전하를 띤 원자—을 선택한다. 그 구멍은 사실 좁은 관이며, '전압개폐이온통로voltage gated ion channel'라고 불린다. 그 구멍들은 문을 열고 닫으면서 딱 맞는 이온만을 통과시키고 안 맞는 이온들은 통과를 못하게 막을 수 있다. 이런 설정이 전기신호를 만들어 축삭을 통해 보내는 방식은 다음과 같다. 신경세포가 비활성일 때, 축삭의 내부는 음전하를 띠고 외부는 양전하를 띠어 막을 사이에 두고 작은 전압—또는 극성polarity—이 만들어진다. 막 자체는 절연체이다. 신경세포의 몸통에서 신호가 도달하면, 문이 열리면서 나트륨 이온이 밖에서 안으로 흘러들어오게 된다. 그러면 전압이 반전된다. 그다음에는 다른 이온통로들이 열려 **칼륨** 이온들을 반대로—안에서 밖으로—흘려 내보내 원래의 전압을 회복하도록 한다. 그 극성반전polarity reversal은 보통 몇천 분의 1초 동안만 지속된다. 이런 일시적 교란이 축삭 막의 인접한 부위에서 그와 똑같은 과정을 촉발하고, 그 과정들이 인접한 부위들을 차례차례 점화시켜 나간다. 그렇게 해서 신호의 파문이 축삭을 타고 가 다른 신경세포에 도달한다. 따라서 비록 신경세포들이 전기적으로 신호를 주고받는다 해도, 그 과정은 전류 자체가 흘러서가 아니라 극성의 파동이 전해지면서 일어나는 것이다.

이런 묘기를 부리기 위해서는 단백질들이 놀라운 수준의 판별력을 갖춰야 한다. 올바른 이온을 올바른 방향으로 통과시킬 수 있으려면, 특히 나트륨 이온과 칼륨 이온(칼륨 이온이 나트륨 이온보다 아주 약간 크다)의 차이를 구분할 줄 알아야 한다. 그 단백질들은 막 속에 자리해서 내부 통로를 만들어 축삭의 안팎을 잇는 길을 마련해준다. 그 통로에는 병목 구간이 있어서 한 번에 이온 하나씩만 지나갈 수 있다. 전기적 극성을 띤 단백질들로 인해 만들어진 전기마당이 그 효율성을 최대로 발휘하게끔 해준다. 전기마당 덕분에 이온을 밀어넣는 수고가 매우 많이 덜어지며, 따라서 통로가 열려 있을 때 흘러가는 이온 수는 보통 1초에 수백만 개까지 이를 수 있다. 분류의 정밀도는 매우 높아서, 잘못된 이온이 통과할 확률은 1000개당 하나 미만이다. 단백질 다발들에는 문을 여닫을 때를 결정하기 위한 감지기들이 있어서, 극성파동polarity wave이 도달하면 그 주변에서 일어나는 막 전위의 변화를 감지할 수 있다.

이 모든 악마 활동에 담긴 요지는, 전류의 펄스 또는 급증한 전류가 축삭을 타고 집단 또는 열을 지어 이동해서 다른 신경세포에(때때로 다른 축삭에) 도달하게 되고, 그러면 그 신경세포의 활동을 들뜨게 하거나 억제할 수 있다는 것이다. 신경세포는 다음 차례에 있는 신경세포에게 신호를 전달하는 수동적인 중계기 역할만 하는 것이 아니다. 신경세포에는 신호를 처리할 때 핵심적인 역할을 하는 내부 구조가 있다. 구체적으로 보면, 축삭이 가지돌기에 부착되어 있기는 해도, 둘 사이는 약 20나노미터의 간격을 두고 떨어져 있다. 이를 시냅스synapse라고 한다. 올바른 상황이 만들어지면, 신호가 그 시냅스를 폄뛰기 해서 건너갈 것이다. '시냅스틈새synaptic cleft'라고 하는 그 간극을 잇는 다리가 되어주는 것은 전류 자체가 아니라 신경전달물질neurotransmitter이라고 불리는 다양한 분자들이다. 세로토닌과 도파민처럼 이름이 귀에 익은 신경전달물질도 있고, 그렇지 않은 것들도 있다. 이 분자들은 미세한 주머니(막으로 둘러싸인 미니 세포 같다)에서 방출되고, 시냅스틈새 건너까지 확산하여 건너편에 있는 수용기와 결합한다. 이 결합이 이루어지면, 표적 신경세포의 몸통에서 전기적 변화가 일어나기 시작한다. 이를테면 신경세포가 쉬는 상태에 있으면 세포 외부에 비해 약 70밀리볼트 정도 음전하를 띨 것이며, 세포막을 통해 이온들을 밖으로 펌프질함으로써 이 상태를 유지할 것이다. 그런데 신경전달물질과 결합하면 세포막은 이온들(이를테면 나트륨, 칼륨, 염화 이온)을 통과시켜 그 전압을 바꿀 수 있다. 전압이 어떤 문턱값 아래로 떨어지면(말하자면 세포 내부가 음전하를 덜 띠면), 신경세포는 발화를 해서 축삭을 통해 펄스를 다른 신경세포에 보내게 되고, 이런 과정이 계속 이어지게 된다. 막 전압을 **높이는**(세포 내부의 음의 전위를 높여주는) 신경전달물질들도 있어서, 그것들과 결합하면 신경세포의 발화가 억제된다. 수많은 신경세포에서 들어오는 신호들이 수렴하면서 혼합될amalgamated 수 있기 때문에, 계는 논리회로처럼 작동하여, 들어오는 신호들의 조합 상태에 따라 신경세포는 켜지거나(발화하거나) 꺼진다(잠잠해진다).

배선의 짜임새 자체는 어떠할까? 아직도 자세히는 알지 못하는 면들이 많이 있지만, 신경회로가 정적이지 않다는 것은 분명하며, 개인이 해나가는 경험에 따라 신경회로는 바뀐다. 이를테면 새로운 기억들은 회로 배선을 적극적으로 재조직해서 그 안에 담아낸다. 그래서 아기는 고정된 '회로도'가 확고하게 자리잡은 채로 태어나는 것이 아니라 빽빽하게 상호연결된 덤불 상태를 가지고 태어나며, 아기가 성장하고 학습해 나가면서 가지치기가 되기도 하고 재배열되기도 한다.

마음계량기를 만드는 법

의식이란 것이 어떤 조직된 전체에서 떠오른 집합적 결과물이라면, 정보의 측면에서는 의식을 어떻게 바라볼 수 있을까? 신경세포 하나는 정보 몇 비트를 처리하고, 신경세포가 많이 모인 다발 상태는 훨씬 많은 정보를 처리한다고 얼마든지 말할 수 있다. 그러나 정보를 이렇게 산술적으로 다루는 것—그저 다발을 이루는 비트의 머릿수만 세는 것—은 또 하나의 범심론에 지나지 않는다. 그렇게 해서는 가장 중요한 속성, 곧 뇌의 넓은 부위를 거쳐온 정보들이 **통합되어** 하나의 전체를 이룬다는 점을 다루지 못한다. 위스콘신대학교 매디슨의 줄리오 토노니Guilio Tononi 연구진은 일종의 '통합 정보integrated information'를 의식의 척도로 정의하려는 시도를 해왔다. 그 연구에서 중심된 생각은,

뇌와 관련해서 부분의 합보다 전체가 더 크다고 보는 직관적인 관념을 정밀하게 수학적으로 포착해보자는 것이다.

통합 정보라는 개념은 네트워크에 적용했을 때 가장 분명해진다. 입력단자와 출력단자가 달린 검은 상자를 하나 상상해보자. 상자 안에는 전자회로가 몇 개 있는데, 논리요소들(AND, OR 같은 것들)이 전선으로 연결된 네트워크 같은 것이다. 상자 밖에서 볼 경우, 단순히 입력과 출력 사이의 원인-결과 관계만 검토해서는 내부의 회로가 어떻게 배열되어 있는지 연역하는 것은 대개 불가능할 것이다. 왜냐하면 매우 다른 회로를 가지고도 동일한 기능을 하는 검은 상자를 얼마든지 만들 수 있기 때문이다. 그러나 상자가 열린 상태라면 이야기가 달라진다. 가위로 그 네트워크 속의 전선 몇 개를 끊는다고 해보자. 그런 다음에 갖가지 방식으로 입력해서 계를 다시 돌려본다고 해보자. 전선 몇 개 자른 결과 출력이 극적으로 바뀌었다면, 그 회로는 통합성이 높다고 서술할 수 있다. 반면에 통합성이 낮은 회로라면, 전선 몇 개 자른다 해도 그전과 출력이 전혀 달라지지 않을 수 있다. 예를 사소하게 만들어서, 상자 안에 독립된 회로 두 개가 담겨 있고, 각 회로는 저마다 입출력 단자가 따로 있다고 해보자. 두 회로를 연결하면서도, 어떤 신호도 타고 가지 않는다는 사실로 보아 완전히 불필요한 전선들이 있을 것이며, 따라서 이 전선을 자른다고 해도 아무 탈이 없을 것이다.*

---

* 신경 네트워크가 **분해되면**—연결선들을 잘라내면—사고작용이 완전히 멈출 것이라고 말해도 타당할 것으로 보인다. 줄리오 토노니의 의식측정 공식은 바로 이 기본 생각을 적용했다. 하지만 그보다 더 잘 작동할 다른 공식들도 있을 수 있다.

토노니와 동료들은 회로를 부분들로 분해할 수 있는 모든 가능한 방식들을 검토하고 그 결과 얼마만큼의 정보를 잃게 될 것인지를 풀어내서 일반적인 회로의 환원불가능한 상호연결성을 계산할 방도를 하나 정해서 제시했다. 통합성이 높은 회로에 손을 대면 잃는 정보가 많다. 이런 식으로 계산해서 나온 정확한 통합도를 그리스문자 Φ로 표기한다. 토노니에 따르면, 뇌처럼 Φ값이 큰 계는 자동온도조절기처럼 Φ값이 작은 계보다 (어떤 의미에서 보면) '더 의식적'이다. Φ를 정확하게 정의하는 일은 매우 전문적이라는 말을 하지 않을 수 없다. 그래서 여기서는 다루지 않을 생각이다.[11] 그 대신 일반적으로 말하면 다음과 같다. 만일 상자에 담긴 요소들이 서로의 활동에 크게 구속을 가한다면, Φ는 크다는 것이다. 되먹임고리와 중대한 '누화cross-talk'—교차연결을 통해 정보가 전달되는 것—가 많을 때가 이런 경우에 해당될 것이다. 그러나 입력에서 출력으로 정보가 정연하게 한 방향으로만 흐른다면(앞먹임계), 그 계의 Φ는 0이다. 곧, 검은 상자의 외부에서 보았을 때 단위계unitary system의 모습으로 나타날 만한 것은 사실 독립된 과정들이 '그리고' 식으로 연결된 계뿐이다. 생명은 통합계를 선호한다—그 최상의 예가 바로 뇌이다. 왜냐하면 구성요소와 연결의 관점에서 더 경제적일 뿐만 아니라, 기능적으로는 동등하지만 순전히 앞먹임 짜임새만 가진 계보다 더 융통성이 있기 때문이기도 하다. 토노니 연구진의 일원인 라리사 알반타키스Larissa Albantakis는 생물(또는 로봇)에서 **자율성**autonomy의 출현은 높은 Φ값과 함께 간다는 것을 지적한다. "내재적 관점에서 볼 때, 인과적으로 자율적인 존재자가 되려면 통합된 원인-결과 구조가 있어야 한다. 정보를 단순히 '처리'만 하는 것으로는 충분치 않다."[12] 그것 말고도 놀랄 일은 더 있다. 토노니의 연구진은 자신들이 정의한 Φ를 의식의 척도로 사용하자, "단순한 계여도 최소한의 의식을 가질 수 있고, 복잡다단한 계여도 의식이 없을 수도 있고, 두 계가 서로 다르지만 동등한 기능을 수행할 수 있다고 해도 한쪽은 의식이 있지만 다른 쪽은 의식이 없을 수도 있다"라는 것을 알게 되었다.[13]

내용이 너무 전문적이어서 길을 잃을 독자들이 있을까 봐, 다음과 같이 빗대어 설명해보겠다. 해마다 최우수 스미스 과학상을 수여할 비밀업무를 맡은 20인 위원회가 있다고 상상해보자. 위원회에 입력되는 데이터는 수상후보자 목록과 그를 뒷받침하는 문서자료들이고, 출력되는 것은 수상자의 이름이다. 대중의 눈에는 그 위원회가 '검은 상자'처럼 보인다. 곧, 추천 후보들이 상자 안으로 들어가고 추천 수상자가 상자 밖으로 나오는 것이다("위원회에서 다음과 같이 결정했다"). 그런데 이제 위원회를 내부의 관점에서 봐보자. 위원들이 저마다 따로 놀고 아무 협의 없이 투표를 한다면, 위원회는 통합이 되지 않은 것이다. 말하자면 위원회의 $\Phi=0$이다. 그런데 위원회에 분파들이 있다고 해보자. 선택적 차별조치positive discrimination를 선호하는 집단도 있고, 이제까지 너무 많은 화학자들이 수상했다고 생각하는 집단도 있는 등, 이런저런 집단들이 있다고 해보자. 저마다 집단에 소속되어 있기 때문에, 위원들은 서로의 결정을 구속하게 된다. 각 분파 내부에는 '교차 연결cross-links'로 대표되는 통합성의 척도가 있다. 나아가 위원회 내부에서 광범위한 토론이 있고(수많은 되먹임과 누화가 있고), 뒤이어 만장일치의 결정이 이루어진다면, 위원회의 Φ는 최대가 될 것이다. 만일 위원 중 한 명이 속기사로 지명되어 진행상황을 기록은 하되 토론에는 관여할 수 없다면, 위원회의 Φ값은 최댓값보다 낮아질 것이다. 왜냐하면 완전하게 통합되지 않았기 때문이다.

통합 정보를 의식과 동일시할 경우, 아직 답을 찾지 못한 물음들이 수없이 생겨나는 것은 어쩔 수 없다. 실제 신경기능이 얼마만큼 논리회로 활동과 닮았느냐는 물음은 말할 것도 없고 말이다. 비록 흔히들 뇌를 컴퓨터와 비교하기는 하지만, 대부분의 신경과학자들은 뇌를 고성능 디지털 컴퓨터라고 보지 않는다. 확실히 하자면, 뇌는 정보를 처리하기는 하되, 내가 지금 자판을 두들기고 있는 PC와는 매우 다른 원리를 사용한다. 더군다나 **디지털**이 최선의 방법인지조차도 분명하지 않다. 수많은 신경기능들은 아날로그 컴퓨터에 더 가깝게 작동할 것이다. 그렇기는 해도 통합 정보에 주목하는 것은 의식을 정량적으로 파악하여 인과성과 정보의 흐름에 기초하는 이론적 지지대를 제공하고자 하는 시도로서 높이 살 만하다.

자유의지와 행위성

"그래서 나는 이리 말한다.
때때로 원자들은 약간씩 방향을 틀어야 한다고."
—티투스 루크레티우스 카루스Titus Lucretius Carus[14]

인간 의식이 가진 속성 중에서 한 가지 친숙한 것이 자유 감각이다. 곧, 어떻게 해서인가 미래가 열려 있기에 내가 내 운명을 결정할 수 있고 내 의지에 따라 역사의 궤도를 바꿀 수 있다는 느낌을 가진다는 말이다. 자유란, 여러분이 원하면 이번 장을 읽는 것을 멈출 수 있다는 뜻이다(비록 나는 여러분이 그러지 않기를 바라지만 말이다). 간단히 말해서 사람은 행위자agent로 행동한다는 말이다.

한 세기 전까지만 해도 자유의지는 과학과 충돌하는 것처럼 보였다. 뇌는 원자들로 이루어져 있고, 원자들은 원자들이 할 일을 한다. 말인즉슨, 원자들은 물리법칙에 복종한다는 말이다. 마음이 뇌에서 일어나는 활동을 바꿈으로써(그리고 그렇게 하여 행동을 지휘함으로써) 미래에 영향을 주기 위해서는, 거칠게 말해보면, 즐겁게 왼쪽으로 움직이고 있던 뇌의 원자가 갑자기 오른쪽으로 방향을 트는 식으로 마음이 물리적인 힘을 행사해야 할 것이다. 이런 난제가 있다는 것은 고대 사람들도 알고 있었으며, 루크레티우스는 이 문제에 '원자의 방향 틀기atomic swerve'라는 별명을 붙였다. 철저하게 결정론적이고 기계적인 우주에는 자유의지가 들어설 자리가 없다. 미래는 오늘 우주의 상태에 의해 뇌, 신경세포들, 뇌를 이루는 원자 자체들까지 완전하게 결정된다. 세계가 닫힌 역학계라면, 마음의 물리적 역할 운운하는 것은 가망 없는 일처럼 보인다. 왜냐하면 그렇게 될 경우 **과도한 결정론**over-determinism을 함축하게 될 것이기 때문이다.

늦은 19세기의 상황이 바로 그러했다. 그러다가 양자역학이 등장했으며, 양자역학에는 불확정성uncertainty이 내재해 있었다. 왼쪽으로 움직이던 원자는 상황만 맞으면 양자적 이상함으로 인해 정말로 저 스스로 오른쪽으로 틀 수 있다. 1930년대에는 이런 양자적 비결정론이 인간의 자유의지를 구해줄 수 있을 것처럼 보였다. 하지만 이는 그리 간단한 문제가 아니다. 자유의지를 갖고자 한다면, 우리는 진정 비결정론을 원할 수가 없다. 우리는 우리의 의지로 우리 행동을 **결정하기를** 원하기 때문이다. 그래서 더욱 미묘한 생각이 부상했다. 어쩌면 의식은 '양자 주사위에 속임수를 쓰는 방법으로loading the quantum dice' 원자들에게 간접적으로 영향을 줄 수 있으리라는 생각이었다. 그러면 비록 원자들이 변덕스럽게 행동하는 내적 성향을 가졌다고 해도, 원자 모르게 한쪽으로 치우치게 하거나 살짝 미는 것이 가능할 수도 있으리라고 보는 것이다. 이렇게 되면 마음에게 물리적 세계를 향한 관문이 열리게 되어, 인과 사슬의 양자적 틈새로 잠입해 속임수를 쓸 수 있게 될 것이었다. 그러나 불행하게도 그런 '속임수 쓰기inveigling'마저도 통계적인 의미에서는 여전히 양자역학의 법칙들을 어기는 것이 될 것이다. 양자물리학은 불확정성을 수용할 수는 있지만, 그렇다고 무정부상태를 함축하지는 않는다. 양자역학은 매우 정밀한 확률 규칙들과 관련되어 있기 때문에 '공정한 주사위'와 동등한 수준에 이르게 된다. 따라서 마음이 실린 주사위는 양자규칙을 위반하게 될 것이다.

그렇다면 다른 선택지는 무엇이 있을까? 오래전부터 과학자와 철학자 들은 행위성agency의 존재, 행위자agent를 구성하는 원자와 분자 들의 기본 행동, 이 둘을 조화시키는 문제와 씨름해왔다. 행위자는 꼭 동기를 고려해서 행동하는 인간 존재만큼 복잡한 존재일 필요는 없고, 먹이를 향해 다가가는 세균도 행위자일 수 있다. 목적을 가진 행위자의 행동, 행위자를 이루는 성분들의 목적 없는 맹목적인 활동, 이 둘은 아직 서로 이어지지 못한 상태이다. 목적 또는 ('목적'이라는 말이 저어된다면) 목표 지향적 행동은 목표에는 아무 신경도 안 쓰는 원자와 분자 들로부터 어떻게 떠오르는 것일까?

정보이론이 그 답을 가졌을 수 있다. 여기서 먼저 유념해야 할 것은 행위자란 닫힌계가 아니라는 것이다. 행위성이라는 현상은 계의 환경에서 일어나는 변화에 반응하는 것과 관련된다. 물론 생물은 많은 방식으로 주변 환경과 엮여 있다. 앞 장들에서 나는 고생고생하며 이를 지적했다. 그러나 로봇처럼 생명이 없는 행위자라 해도 주변으로부터 정보를 수집해서 처리하여 적절한 물리적 반응을 수행하도록 프로그램되어 있다. 진정한 닫힌계는 (단위체 방식으로) 행위자로 행동할 수 없을 것이다. 그래서 이는 과도한 결정론 문제에 빠져나갈 구멍을 하나 마련해준다. 곧, **계가 열려 있는 한**, 원자 수준에서 이루어지는 이야기와 행위자 수준에서 이루어지는 이야기가 서로 모순됨 없이 나란히 펼쳐질 여지가 생기게 되는 것이다.

사람의 뇌가 수많은 부위들로 구획되어 있음을 생각해보라(좌우반구, 시상, 겉질, 편도 등등). 이 전반적 구조 안에 자리한 신경세포들은 모두가 다 동일한 것이 아니다. 그 대신 신경세포들은 각각 어떤 기능을 하느냐에 따라 다양한 모듈과 다발로 조직되어 있다. 이 가운데 느슨하게 정의된 단위 하나가 '겉질원주cortical column'로, 비슷한 속성을 가진 신경세포 수천 개로 이루어진 모듈이며, 이 신경세포들은 단일 개체군으로 취급할 수 있다. 이를테면 자극-반응 관계를 고려할 때 신경과학자들은 겉질원주를 개별 단위로 취급한다. 뇌에는 피부 표면의 촉각에 대응되는 부위가 있는데, 지도가 잘 그려진 부위이다. 예를 들어, 엄지손가락과 연결된 신경세포들은 두 번째 손가락과 연결된 신경세포들 가까이에 자리한다. 누가 나의 엄지손가락을 찌르면, 뇌의 특정 부위에 있는 신경세포 모듈이 '불이 켜져서' 운동 반응을 일으키게 할 수 있다(그러면 나는 '아야!'라고 말할 것이다). 신경과학자라면 이 각본을 원인과 결과의 관점에서 설명할 수 있고, 이 설명에서 '엄지손가락 모듈'은 일종의 단순화된 단위적 행위자로 관여한다.

신경세포 하나하나를 모두 이루 말할 수 없이 복잡하게 서술하는 것에 의지하기보다는 그보다 높은 수준의 모듈들을 기준으로 뇌의 활동을 설명하는 것이 현실적인 측면에서 합당하다는 것에 토를 달 사람은 없을 것이다. 하지만 토노니의 통합정보 이론은 더 높은 수준의 서술이 더 단순하다는 것에서 그치지 않고, 더 높은 수준의 계가 그 성분들보다 실제로 **더 많은** 정보를 처리할 수 있다는 것을 보여준다. 이런 반직관적인 주장을 탐구한 이는 토노니 연구진의 일원이었다가 현재는 컬럼비아대학교에 재직 중인 에릭 호엘Erik Hoel이다. 호엘은 상당히 일반적인 수학적 분석을 수행하여, 미시적 변수들을 한 곳에 집합시켰을 때(이를테면 검은 상자 안에 넣기—351쪽을 보라) 나오는 효과들을 연구했다. 이때 사용한 것이 '효과적 정보이론effective information theory'이라는 것이었다.[15] 그는 목표와 연관된 의도를 가지고 목표 지향적 행동을 하는 행위자가, 어떻게 그 바탕에 깔린 미시물리, 곧 행위자가 가진 것 같은 속성이 없는 미시물리로부터 떠오를 수 있는지 찾아내는 일에 착수했다. 그가 내린 결론은, **오로지 행위자 수준에서만** 존재하는 인과적 관계들이 있을 수 있다는 것이다. 대부분의 환원주의적 사고와는 반대로, 작은 규모의 내적 면면을 무시하는 물리적 계의 거시적 상태들(이를테면 행위자의 심리적 상태)은, 그 계를 알알이 자세하고 세밀하게 서술하는 것보다 실제로 **더욱 큰** 인과력을 가질 수 있다는 말이다. 이 결과는 다음과 같은 경구로 요약된다. "거시가 미시를 이길 수 있다macro can beat micro."

이처럼 신중한 분석 결과를 보여주어도, 완고한 환원주의자라면 비록 결과가 그렇게 나왔다고 해도 자극-반응 이야기를 완전하게 서술할 길은 **원리적으로** 계의 원자 수준에 있을 것이라고 지적할 수도 있다. 그러나 고리타분한 이 낡은 논증에는 명백한 결함이 있다. 왜냐하면 그 논증은 '그 계'의 열려 있음을 고려하지 못하기 때문이다. 이렇게 설명해보자. (이를테면 엄지손가락을 찌른 자극에 대한) 반응 시간은 보통 10분의 1초 정도이다. 이제 자극-반응계가 수천 개의 신경세포들로 이루어질 수 있고, 그 신경세포들은 수백만 개의 축삭들로 네트워크를 이루며, 신경세포 하나하나는 1초에 50번 발화한다는 것을 고려해보자. 나트륨 이온과 칼륨 이온에 대한 악마 같은 조절을 살펴본 내용을 상기해보라. 그 이온들이 축삭의 안팎을 드나들면서 신호 전달을 끌고 간다고 했다. 1초에 50번 발화하는 신경세포 하나가 축삭을 통해 신호를 보낼 때에는 이온 수백만 개의 교환이 수반될 것이다. 그래서 엄지손가락 찌르기 드라마가 상연되는 10분의 1초 동안 '그 계'는 원자 수준의 입자 수조 개를 신경세포 외부 환경과 교환할 것이다. 계의 조직적 인과사슬을 빠져나간 입자들은 주변의 무작위적인 열적 잡음에 휩쓸려 어디론가 사라지게 되고, 몰려오는 다른 입자들이 그 자리를 대신하게 될 것이다. 그렇기 때문에 엄지손가락 찌르기 사건에 대한 정보의 바닥 수준이 원자 규모에 있다고 여기는 것은 말이 되지 않는다. **원리적으로 볼 때조차** 우리가 설명하고자 하는 원인-결과의 사슬은 원자 수준에 아예 **존재하지도** 않는다.

음, 그래도 고집불통 환원주의자는 이렇게 맞받아칠 것이다. 그 계의 환경까지 고려하면 어떻게 될까? 그 환경을 포함한 계의 환경, 그리고 또 그 환경을 포함한 계의 환경 등등, 우리 시야가 우주 전체를 포괄할 때까지 고려해나가면 어떻게 될까? 그러면 뇌 모듈들의 활동을 비롯해 우주에서 일어나는 모든 일은 원리적으로 원자 수준 또는 아원자 수준에서 설명될 수 있을 것이고, 따라서 자유의지를 구원하기 위해 행위자의 열려 있음을 들먹이는 것은 사이비-개구멍pseudo-loophole에 호소하는 것이라고 환원주의자는 말할 것이다. 하지만 내가 보기에 이런 환원주의자의 논증—저명한 과학자들이 이런 논증을 흔히 펼친다—은 부조리하다. 우주가 닫힌 결정론적인 계라는 증거는 없다. 우주는 무한할 수도 있기 때문이다. 그리고 설사 우주가 무한하지 않다 할지라도, 어쨌든 우주는 비결정론적인 양자계이다.

양자뇌

비록 양자적 비결정론으로는 결정론적인 의지를 설명해내지 못한다 할지라도, 우리가 지각한 양자역학과 마음 사이의 연결은 깊고 지속적이다. 그늘에 가려진 양자 영역과 구체적 일상 경험 세계 사이의 접점이 바로 마음과 물질이 서로 만나는 장이 될 것이라고 예상할 수 있다. 양자물리학에서는 이것을 '측정문제measurement problem'라고 일컫는다. 왜 그게 문제가 되는지 알아보자. 5장에서 나는 원자 수준에서는 어떻게 사물들이 이상해지고 불명료해지는지 설명했다. 하지만 양자측정이 이루어지면 선명하고 잘 정의된 결과가 나온다. 예를 들어 입자의 위치를 측정하면 명확한 결과를 얻을 수 있다. 그래서 그전에는 불명료했던 것이 측정을 통해 갑자기 선명해지고, 불확정성 대신 확정성이 들어서고, 수많은 실재들이 경합하는 대신 단일한 특정 세계가 들어서는 것이다. 그러나 측정장치, 실험실, 물리학자, 학생 몇 명 등으로 이루어진 측정계 자체가 양자적 규칙들에 종속되는 원자들로 이루어져 있다는 데에서 어려움이 생긴다. 그리고 슈뢰딩거 등이 정형화한 양자역학의 규칙들에는 양자적 미시

세계의 특징인 유령처럼 서로 겹쳐 있는 무수한 사이비-실재들로부터 단일하고 구체적인 특정 실재를 돌출시키게 할 만한 것이 아무것도 없다. 이 문제가 워낙 골머리를 앓게 했던지라, 범용 제작기로 유명한 존 폰 노이만을 비롯해 몇 사람의 물리학자들은 실험자의 **마음**이 '구체화 인자concretizing factor'(흔히 '파동함수의 붕괴'라고 불린다)일 수 있다는 생각을 내놓았다. 달리 말하면, 측정 결과가 측정자의 의식 속으로 들어올 때—**펑!**—저편에 있던 구름처럼 흐릿한 양자세계가 느닷없이 상식적인 실재로 구체성을 입는다는 말이다. 그리고 마음이 **그런 일**을 할 수 있다면, 비록 미묘한 방식일지언정 마음이 물질에 대해 일종의 영향력을 가지고 있음은 확실하지 않을까? 양자적 측정을 이렇게 심리주의적으로 해석하는 것을 지지하는 사람이 현재 소수에 불과하다는 것은 인정해야 한다. 그러나 양자적 측정이 수행될 때 무슨 일이 일어나는지 이보다 더 낫게 설명할 길이 무엇일지 합의된 바는 아직 전혀 없는 형편이다.

약 30년 전에 옥스퍼드의 수학자 로저 펜로즈Roger Penrose가 양자적 불명료함과 인간 의식 사이의 관계에 새로운 전환점을 도입했다.[16] 만일 어떻게 해서인가 의식이 양자세계에 영향을 준다면, 그에 대칭해서 양자효과도 의식의 생성에 어떤 역할을 할 것이라고 기대할 수 있을 것이며, 뇌에 양자효과가 있지 않다면 어떻게 그렇게 될 수 있을지 알기 어려울 것이다. 5장에서 나는 양자생물학 분야가 광합성과 새들의 길 찾기를 어떻게 설명할 수 있을지 서술했는데, 그렇다면 아직 증거가 없긴 하지만, 신경세포들의 행동이 양자적 과정들의 영향을 받을 수 있다고 한대도 불합리하게 보이지 않는다. 펜로즈가 제안했던 것이 바로 그런 경우였다. 더 정확히 말하면, 펜로즈는 신경세포의 내부를 누비는 어떤 미세관들이 정보를 양자역학적으로 처리해서 신경계의 처리성능을 크게 높여주고, 그 과정에서 어떻게 해서인가 의식을 생성하는 것일 수도 있다고 주장했다.[17] 이런 결론에 도달하면서, 펜로즈와 동료인 마취통증의학자 스튜어트 해머로프Stuart Hameroff는 마취효과를 고려에 넣었다. 마취효과는 다양한 분자들이 신경 시냅스에 침투해서 의식을 제거할 때 일어나는데, 그럼에도 불구하고 뇌의 일상적 기능들의 상당 부분은 아무 영향 없이 그대로 진행된다—이는 아직까지 완전히 이해하지 못한 과정이다.

펜로즈-해머로프의 이론을 놓고 수많은 회의의 목소리가 들끓었다고 말하지 않을 수 없다. 그 반론들은 내가 글상자 11에서 설명한 바 있는 결어긋남 문제에 기대고 있다. 간단히 그 반론들을 살펴보면, 따뜻하고 잡음 많은 뇌 환경에서는 생각하는 속도보다 양자효과들이 훨씬 빠르게 결이 어긋날 것이라고 보는 것이다. 그럼에도 불구하고 정확한 결론을 얻기는 어렵다. 게다가 그전에도 양자역학에서는 생각지도 못한 일들이 불쑥불쑥 나타났다.

앞서 나는 줄리오 토노니와 동료들이 통합 정보—Φ로 표시했다—라고 부른 양을 어떻게 정의했는지 서술했다. 그들은 그 양을 의식의 정도를 재는 수학적 척도로 제시했다. 그들의 생각은 양자역학과 의식을 연결할 또 다른 길을 마련해준다. 계가 복잡할 때, 전체가 부분들의 합보다 얼마만큼 클 수 있는지 그 정도를 통합 정보가 양화한다는 것을 상기하자. 그래서 통합 정보는 전체로서의 계의 상태에 의존한다. 말하자면 단순히 계의 크기나 복잡성만이 아니라 성분들의 조직화 및 그 성분들이 전체와 맺는 관계에도 의존한다는 말이다. 원자 하나 같은 단순한 양자계는 Φ값이 매우 낮지만, 그 원자가 측정장치와 엮이면 전체 계의 Φ는 그 측정장치의 본성이 무엇이냐에 따라 커질 수도 있다. 만일 그 계에 의식을 가진 사람이 '장치'의 일부로 포함된다면, Φ값이 매우 커질 것임은 확실하다. 그러나 사람 요소가 꼭 필요한 것은 아니다. 시간 속에서 양자계가 변화하는 방식이 Φ값에 의존한다면 어떠할까? 원자만 놓고 보면, 그 계는 원자에 적용되는 정상적인 양자물리학의 규칙들—1920년대에 슈뢰딩거가 제시했던 것—을 단순히 따를 것이다. 그러나 정보가 상당한 수준으로 통합된 충분히 복잡한 계라면(이를테면 인간 관찰자), Φ가 중요해져서, 마침내 파동함수의 붕괴를 야기할 것이다. 말하자면, 구체적인 단일 실재가 튀어나온다는 말이다. 여기서 나는 하향식 인과관계의 예를 또 하나 제시하고 있다.[18] 곧, 전체로서의 계(이 경우에는 통합 정보의 관점에서 정밀하게 정의된 계)가 낮은 수준의 성분(원자)에게 인과적 영향력을 발휘하는 것이다. 내가 제시한 예에서는 그것이 바로 **정보**의 관점에서 정의된 하향식 인과관계이고, 따라서 기본적인 물리학에 정보법칙이 진입하는 분명한 예가 되어준다.[19]

이런 사변적인 생각들이 어떤 장점을 가지는지는 상관없이, 나는 의식이 물리이론의 틀에 어떻게라도 들어맞으려면, **어떤** 방식으로인가 의식이 양자역학 속으로 합쳐 들어가야 한다고 말하는 게 정당하다고 생각한다. 왜냐하면 자연을 가장 강력하게 서술해내는 것이 바로 양자역학이기 때문이다. 따라서 의식이 양자역학을 거스르든가, 의식이 양자역학으로 설명되든가, 둘 중의 하나일 것이다.

의식은 과학의 제1문제일 뿐만 아니라 존재의 제1문제이기도 하다. 대부분의 과학자들은 너무 수렁 같다고 생각해서 그 문제를 그냥 기피해버린다. 그 문제를 파고든 과학자와 철학자 들은 대개 수렁에 갇혀 꼼짝달싹도 못했다. 거기서 빠져나갈 길을 정보이론이 하나 제공한다. 뇌는 정보를 처리하는 기관으로서, 어마어마하게 복잡하고 조직성이 높다. 생명의 역사를 돌아보면, 각각의 주요 과도 단계는 생물이 가진 정보 짜임새의 재조직화와 관련이 있었다. 그중에서 뇌는 가장 최근에 거친 단계로서, 사고하는 정보 패턴들을 만들어낸다.

하지만 정보의 짜임새 문제를 풀어내는 것이 의식을 '설명'할 길이라고 모든 이들이 생각하는 것은 아니다. 설사 의식 경험이란 전적으로 뇌에서 일어나는 정보 패턴들과 관련될 뿐이라는 논지를 받아들이는 사람이라고 해도 꼭 그렇게 생각하는 것은 아니다. 뉴욕대학교에 재직 중인 오스트레일리아인 철학자 데이비드 차머스David Chalmers는 그 논제를 '쉬운 문제'와 '어려운 문제'로 나눈다.[20] 쉬운 부분—실제로는 전혀 쉽지 않지만—은 이런저런 경험에 대한 신경적 상관물들의 지도를 그리는 것이다. 말하자면 주체가 무엇을 보거나 들었을 때 뇌의 어느 비트가 '켜지는지' 결정하는 것이다. 이는 실제로 해볼 만한 과제이다. 그러나 모든 상관물들을 안다고 해도 이런 경험 저런 경험을 한다는 것이 '어떤 느낌일지' 여전히 아무것도 말해주지 못할 것이다. 내가 지금 거론하는 것은 내면의 주관적 측면—이를테면 빨강의 빨감—으로서, 철학자들이 '감각질qualia'이라고 부르는 것이다. 감각질이라는 어려운 문제는 결코 해결될 수 없다고 생각하는 이들도 있다. 그렇게 생각하는 까닭은, 상대가 다소 나처럼 행동한다는 이유만으로는 상대가 존재한다고 확신할 수 없다는 것과 동일한 이유 때문이기도 하다. 만일 그렇다면, '마음이란 무엇인가?'라는 물음은 영원히 우리가 이해 못할 것으로 남을 것이다.

나가는 말

"생명을 가진 것들을 다루다 보면 물리학이 아직도
얼마나 원시적인지 가장 잘 느낄 수 있다."
—알베르트 아인슈타인[1]

1943년에 슈뢰딩거가 더블린 강연에서 던졌던 도전과제는 오늘날까지도 울림을 주고 있다. 생명은 물리학의 관점에서 설명될 수 있을까, 아니면 언제까지나 수수께끼로 남게 될까? 만일 물리학으로 생명을 설명할 수 있다면, 현존하는 물리학으로 해낼 수 있을까, 아니면 무언가 근본적으로 새로운 것—새로운 개념들, 아니면 새로운 법칙까지—이 필요할까?

정보가 물리학과 생물학 사이에 강력한 다리가 되어준다는 것이 지난 몇 년 사이에 점점 분명해졌다. 정보와 에너지와 엔트로피의 상호작용이 분명하게 드러난 것은 매우 최근에 와서였다. 맥스웰이 그 악명 높은 악마를 소개한 뒤로 한 세기 하고도 반세기가 더 지난 뒤에야 말이다. 나노기술이 발전한 덕분에 물리학, 화학, 생물학, 컴퓨팅의 교차점에 자리한 근본적인 문제들을 믿기지 않을 만큼 섬세한 실험으로 시험할 수 있게 되었다.

비록 이렇게 발전한 덕분에 유용한 실마리들을 얻게 되었지만, 생명을 가진 계에 정보의 물리학을 적용한 경우는 아직까지 단편적이고 땜질식이다. 생명의 마법상자에 담긴 모든 수수께끼를 단일한 이론 내에서 설명해낼 포괄적인 원리 집합은 아직 없는 형편이다.

생물학적 정보가 물질 속에 **현시되는** 것은 맞지만, 그 정보가 물질에 **내재하는** 것은 아니다. 산 것들 내부에서 정보 비트들은 제 갈 길을 찾아서 간다. 그러면서 정보 비트들이 물리법칙을 어기지는 않지만, 그 법칙 안에 싸 담기는 것도 아니다. 곧, 현재 우리가 아는 물리법칙에서 정보법칙을 끌어내는 것은 불가능하다는 말이다. 생명 물질을 물리학에 적절하게 합쳐 넣기 위해서는 새로운 물리학이 필요하다. 물리학과 생물학 사이의 개념적 간극이 매우 깊고, 생물을 구성하는 **개개** 원자와 분자에 대해서는 현존하는 물리법칙들이 이미 완벽하고 만족스럽게 설명해내고 있음을 감안하면, 생명 물질을 완전하게 설명해내려면 분명 무언가 전적으로 더욱 심오한 것이 필요하다. 말인즉슨, 물리법칙 자체의 본성을 새로 고쳐야 하는 것이다.

관례적으로 물리학자들은 뉴턴의 시대에서 유래한 매우 제한된 법칙 관념을 고수해왔다. 현재 우리가 아는 물리학은 17세기 유럽에서 발달했으며, 당시의 유럽은 가톨릭교회에서 가르치는 교리에 속박되어 있었다. 비록 갈릴레오와 뉴턴을 비롯해 그 시대 사람들이 고대 그리스 사상의 영향을 받긴 했지만, 그들이 가진 물리법칙 관념은 유일신론에 많은 빚을 지고 있다. 유일신론은 어떤 전능한 신이 합리적이고 지성적인 방식으로 우주에

질서를 부여했다고 본다. 초창기 과학자들은 물리법칙을 신의 마음속 생각이라고 여겼다. 고전적인 기독교 신학은 신은 완벽하고 영원하고 불변하는 존재로서 공간과 시간을 초월해 있다고 주장했다. 신은 시간이 흐르면서 변하는 세계를 만들었으나, 신은 언제나 불변하는 존재로 남는다. 따라서 창조주와 피조물의 관계는 대칭적이 되지 못한다. 곧, 세계는 계속 존재하기 위해 전적으로 신에 의존하지만, 신은 세계에 의존하지 않는 것이다. 우주의 법칙들이 신의 본성을 반영한다는 생각을 가졌기 때문에, 법칙 또한 불변해야 한다는 생각이 따라 나왔다. 1630년에 데카르트는 바로 이 점을 다음과 같이 명시적으로 표현했다.

> 왕이 자신의 왕국에 법을 세운 것처럼, 자연의 법칙을 세우신 분은 신이다. …… 만일 신께서 이 진리들을 세우셨다면, 왕이 자신의 법을 바꾸는 것처럼 신께서도 이 진리들을 바꾸실 수 있지 않겠느냐는 말을 들을 수도 있다. 이에 대해서는 반드시 이렇게 답해야 한다. 그렇다, 그분의 뜻이 바뀔 수 있다면 그리 될 것이다. 그러나 나는 그 진리들이 영원하고 불변하다고 이해한다. 그리고 나는 신에 대해서도 이와 똑같이 판단한다.[2]

본질적으로 신학적인 이런 이유로, 3세기 전에 물리학은 그에 상응하여 고정된 법칙과 변하는 세계 사이의 비대칭성을 안고 세워졌다. 그 생각이 워낙 오랫동안 있어왔기 때문에, 우리는 그것이 얼마나 **엄청난** 가정인지 좀처럼 눈치 채지 못한다. 그러나 반드시 그래야 한다는 **논리적** 필요조건은 전혀 없으며, 왜 법칙 자체가 절대적으로 고정되어야 하느냐는 설득력 있는 논증도 없다. 사실 나는 기본 물리학에서 잘 알려진 예를 살펴보면서, 법칙도 상황에 따라 **정말로** 바뀐다는 것을 이 책에서 이미 보여주었다. 그 예란 바로 양자역학에서의 측정 행위를 말한다. 양자계를 측정하거나 관찰하면 계의 행동에 극적인 변화를 야기한다. 이를 종종 '파동함수의 붕괴'라고 부른다. 다시 반복하자면, 그건 다음과 같다. 양자계(이를테면 원자 하나)를 측정이나 관찰을 하지 않고 그대로 놔두면 슈뢰딩거가 제시한 정밀한 수학적 법칙에 따라 진화한다.* 그러나 그 계가 측정장치와 엮여서 어떤 양—이를테면 원자의 에너지—에 대한 측정이 수행되면, 계—원자—의 상태가 갑자기 뜀뛰기를 한다('붕괴한다'). 의미심장하게도, 전자의 진화는 되돌릴 수 있지만, 후자의 진화는 되돌릴 수 없다. 그래서 서로 완전히 다른 유형의 두 가지 법칙이 양자계에 적용되는 것이다. 하나는 양자계가 홀로 있을 때, 다른 하나는 양자계가 시험될 때 말이다. 여기서 한 가지 단서가 정보와 연결된다는 것에 주목하라. 양자계를 측정함으로써 실험자는 그 계에 대한 정보를 얻는다(이를테면 원자가 현재 어떤 에너지 수준에 있느냐는 것). 그러나 측정된 계의 엔트로피는 훌쩍 높아진다. 곧, 측정 이전에 계의 직전 상태에 대해 알았던 것보다 측정 이후에 계의 직전 상태에 대해 아는 바가 적다는 것이다. 되

---

* 물리학에서 '진화한다(evolve)'라는 말은 생물학에서 쓰는 것과는 매우 다른 의미를 가지고 있어서 혼란을 일으킬 수 있다.

돌릴 수 없는—비가역적인—'붕괴' 때문이다.** 따라서 얻는 것이 있으면 잃는 것도 있다.

생물학으로 눈길을 돌려보면, 불변하는 법칙 관념이 별로 맞지 않는다는 것이 명백히 보인다. 이미 오래전에 《종의 기원》을 맺는 문단에서 다윈 자신이 그 차이를 역설했다. "……이 행성이 고정된 중력법칙에 따라 돌고 도는 사이에, 그처럼 단순한 시작으로부터 더없이 아름답고 더없이 경이로운 무한한 꼴들이 진화해왔고, 지금도 진화하고 있다."[3] 다양성과 새로움의 끝이 열려 있고 예측 가능성이 결여된 생물학적 진화는 생명이 없는 계들의 진화 방식과 극명하게 대조된다. 그런데도 생명은 혼돈이 아니다. '규칙'이 작용하고 있음을 보여주는 예들이 수없이 많다. 그러나 이 규칙들은 대부분 생물이 가진 **정보적** 짜임새를 가리키고 있다. 유전 부호를 생각해보라. 예를 들어 셋잇단 뉴클레오티드인 CGT는 아미노산인 아르기닌arginine을 부호화한다(표 1을 참고하라). 비록 그 규칙에 예외가 있는지 알려진 바는 현재 없지만, 그 규칙을 고정된 중력법칙과 같은 자연법칙으로 생각하면 잘못일 것이다. 'CGT → 아르기닌' 할당이 오래전에 떠올랐다는 것은 거의 확실하다. 아마 그 이전에 있었던 더 단순한 규칙에서 떠올랐을 것이다. 생명에는 이런 사례들이 가득하다. 멘델의 유전법칙처럼 널리 퍼져 있는 규칙들도 있고, 제한적으로만 적용되는 규칙들도 있다. 진화사의 장대한 드라마를 고

** 파동함수의 다양한 갈래들의 상에 대한 정보가 측정 행위로 인해 파괴되었기 때문에 비가역성이 생긴다.

려할 때, 생명의 게임은 시간에 따라 바뀌는 준-규칙들의 게임으로 보아야 할 것이다.

여기서 더 눈여겨볼 것은, 그 규칙들이 해당 계의 상태에 따라 종종 달라진다는 것이다. 결정적인 이 점을 분명히 보이기 위해 다음과 같이 빗대어보겠다. 체스는 고정된 규칙들로 하는 게임이다. 게임의 결과를 결정하는 것은 그 규칙들이 아니라 경기자들이다. 가능한 게임의 수는 엄청나게 많지만, 모든 게임을 면밀히 살펴보면 말들이 동일한 규칙에 따라 판 위를 움직이는 것이 보인다. 이제 그것과는 다르게, 게임이 진행되면서 규칙이 바뀔 수 있는 체스게임이 있다고 상상해보자. 그 게임을 체스플러스라고 불러보자. 특히 체스플러스에서는—생명을 가진 계에 빗대기 위해—**경기의 상태**에 따라 규칙이 바뀔 수 있다고 해보자. 그러면 이런 예가 가능할 것이다. "백이 이기고 있으면, 그때부터 흑은 킹을 한 칸이 아니라 두 칸까지 움직이는 것이 허용된다." 또 이런 예도 가능하다. "흑이 백보다 졸이 두 개 더 많으면, 백은 졸을 앞뒤로 모두 움직일 수 있다." (이것들은 다 실없는 제안이긴 하지만, 이보다 극단성이 덜한 예라면 인기 게임의 기준을 무사통과할 것이다. 체스플러스 경기에서는 초보자가 체스 그랜드마스터까지 이길 수도 있다.) 내가 방금 제시한 두 예들은 '규칙 바꾸기의 규칙', 곧 메타규칙meta-rules과 관련되어 있으며, 메타규칙 자체는 고정되어 있다. 그러나 이건 어디까지나 설명의 편의를 위한 것일 뿐이다. 메타규칙이라고 해서 꼭 고정될 필요는 없다. 말하자면 메타규칙은 메타메타규칙에 따를 수도 있고, 아니면 무한후퇴infinite regress를 피하기 위해 무작위로—이를테면 동전 던지기로 결정해서—바뀔 수도 있을 것이다. 후자의 경우라면, 체스플러스는 실력과 운이 모두 작용하는 게임이 된다. 어쨌든 어느 경우가 되었든, 체스플러스는 전통 체스보다 복잡성은 더하고 예측 가능성은 덜해서, 고정된 전통 체스 규칙에 따라 경기를 해서는 **도달할 수 없는** 경기 상태들—체스판 위 말들의 패턴들—을 만들어낼 것이다. 여기서 우리는 생명의 울림을 듣는다. 곧, 생명은 생명 없는 계들이 접근할 수 없는 '가능성 공간'의 영역을 열어젖힌다(28쪽을 참고하라).

상태에 따라 바뀌는 법칙이란 자기지시 개념을 일반화한 것이다. 곧, **계가 무엇을 하느냐는 계가 어떻게 있느냐에 달려 있다**. 3장에서 살펴보았던 것을 되새겨보자. 튜링과 폰 노이만의 연구에 따르면, 자기지시 관념은 범용 계산과 범용 복제의 핵심에 모두 자리하고 있다. 법칙이란 반드시 고정되어야 한다는 엄격한 필요조건을 완화하고 자기지시를 고려에 넣으려면, 아직 대부분이 미개척 상태인 완전히 새로운 갈래의 과학과 수학이 있어야 한다. 일리노이대학교의 물리학자 나이젤 골든펠드Nigel Goldenfeld가 이런 접근법의 가망성을 인식한 몇 안 되는 이론가 중의 한 명이다. 그는 이렇게 적었다. "진화를 올바로 이해하려면 필수적인 한 부분이 바로 자기지시여야 한다. 그러나 이를 명시적으로 고려하는 경우는 드물다."[4] 골든펠드는 응집물질 이론condensed matter theory 같은 물리학의 표준 논제를 생물학과 대비시킨다. 그 이론에서는 "계의 시간진화time evolution를 지배하는 규칙들과 계 자체의 상태를 지배하는 규칙들을 분명하게 분리해서 본다. …… 그 지배 방정식governing equation은 방정식의

해에 의존하지 않는다. 하지만 생물학에서는 상황이 다르다. 계의 시간진화를 지배하는 규칙들은 추상적으로 부호화되며, 유전체 자체가 이를 가장 명백하게 보여준다. 시간에 따라 계가 진화하면서 유전체 자체도 변경될 수 있고, 따라서 지배 규칙들 자체도 바뀌게 된다. 컴퓨터과학의 관점에서 보면, 물리적 세계는 두 가지 별개의 성분들, 곧 프로그램과 데이터를 가지고 모형화된다고 생각할 수 있지만, 생물학적 세계에서는 프로그램이 곧 데이터이고, 데이터가 곧 프로그램이다."[5]

3장에서 나는 내 동료들인 앨리사 애덤스와 새라 워커가 세포 오토마타에 자기지시적이고 상태의존적인 규칙들을 합쳐 넣으려는 간단한 시도를 살펴보았다(143쪽을 보라). 아닌 게 아니라 두 사람의 컴퓨터 모형은 변이성의 끝이 열려 있다는 것, 곧 생명과 핵심적으로 연관되는 그 속성을 내보였다. 하지만 그건 단지 만화에 불과하다. 그 분석을 실재와 맞추려면, 실제 복잡한 물리계들 속의 정보 패턴들에 자기지시적이고 상태의존적인 규칙들을 적용해야만 할 것이다. 이 일은 아직 이루어지지 않았기에, 나는 이 자리에서 하나의 도전과제로서 제안하는 바이다.[6] 그렇게 해서 나온 규칙들은 개개 성분들—이를테면 입자들—이 아닌 **계** 수준에 적용되기 때문에 기존의 물리법칙들과는 다를 것이며, 하향식 인과관계를 보여주는 한 예가 될 것이다.[7] 우리가 이미 알고 있고 사랑해 마지않는 물리법칙들과 양립할 수 있으려면, 그 규칙들이 입자 수준에 미치는 어떤 효과든 작아야 할 것이다. 그렇지 않았다면 우리가 벌써 알아챘을 것이다. 그러나 그건 장애가 되지 못한다. 대부분의 분자계들은 본래 혼돈스럽기 때문에, 눈에 띄지 않는 미세한 변화들이 축적되면 매우 큰 효과를 낼 수 있다. 이제까지 감지하지 못한 방식으로 새로운 물리가 작동해서 어떤 식으로든 개별 분자 수준에서 실제로 감지하기가 매우 어려울 만한 여지가 밑바닥에는 풍부하게 있다. 그러나 그 물리가 작용한 효과가 누적되어 전체 계 내의 정보 흐름에 주는 영향—미미하지만 광범위하게 일어나는 수많은 영향들이 결합한 효과에서 비롯한다—이 우세해지면서도 설명이 불가능한 모습으로 나타날 수도 있다. 왜냐하면 그 바탕에 깔린 인과 메커니즘이 이제까지 간과되어왔기 때문이다.

새로운 법칙들, 또는 적어도 체계적인 규칙성들이 복잡계의 행동에 숨어 있을 수도 있다는 가능성은 가히 혁명적이다. 수십 년 전, **혼돈계**chaotic systems들에 미묘한 수학적 패턴들이 널리 숨어 있음이 발견되었다(여기서 '혼돈계'란 관여하는 힘들과 출발 조건들에 대해 매우 정밀한 지식을 갖고 있다고 해도 예측을 할 수 없는 계를 뜻하며, 그 고전적인 한 예가 바로 '날씨'이다). 그 뒤로 물리학자들은 '혼돈 속의 보편성universality in chaos'에 대해 말하기 시작했다. 여기서 나는 어떤 큰 범주의 복잡계에서 공통된 정보 패턴들—적어도 부분적으로나마 생물이 가진 것 같은 특징을 잡아낸 패턴들—이 발견될 것이라는 기대를 담아 '정보 조직화 속의 보편성universality in informational organization'을 제안한다.

이론 얘기는 이쯤 해두자. 그것으로는 이 새로운 생각들의 거죽조차 제대로 긁지 못하니까 말이다. 이를 실험해볼 가망성이 있을까? 여기서 우리는 생명의 압도적인 복잡성과 부닥치게 된다. 내가 이 자리에서 제안하고 있는 상태의존적인 새로운 정보법칙들이 만일 생명 물질에서만 작동한다면, 그건 또 다른 모습의 생기론에 지나지 않을 것이다. 물리학과 생물학을 통일하는 이론이라면, 그 둘을 가르는 장벽이 무엇이든 모두 제거하는 것을 온전한 목적으로 삼아야 한다. 이 경우에는 새로운 정보법칙들이 생물세계에서 무생물세계로 번져나가는 모습을 보일 것이라고 기대할 수 있다. 수십 년 전에 시드니 폭스Sydney Fox는 바로 그런 효과를 발견했다고 주장했다. 폭스는 앨라배마에 거점을 둔 생화학자로, 생명의 기원 연구에 평생을 바친 사람이다. 폭스는 아미노산들이 (펩티드라고 하는) 사슬로 조립될 때, 생물학적으로 유용한 분자—단백질—가 만들어지게 되는 조합들을 아미노산들이 선호한다는 것을 시사하는 실험적 증거를 발표했다. 그는 이렇게 적었다. "아미노산들은 응축된 상태에서 자기를 어떤 순서로 연결할지 결정한다."[8] 그게 참이라면, 그 주장은 화학법칙들이 어떻게 해서인가 생명을 좋아했다는 증거가 되어줄 것이다. 마치 그 법칙들이 생명에 대해 미리 알고 있었다는 듯이 말이다. 펜실베이니아주립대학교의 게리 스타인먼Gary Steinman과 메리언 콜Marian Cole은 한층 극적인 주장을 펼쳤다. 두 사람 또한 펩티드 형성이 비무작위적임을 보고하면서 이렇게 적었다. "이 결과들은 생명과 관련이 있는 고유한 펩티드 서열이 생명 탄생 이전에 이미 만들어졌을 수 있다는 생각을 하게 만든다."[9]

생명에 유리하게 화학이 교묘하게 조작된다는 생각은 널리 무시를 당했고, 폭스 등이 제시한 형태의 제안, 곧 분자쌍들 사이의 결합에 선호도가 있다느니 하는—양자역학의 틀 안에서는 잘 이해된 과정이다—제안은 사실 거의 믿음이 가지 않았다. 그런데 분자의 조직화를 정보의 관점에서 접근하면 얘기가 달라질 수도 있다.[10]

상태의존적인 정보법칙의 후보로서 우리가 올바로 풀어낸 것이 손에 쥐어져 있었다면, 그것은 아마 계가 정보처리 능력을 증폭하는 식 또는 통합 정보를 '이해할 길 없이' 축적해 나가는 식으로 자기조직될 것임을 시사했을지도 모른다. 인과력의 관점에서 보았을 때 '거시가 미시를 이기는' 상황이 있다는 최근의 발견은(359쪽을 보라) 고차적 정보처리 모듈의 자발적 조직화가 복잡계들의 일반적 경향으로서 선호되었을 가능성을 열어준다. 화학적 복잡성보다 정보 조직화의 관점에서 보면, 무생명에서 생명으로 이어지는 경로가 훨씬 짧을 수도 있다. 만일 그렇다면, 제2의 생명 탄생을 찾아나서는 일에 크게 탄력이 붙을 것이다.*

이 책에서 나는 목하 싹을 틔우고 있는 새로운 과학 영역의 지도를 그려보았다. 내가 이 책을 쓰고 있는 지금은 정보의 물리학 및 그 물리학이 생명의 이야기에서 담당한 역할에 직접적 영향을 주는 논문이나 새로운 실험 결과 발표가 거의 매일같이 이어지고 있다. 이 분야는 아직 유아기에 있어서 아직 답하지 못한

---

* 많은 과학자들(드뒤브도 여기에 들어간다)은 생명 탄생 과정을 빠르게 해주었을 새로운 법칙이나 원리가 있어야 한다고 느끼지 않고도 생명이 우주적 명령이라는 생각을 지지한다. 그들이 호소하는 것은 우리가 아는 화학법칙들의 보편성이고, 그들이 피하는 것은 편협성—왜 우리/지구가 유독 특별해야 하는가?—이다. 그러나 여기에는 소원 빌기식 사고(wishful thinking)의 기운이 서려 있다. 우리가 아는 화학에 어떤 생명의 원리가 내재해 있다는 생각에 나는 완전히 회의적이다. 왜냐하면 현재 우리가 아는 화학은 분자와 정보 사이의 개념적 다리를 전혀 제공하지 못하기 때문이다.

물음들이 수없이 많다. 만일 새로운 물리법칙—아마 상태의존성과 하향식 인과관계와 관련된 정보법칙일 것이다—이 작용하고 있다면, 현재 우리가 알고 있는 물리법칙들과 어떻게 짜 엮어야 할까? 이 새로운 법칙들은 본질상 결정론적일까, 아니면 양자역학처럼 우연의 요소를 담고 있을까? 정말 양자역학이 그 법칙들에 들어갈까? 양자역학이 생명에서 필수적인 구실을 한다는 것이 사실일까? 정확히 가늠할 수 없는 이 문제들 말고도, 생명의 기원 문제가 있다. 맨 처음에 생명의 정보 패턴들은 어떻게 해서 존재하게 되었을까? 뭐가 되었든 우주에서 새로운 것이 출현하면, 거기에는 어김없이 법칙과 초기 조건 들이 혼합되어 있다. 생명의 정보를 처음에 떠오르게 한 필연적인 조건들이 무엇인지, 또는 일단 생명이 시작되면 복잡계에서 작용할 정보법칙이나 여타 다른 조직화 원리들에 대비해서 자연선택이 어느 정도나 강력한 역할을 하는지, 우리는 전혀 아는 바가 없다. 이 모두가 앞으로 풀어내야 할 것들이다.

내가 '법칙'이란 말로 규명하고 있는 정보적 원리들에 얕든 깊든 무게를 실어주기를 반대하는 사람들이 있을 것이다. 대부분의 과학자들은 **실용적인** 목적에서 정보 패턴들을 그 자체로 독립적인 것들로 흔쾌히 취급하지만, 환원주의자들은 그건 어디까지나 방법론적 편의일 뿐이고, 원리적으로는 그런 '것들' 모두가 기본 입자들과 물리법칙들로 환원될 수 있다고—따라서 그런 것들은 존재하지 않는 것으로 정의된다고—주장한다. 그런 것들은 우리 상상 속에만 존재할 뿐 '실제로 존재'하지 않는다고 우리에게 경고한다. 환원주의자들도 복잡계에서 어떤 규칙들이 '떠오른다'라는 것을 인정할 수야 있겠지만, 그래도 그 규칙들이 물리법칙이라는 근본적인 지위, 다시 말해서 모든 계의 바탕에 깔린 법칙으로서의 지위를 누리지는 못한다고 단언한다. 환원주의자들의 논증이 강력함은 부인할 수 없다. 그러나 그 논증은 물리법칙의 본성에 대한 한 가지 주된 가정에 기대고 있다. 현재 우리가 물리법칙들을 인식하는 방식은 물리계들을 계층화하는 결과로 이어지고 있다. 말하자면, 맨 밑의 개념적 수준에 물리법칙들이 자리하고, 떠오른 법칙들이 그 위에 치쌓이는 모습을 하고 있다. 수준과 수준을 엮는 것은 아무것도 없다. 그러나 생명을 가진 계들의 경우에는 이런 계층화가 별로 맞지 않는다. 왜냐하면 생명에는 수많은 크기와 복잡성 규모에서 수준과 수준의 엮임, 과정과 과정의 엮임이 종종 있기 때문이다. 다시 말해서 인과관계는 상향식(유전자에서 생물로)이 될 수도 있고 하향식(생물에서 유전자로)이 될 수도 있다. 물리법칙의 범위 안으로 생명을 가져오려면, 그리고 정보가 그 자체로 근본적인 존재자로서 실재함을 뒷받침할 나무랄 데 없는 기초를 제공하려면, 내가 이 책에서 논하는 바대로, 물리법칙의 본성을 철저하게 재검토해야 한다.[11]

한 줌의 과학자, 철학자, 수학자 들에게만 이 난해한 문제들이 중요하다고 생각하면 오산일 것이다. 그 문제들은 비단 생명을 설명하는 일뿐만 아니라 인간 존재의 본성 및 우주에서의 우리 자리에 대해서도 두루 함의를 가진다. 다윈 이전에는 신이 생명을 창조했다고 널리 믿었다. 그러나 오늘날에는 생명이 자연적으로 기원했음을 받아들이는 이들이 대부분이다. 생명이 어떻게 무생명에서 떠올랐는지 과학자들이 완전하게 설명하지 못하는 것은 맞지만, 그렇다고 단 한 번이라도 기적을 끌어들이면 '빈틈을 메우는 신' 논증의 덫에 빠지게 될 것이다. 그러면 대부분은 분자들이 고정된 법칙들에 따르도록 내버려두지만, 이따금 분자들을 여기나 저기로 이동시키면서 간간이 간섭을 하는 어떤 우주적인 마법사가 있다는 소리가 될 것이다. 그러나 '자연주의적'이라는 말의 넓은 범위 안에는 그와는 매우 다른 철학적(심지어 신학적) 함의가 들어 있다. 생명의 기원을 보는 시각은 자크 모노가 옹호하는 통계적 요행 가설과 크리스티앙 드뒤브가 주장하는 우주적 명령 가설, 이 두 가지가 서로 대비되고 있다. 모노는 생명의 요행성에 호소해서 자신의 허무주의적 철학을 떠받친다. "고대의 서약은 산산조각이 났다"라고 그는 우울한 어조로 적고 있다. "[인간의] 운명은 어디에도 적혀 있지 않으며, 인간의 의무도 마찬가지이다. 위의 하늘나라이냐 아래의 어둠이냐, 그건 사람이 선택할 것들이다. …… 우주는 생명을 잉태하고 있지도 않았고, 생물권도 인간을 잉태하고 있지 않았다."[12] 모노의 부정적인 성찰에 대해 드뒤브는 이런 말로 대응했다. "당신은 틀렸소. 생명과 인간은 잉태되어 있었소."[13] 그런 다음에 '의미로운 우주'라고 부르는 자신의 시각을 펼쳐나갔다. 골자만 이야기하자면, 여기에 걸린 논제는 이렇다. 생명은 물리법칙 안에 내장되어 있는가? 그 법칙들은 장차 생물이 될 것의 설계를 마법과도 같이 담고 있는가? **알려진** 물리법칙들이 생명에 유리하게 조작되어 있다는 증거는 없다. 그 법칙들은 '생명을 보지 않는다.' 그러나 내가 이 책에서 추측하고 있는 것 같은 상태의존적이고 새로운 정보법칙이라면 어떨까? 내 직감으로는 그 법칙들이 생명 자체를 미리 예시할 만큼 생명 특이적은 아니었을 것이지만, 넓은 범주의 정보처리 복잡계를 선호했을 것은 같다. 우리가 현재 아는 생명이 바로 그런 복잡계를 두드러지게 대표할 것이다. 우주의 법칙들이 이런 일반적인 방식에서 본래적으로 생명 친화적이라는 생각을 하면 기분이 고양된다.

이런 사변적 관념들은 먼지에서 생명을 생겨나게 하는 등 기적으로 일하는 신과는 매우 거리가 멀다. 그러나 만일 생명—그리고 아마도 마음—의 떠오름이 자연의 바탕에 깔린 법칙성에 새겨져 있다면, 생명을 가지고 생각을 하는 존재로서의 우리 인간 존재에 일종의 우주적 수준의 의미가 부여될 것이다.

우리가 진정 집으로 느낄 수 있는 우주란 바로 그런 우주일 것이다.

더 읽을거리

1. 생명이란 무엇인가?

Anthony Aguirre, Brendan Foster and Zeeya Merali (eds.), *Wandering towards a Goal: How Can Mindless Mathematical Laws Give Rise to Aims and Intention?* (Springer, 2018)

Philip Ball, 'How life (and death) spring from disorder', *Quanta*, 25 January 2017; https://www.quantamagazine.org/the-computational-foundation-of-life-20170126/

Steven Benner, *Life, the Universe and the Scientific Method* (The FfAME Press, 2009)

Paul Davies and Niels Gregersen (eds.), *Information and the Nature of Reality: From Physics to Metaphysics* (Cambridge University Press, 2010)

Nick Lane, *The Vital Question: Energy, Evolution and the Origins of Complex Life* (Norton, 2015) [《바이털 퀘스천: 생명은 어떻게 탄생했는가: 21세기 생물학을 향한 혁명적 도전》(까치: 2016)

Ilya Prigogine and Isabelle Stengers, *Order out of Chaos* (Heinemann, 1984) [《혼돈으로부터의 질서: 인간과 자연의 새로운 대화》(자유아카데미: 2011)]

Erwin Schrödinger, *What is Life?* (Cambridge University Press, 1944; Canto edn, 2012) [《생명이란 무엇인가》(한울: 2021)]

Sara Walker, Paul Davies and George Ellis (eds.), *From Matter to Life: Information and Causality* (Cambridge University Press, 2017)

Carl Woese, 'A new biology for a new century', *Microbiology and Molecular Biology Reviews*, vol. 68, no. 2, 173–86 (2004)

2. 악마의 등장

Derek Abbott, 'Asymmetry and disorder: a decade of Parrondo's paradox', *Fluctuation and Noise Letters*, vol. 9, no. 1, 129–56 (2010)

R. Dean Astumian and Imre DerÉnyi, 'Fluctuation driven transport and models of molecular motors and pumps', *European Biophysics Journal*, vol. 27, 474–89 (1998)

Peter Atkins, *The Laws of Thermodynamics: A Very Short Introduction* (Oxford University Press, 2010)

Philip Ball, 'Bacteria replicate close to the physical limit of efficiency', *Nature*, 20 September 2012; http://www.nature.com/news/bacteria-replicate-close-to-the-physical-limit-of-efficiency-1.11446

Charles H. Bennett, 'Notes on Landauer's principle, reversible computation and Maxwell's Demon', *Studies in History and Philosophy of Modern Physics*, vol. 34, 501–10 (2003)

Philippe M. Binder and Antoine Danchin, 'Life's demons: information and order in biology', *European Molecular Biology Organization (EMBO) Reports*, vol. 12, no. 6, 495–9 (2011)

S. Chen et al., 'Structural diversity of bacterial flagellar motors', *EMBO Journal*, 30 (14), 2972–81 (2011); doi: http://dx.doi.org/10.1038/emboj.2011.186

Kensaku Chida et al., 'Power generator driven by Maxwell's demon', *Nature Communications*, 8:15301 (2017)

Nathanaël Cottet et al., 'Observing a quantum Maxwell demon at work', *Proceedings of the National Academy of Sciences*, vol. 114, no. 29, 7561–4 (2017)

Alexander R. Dunn and Andrew Price, 'Energetics and forces in living cells', *Physics Today*, vol. 68, no. 2, 27–32 (2015)

George Dyson, *Turing's Cathedral: The Origins of the Digital Universe* (Vintage, 2012)

Lin Edwards, 'Maxwell's demon demonstration turns information into energy', *PhysOrg.com*, 15 November 2010; https://phys.org/news/2010-11-maxwell-demon-energy.html

Ian Ford, 'Maxwell's demon and the management of ignorance in stochastic thermodynamics', *Contemporary Physics*, vol. 57, no. 3, 309–30 (2016)

Jennifer Frazer, 'Bacterial motors come in a dizzying array of models', *Scientific American*, 16 December 2014

Gregory P. Harmer et al., 'Brownian ratchets and Parrondo's games', *Chaos*, 11, 705 (2001); doi: 10.1063/1.1395623

Peter Hoffman, *Life's Ratchet* (Basic Books, 2012)

—, 'How molecular motors extract order from chaos', *Reports on Progress in Physics*, vol. 79, 032601 (2016)

William Lanouette and Bela Silard, *Genius in the Shadows: A Biography of Leo Szilárd, the Man behind the Bomb* (University of Chicago Press, 1994)

C. H. Lineweaver, P. C. W. Davies and M. Ruse (eds.), *Complexity and the Arrow of Time* (Cambridge University Press, 2013)

Norman MacRae, *John von Neumann: The Scientific Genius Who Pioneered the Modern Computer, Game Theory, Nuclear Deterrence, and Much More* (American Mathematical Society; 2nd edn, 1999)

J. P. S. Peterson et al., 'Experimental demonstration of information to energy conversion in a quantum system at the Landauer limit', *Proceedings of The Royal Society A*, vol. 472, issue 2188 (2016): 20150813

Takahiro Sagawa, 'Thermodynamic and logical reversibilities revisited', *Journal of Statistical Mechanics* (2014); doi: 10.1088/1742-

5468/2014/03/P03025
Jimmy Soni and Rob Goodman, *A Mind at Play: How Claude Shannon Invented the Information Age* (Simon and Schuster, 2017)

3. 생명의 논리

Gregory Chaitin, *The Unknowable: Discrete Mathematics and Theoretical Computer Science* (Springer, 1999)
Peter Csermely, 'The wisdom of networks: a general adaptation and learning mechanism of complex systems', *BioEssays*, 1700150 (2017)
Deborah Gordon, *Ants at Work: How an Insect Society is Organized* (Free Press, 2011)
Andrew Hodges, *Alan Turing: The Enigma: The Book that Inspired the Film 'The Imitation Game'* (Princeton University Press, 2014) [《앨런 튜링의 이미테이션 게임》(동아시아: 2015)]
Douglas Hofstadter, *Gödel, Escher, Bach: An Eternal Golden Braid* (Basic Books, 1979) [《괴델, 에셔, 바흐: 영원한 황금 노끈》(까치: 2017)]
Bernd-Olaf Küppers, *Information and the Origin of Life* (MIT Press, 1990)
Janna Levin, *A Madman Dreams of Turing Machines* (Knopf, 2006)
G. Longo et al., 'Is information a proper observable for biological organization?', *Progress in Biophysics and Molecular Biology*, vol. 109, 108–14 (2012)
Denis Noble, *Dance to the Tune of Life: Biological Relativity* (Cambridge University Press, 2017)
Paul Rendell, *Turing Machine Universality of the Game of Life: Emergence, Complexity and Computation* (Springer, 2015)
Stephen Wolfram, *A New Kind of Science* (Wolfram Media, 2002)
Hubert Yockey, *Information Theory, Evolution and the Origin of Life* (Cambridge University Press, 2005)

4. 다윈주의 2.0

Nessa Carey, *The Epigenetics Revolution: How Modern Biology is Rewriting Our Understanding of Genetics, Disease and Inheritance* (Columbia University Press, 2013) [《유전자는 네가 한 일을 알고 있다: 현대 생물학을 뒤흔든 후성유전학 혁명》(해나무: 2015)]

Richard Dawkins, *The Selfish Gene* (Oxford University Press, 1976) [《이기적 유전자》(을유문화사: 2018)]

Daniel Dennett, *Darwin's Dangerous Idea: Evolution and the Meaning of Life* (Simon and Schuster, 1995)

Robin Hesketh, *Introduction to Cancer Biology* (Cambridge University Press, 2013)

Eva Jablonka and Marion Lamb, *Evolution in Four Dimensions* (MIT Press, 2005)

George Johnson, *The Cancer Chronicles: Unlocking Medicine's Deepest Mystery* (Vintage, 2014) [《암연대기》(어마마마: 2016)]

Stuart Kauffman, *The Origin of Order: Self-organization and Selection in Evolution* (Oxford University Press, 1993)

Lewis J. Kleinsmith, *Principles of Cancer Biology* (Pearson, 2005) [《종양생물학의 원리: 개념에 충실한 길라잡이》(라이프사이언스: 2008)]

Matthew Niteki (ed.), *Evolutionary Innovations* (University of Chicago Press, 1990)

Massimo Pigliucci and Gerd B. Müller (eds.), *Evolution, the Extended Synthesis* (MIT Press, 2010)

Trygve Tollefsbol (ed.), *Handbook of Epigenetics* (Academic Press, 2011)

Andreas Wagner, *Arrival of the Fittest* (Current, 2014)

Robert A. Weinberg, *The Biology of Cancer* (Garland Science, 2007) [《암의 생물학》(월드사이언스: 2012)]

Edward Wilson, *The Meaning of Human Existence* (Liveright, 2015) [《인간 존재의 의미: 지속 가능한 자유와 책임을 위하여》(사이언스북스: 2016)]

5. 도깨비 장난 같은 생명과 양자 악마들

Derek Abbott, Paul Davies and Arun Patti (eds.), *Quantum Aspects of Life* (Imperial College Press, 2008)

Richard Feynman, 'Simulating physics with computers', *International Journal of Theoretical Physics*, vol. 21, nos. 6/7 (1982)

Johnjoe McFadden and Jim Al-Khalili, *Life on the Edge: The Coming of Age of Quantum Biology* (Bantam Press, 2014) [《생명, 경계에 서다: 양자생물학의 시대가 온다》(글항아리사이언스: 2017)]

Masoud Mohseni, Yasser Omar, Gregory S. Engel and Martin B. Plenio (eds.), *Quantum Effects in Biology* (Cambridge University Press, 2014)

Leonard Susskind and Art Friedman, *Quantum Mechanics: The Theoretical Minimum* (Basic Books, 2015) [《물리의 정석: 양자역학 편》(사이언스북스: 2018)]

Peter G. Wolynes, 'Some quantum weirdness in physiology', *Proceedings of the National Academy of Sciences*, vol. 106, no. 41, 17247-8 (13 October 2009)

6. 거의 기적

A. G. Cairns-Smith, *Seven Clues to the Origin of Life: A Scientific Detective Story* (Cambridge University Press, 1985)

Matthew Cobb, *Life's Greatest Secret: The Race to Crack the Genetic Code* (Basic Books, 2015) [《생명의 위대한 비밀: 유전암호를 풀어라》(라이프사이언스: 2017)]

Paul Davies, *The Fifth Miracle: The Search for the Origin of Life* (Allen Lane, 1998) [《생명의 기원》(북스힐: 2000)]

Christian de Duve, *Vital Dust: The Origin and Evolution of Life on Earth* (Basic Books, 1995)

Freeman Dyson, *Origins of Life* (Cambridge University Press; 2nd edn, 1999)

Pier Luigi Luisi, *The Emergence of Life: From Chemical Origins to Synthetic Biology* (Cambridge University Press; 2nd edn, 2016)

Eric Smith and Harold Morowitz, *The Origin and Nature of Life on Earth* (Cambridge University Press, 2016)

Woodruff T. Sullivan III and John A. Baross (eds.), *Planets and Life* (Cambridge University Press, 2007)

Sara Walker and George Cody, 'Re-conceptualizing the origins of life', *Philosophical Transactions of The Royal Society* (theme issue), vol. 375, issue 2109 (2017)

7. 기계 속의 유령

David Chalmers, *The Conscious Mind: In Search of a Fundamental Theory* (Oxford University Press; rev. edn, 1997)

Daniel Dennett, *Consciousness Explained* (Little, Brown, 1991) [《의식의 수수께끼를 풀다》(옥당: 2013)]

George Ellis, *How Can Physics Underlie the Mind? Top-down Causation in the Human Context* (Springer, 2016)

Douglas R. Hofstadter and Daniel C. Dennett, *The Mind's I: Fantasies and Reflections on Self and Soul* (Basic Books, 2001) [《이런 이게 바로 나야 1, 2》(사이언스북스: 2015, 2017)]

Stuart Kauffman, *At Home in the Universe: The Search for the Laws of Self-Organization and Complexity* (Oxford University Press, 1996) [《혼돈의 가장자리》(사이언스북스: 2002)]

Arthur Koestler, *The Ghost in the Machine* (Hutchinson, 1967)

Nancey Murphy, George F. R. Ellis and Timothy O'Connor (eds.), *Down-ward Causation and the Neurobiology of Free Will* (Springer, 2009)

Roger Penrose, *The Emperor's New Mind: Concerning Computers, Minds and the*

Laws of Physics (Oxford University Press, 1989) [《황제의 새마음》(이화여자대학교출판부: 1996)]

Bruce Rosenblum and Fred Kuttner, *Quantum Enigma: Physics Encounters Consciousness* (Oxford University Press; 2nd edn, 2011) [《양자 불가사의: 물리학과 의식의 만남》(지양사: 2012)]

주

1. 생명이란 무엇인가?

1 Erwin Schrödinger, *What is Life?* (Cambridge University Press, 1944), p. 23.

2 Charles Darwin, *On the Origin of Species* (John Murray; 2nd edn, 1860), p. 490.

3 David Deutsch, *The Beginning of Infinity: Explanations that Transform the World* (Penguin, 2011), p. 1.

4 S. I. Walker, 'The descent of math', in: A. Aguirre, B. Foster and Z. Merali (eds.), *Trick of Truth: The Mysterious Connection between Physics and Mathematics* (Springer, 2016).

5 Richard Dawkins, *Climbing Mount Improbable* (Norton, 1996).

6 Eric Smith and Harold Morowitz, *The Origin and Nature of Life on Earth* (Cambridge University Press, 2016).

7 Bernd-Olaf Küppers, 'The nucleation of semantic information in prebiotic matter', in: E. Domingo and P. Schuster (eds.), *Quasispecies: From Theory to Experimental Systems. Current Topics in Microbiology and Immunology*, vol. 392, 23–42. 다음 글도 참고하라. Carlo Rovelli, 'Meaning and intentionality=information+evolution', in: A. Aguirre, B. Foster and Z. Merali (eds.), *Wandering Towards a Goal: How Can Mindless Mathematical Laws Give Rise to Aims and Intention?* (Springer, 2018), pp. 17–27.

8 Eric Smith, 'Chemical Carnot cycles, Landauer's principle and the thermodynamics of natural selection', Talk/Lecture, Bariloche Complex Systems Summer School (2008).

2. 악마의 등장

1 Peter Hoffman, *Life's Ratchet* (Basic Books, 2012), p. 136.
2 Claude Shannon, *The Mathematical Theory of Communication* (University of Illinois Press, 1949).
3 Christoph Adami, 'What is information?', *Philosophical Transactions of The Royal Society*, A 374: 20150230 (2016).
4 Leo Szilárd, 'On the decrease of entropy in a thermodynamic system by the intervention of intelligent beings', *Zeitschrift für Physik*, 53, 840–56 (1929).
5 '궁극의 노트북ultimate laptop'은 세스 로이드Seth Lloyd가 우주에서 가능한 가장 효율적인 컴퓨터를 분석하면서 만든 말이다. 다음 글을 참고하라. https://www.edge.org/conversation/seth_lloyd-how-fast-how-small-and-how-powerful.
6 이 문제에는 아직 몇 가지 미묘한 점들이 남아 있다. 특별한 상황에서는 란다우어 한계를 우회할 길이 있을 수도 있다는 주장도 있다. 다음 글을 참고하라. O. J. E. Maroney, 'Generalizing Landauer's principle', *Physical Review*, E 79, 031105 (2009). 경우에 따라 논리적 비가역성이 열역학적 비가역성과 나란히 가지 않을 때도 있다.
7 Rolf Landauer, 'Irreversibility and heat generation in the computing process', *IBM Journal of Research and Development*, 5 (3): 183–91; doi: 10.1147/rd.53.0183 (1961).
8 Charles Bennett and Rolf Landauer, 'The fundamental physics limits of computation', *Scientific American*, vol. 253, issue 1, 48–56 (July 1985).

9 Alexander Boyd and James Crutchfield, 'Maxwell demon dynamics: deterministic chaos, the Szilárd map, and the intelligence of thermodynamic systems', *Physical Review Letters*, 116, 190601 (2016).
10 Z. Lu, D. Mandal and C. Jarzynski, 'Engineering Maxwell's demon', *Physics Today*, vol. 67, no. 8, 60–61 (2014).
11 https://www.youtube.com/watch?v=00TyIShzR6o
12 Lu, Mandal and Jarzynski, 'Engineering Maxwell's demon'.
13 Ibid.
14 Douglas Adams, *The Hitchhiker's Guide to the Galaxy* (Del Ray, 1995).
15 Katharine Sanderson, 'A demon of a device', *Nature*, 31 January 2007; doi: 10.1038/news070129-10.
16 Viviana Serreli et al., 'A molecular information ratchet', *Nature*, vol. 445, 523–7 (2007).
17 다음 글에서 인용했다. Stephen Battersby, 'Summon a "demon" to turn information into energy', *New Scientist Daily News*, 15 November 2010. 더 최근에는 한국의 한 연구진이 98.5퍼센트라는 놀라운 효율로 정보를 일로 전환했다. 다음 글을 참고하라. Lisa Zyga, 'Information engine operates with nearly perfect efficiency', Phys.Org.com, 19 January 2018.
18 J. V. Koski et al., 'On-chip Maxwell's demon as an information-powered refrigerator', *Physical Review Letters*, 115, 260602 (2015).
19 Christoph Adami, as quoted in 'The Information Theory of Life', by Kevin Hartnett, *Quanta* (19 November, 2015).
20 Kazuhiko Kinosita, Ryohei Yasuda and Hiroyuki Noji, 'F1-ATPase: a highly efficient rotary ATP machine', *Essays in Biochemistry*, vol. 35, 3–18 (2000).
21 https://www.youtube.com/watch?v=y-uuk4Pr2i8.
22 예를 들어 다음 책의 설명을 참고하라. Peter Hoffman, *Life's Ratchet* (Basic Books, 2012), pp. 159–62.
23 Anita Goel, R. Dean Astumian and Dudley Herschbach, 'Tuning

and switching a DNA polymerase motor with mechanical tension', *Proceedings of the National Academy of Sciences*, vol. 100, no. 17, 9699-704 (2003).

24 Jeremy England, 'Statistical physics of selfreplication', *Journal of Chemical Physics*, vol. 139, 121923, 1-8 (2013).

25 Rob Phillips and Stephen Quake, 'The biological frontier of physics', *Physics Today*, vol. 59, 38-43 (May 2006).

26 파인만이 몸소 말한 바를 알고 싶으면 다음 자료를 참고하라. Lecture 46 of his Caltech series: http://www.feynmanlectures.caltech.edu.

27 Andreas Wagner, 'From bit to it: how a complex metabolic network transforms information into living matter', *BMC Systems Biology*; doi: 10.1186/1752-0509-1-33 (2007).

28 여기에는 베이즈 추론(Bayesian inference)도 들어간다. 다음 글을 참고하라. David Spivak and Matt Thomson, 'Environmental statistics and optimal regulation', *PLoS Computational Biology*, vol. 10, no. 10 e 1003978 (2014).

3. 생명의 논리

1 'What is life?: an interview with Gregory Chaitin', *Admin*: http://www.philosophytogo.org/wordpress/?p=1868 (18 December 2010).

2 Alan Turing, 'On computable numbers, with an application to the Entscheidungsproblem', *Proceedings of the London Mathematical Society*, ser. 2, vol. 42 (1937). See also http://www.turingarchive.org/browse.php/b/12.

3 Ibid.

4 John von Neumann, *Theory of Self-reproducing Automata* (University of Illinois Press, 1966).

5 George F. R. Ellis, Denis Noble and Timothy O'Connor, 'Top-down

causation: an integrating theme within and across the sciences?', *Royal Society Interface Focus* (2012).

6 John L. Casti, 'Chaos, Gödel and truth', in: J. L. Casti and A. Karlqvist (eds.), *Beyond Belief: Randomness, Prediction and Explanation in Science* (CRC Press, 1991); M. Prokopenko et al., 'Self-referential basis of undecidable dynamics: from the liar paradox and the halting problem to the edge of chaos', arXiv:1711.02456 (2017). 만일 계가 유한상태기계(finite state machine)라면, 그 기계가 생성하는 새로움은 당연히 유한할 뿐일 것이다. 무한 배열(infinite array)이라면 이런 제한이 없을 것이다.

7 J. T. Lizier and M. Prokopenko, 'Differentiating information transfer and causal effect', *European Physical Journal B*, vol. 73, no. 4, 605–15 (2010); doi: 10.1140/epjb/e2010-00034-5.

8 Alyssa Adams at al., 'Formal definitions of unbounded evolution and innovation reveal universal mechanisms for open-ended evolution in dynamical systems', *Scientific Reports (Nature)*, vol. 7, 997–1012 (2017).

9 Richard Dawkins, *The Selfish Gene* (Oxford University Press, 1976).

10 Y. Lazebnik, 'Can a biologist fix a radio? Or, what I learned while studying apoptosis', *Biochemistry* (Moscow), vol. 69, no. 12, 1403–6 (2004).

11 Paul Nurse, 'Life, logic and information', *Nature*, vol. 254, 424–6 (2008).

12 Uri Alon, *An Introduction to Systems Biology: Design Principles of Biological Circuits* (Chapman and Hall, 2006).

13 인간 존재처럼 복잡한 계가 겨우 유전자 2만 개가 낳은 산물일 수 있다는 것에 당혹감을 표하는 사람들도 있다. 유전자 2만 개에 충분한 정보가 있는가? 아니, 충분치 않다. 그러나 유전자 하나가 두 상태 중 한 상태에 있을 수 있음을 감안하면, 이론적으로 가능한 유전자 발현 조합수는 2^{20000}(약 10^{6000})가지이다. 이는 한 사람은 말할 것도 없고 우

주에 있는 정보의 총 비트 수(겨우 10^{123}개에 지나지 않는다)보다 매우 매우 큰 수이다. 이런 식으로 바라보면, 가져다 쓸 수 있는 비트가 풍족하다 못해 차고 넘치게 된다.

14 Alon, *An Introduction to Systems Biology*.

15 Ibid.

16 Benjamin H. Weinberg et al., 'Large-scale design of robust genetic circuits with multiple inputs and outputs for mammalian cells', *Nature Biotechnology*, vol. 35, 453–62 (2017).

17 Hideki Kobayashi et al., 'Programmable cells: interfacing natural and engineered gene networks', *Proceedings of the National Academy of Sciences*, 8414–19; doi: 10.1073/pnas.0402940101 (2017).

18 교육과 방과 후 활동을 장려하는 데 대단한 관심이 모아져왔다. 국제유전공학기계경합(International Genetically Engineered Machines Competition)은 대학 학부생과 고등학생들이 합성생물회로를 설계할 수 있도록 해주고 있다.

19 Maria I. Davidich and Stefan Bornholdt, 'Boolean network model predicts cell cycle sequence of fission yeast', *PLoS ONE*, 27 February 2008: https://doi.org/10.1371/journal.pone.0001672.

20 Hyunju Kim, Paul Davies and Sara Imari Walker, 'New scaling relation for information transfer in biological networks', *Journal of the Royal Society Interface 12* (113), 20150944 (2015); doi: 10.1098/rsif.2015.0944.

21 Richard Feynman and Ralph Leighton, *Surely You're Joking, Mr. Feynman!* (Norton, 1985). See also https://www.youtube.com/watch?v=nmEoL5C7ths.

22 Uzi Harush and Baruch Barzel, 'Dynamic patterns of information flow in complex networks', *Nature Communications* (2017); doi: 10.1038/s41467-017-01916-3.

23 Nurse, 'Life, logic and information'.

4. 다윈주의 2.0

1 Theodosius Dobzhansky, 'Nothing in biology makes sense except in the light of evolution', *American Biology Teacher*, 35 (3): 125–9 (March 1973).

2 악마 같은 정보처리 효율을 진화가 어떻게 선택하는지 대중적으로 자세히 설명한 다음 책을 참고하라. *The Touchstone of Life* by Werner Loewenstein (Oxford University Press, 1999), Ch. 6.

3 Eva Jablonka, *Evolution in Four Dimensions* (MIT Press, 2005), p. 1.

4 https://www.theregister.co.uk/2017/06/14/flatworm_sent_to_space_returns_2_headed/.

5 J. Morokuma et al., 'Planarian regeneration in space: persistent anatomical, behavioral and bacteriological changes induced by space travel', *Regeneration*, vol. 4, 85–102 (2017); https://doi.org/10.1002/reg2.79.

6 Michael Levin, 'The wisdom of the body: future techniques and approaches to morphogenetic fields in regenerative medicine, developmental biology and cancer', *Regenerative Medicine*, 6 (6), 667–73 (2011).

7 Ibid.

8 최근에 이루어진 실험들은 어떤 유전자가 되었든 전 범위의 유전자가 세포 주변 환경의 **모양**에 따라 활성을 띨 수도 있음을 입증했다. 이는 인간의 줄기세포를 미세한 원기둥, 육면체, 삼각형 등 여러 모양 안에 가두는 방법을 써서 입증했다. 다음 글을 참고하라. Min Bao et al., '3D microniches reveal the importance of cell size and shape', *Nature Communications*, vol. 18, 1962 (2017).

9 S. Sarker et al., 'Discovery of spaceflight-regulated virulence mechanisms in salmonella and other microbial pathogens', *Gravitational and Space Biology*, 23 (2), 75–8 (August 2010).

10 J. Barrila et al., 'Spaceflight modulates gene expression in

astronauts', *Microgravity*, vol. 2, 16039 (2016).
11 Lynn Caporale, 'Chance favors the prepared genome', *Annals of the New York Academy of Sciences*, 870, 1–21 (18 May 1999).
12 Andreas Wagner, *Arrival of the Fittest* (Current, 2014).
13 Krishnendu Chatterjee et al., 'The time scale of evolutionary innovation', *PLoS Computational Biology* (2014); https://doi.org/10.1371/journal.pcbi.1003818.
14 Cited by Susan Rosenberg in: Emily Singer, 'Does evolution evolve under pressure?', *Quanta* (17 January 2014); https://www.wired.com/2014/01/evolution-evolves-under-pressure/.
15 T. Dobzhansky, 'The genetic basis of evolution', *Scientific American*, 182, 32–41 (1950).
16 J. Cairns, J. Overbaugh and S. Miller, 'The origin of mutants', *Nature*, 335, 142–5 (1988).
17 Ibid.
18 Barbara Wright, 'A biochemical mechanism for nonrandom mutations and evolution', *Journal of Bacteriology*, vol. 182, no. 11, 2993–3001 (2000)
19 Susan M. Rosenberg et al., 'Stress-induced mutation via DNA breaks in *Escherichia coli*: a molecular mechanism with implications for evolution and medicine', *Bioessays*, vol. 34, no. 10, 885–92 (2012).
20 Jablonka, *Evolution in Four Dimensions*.
21 Caporale, 'Chance favors the prepared genome'.
22 Barbara McClintock, 'The significance of responses of the genome to challenge', The Nobel Foundation (1984); http://nobelprize.org/nobel_prizes/medicine/laureates/1983/mcclintocklecture.pdf.
23 예를 들면 다음 글을 참고하라. Jürgen Brosius, 'The contribution of RNAs and retroposition to evolutionary novelties', *Genetica*, vol. 118, 99 (2003).

24 Wagner, *Arrival of the Fittest*, p. 5.

25 Ibid.

26 Kevin Laland, 'Evolution evolves', *New Scientist*, 42-5 (24 September 2016).

27 Deborah Charlesworth, Nicholas H. Barton and Brian Charlesworth, 'The sources of adaptive variation', *Proceedings of the Royal Society B*, vol. 284: 20162864 (2017).

28 D. Hanahan and R. A. Weinberg, 'The hallmarks of cancer', *Cell*, 100 (1): 57-70 (January 2000); doi: 10.1016/S0092-8674(00)81683-9, PMID 10647931; 'Hallmarks of cancer: the next generation', *Cell*, 144 (5), 646-74 (4 March 2011); doi: 10.1016/j.cell.2011.02.013.

29 C. Athena Aktipis et al., 'Cancer across the tree of life: cooperation and cheating in multicellularity', *Philosophical Transactions of The Royal Society B*, 370: 20140219 (2015); http://dx.doi.org/10.1098/rstb.2014.0219. 물론 암에 걸리기 쉬운 정도가 모든 종에서 똑같은 것은 아니다.

30 Tomislav Domazet-Lošo et al., 'Naturally occurring tumours in the basal metazoan Hydra', *Nature Communications*, vol. 5, article number: 4222 (2014); doi: 10.1038/ncomms5222.

31 Paul C. W. Davies and Charles H. Lineweaver, 'Cancer tumours as Metazoa 1.0: tapping genes of ancient ancestors', *Physical Biology*, vol. 8, 015001-8 (2011).

32 Tomislav Domazet-Lošo and Diethard Tautz, 'Phylostratigraphic tracking of cancer genes suggests a link to the emergence of multicellularity in metazoa', *BMC Biology*, 20108:66 (2010); https://doi.org/10.1186/1741-7007-8-66.

33 Anna S. Trigos et al., 'Altered interactions between unicellular and multicellular genes drive hallmarks of transformation in a diverse range of solid tumors', *Proceedings of the National Academy*

of Sciences, vol. 114, no. 24, 6406–6411 (2017); doi: 10.1073/pnas.1617743114; 다음 글도 참고하라. Kimberly J. Bussey et al., 'Ancestral gene regulatory networks drive cancer', *Proceedings of the National Academy of Sciences*, vol. 114 (24), 6160–62 (2017).

34 Luis Cisneros et al., 'Ancient genes establish stress-induced mutation as a hallmark of cancer', *PLoS ONE*; https://doi.org/10.1371/journal.pone.0176258 (2017).

35 Amy Wu et al., 'Ancient hot and cold genes and chemotherapy resistance emergence', *Proceedings of the National Academy of Sciences*, vol. 112, no. 33, 10467–72 (2015).

36 George Johnson, 'A tumor, the embryo's evil twin', *The New York Times*, 17 March 2014.

5. 도깨비 장난 같은 생명과 양자 악마들

1 Richard Feynman, 'Simulating physics with computers', *International Journal of Theoretical Physics*, vol. 21, 467–88 (1982).

2 Harry B. Gray and Jay R. Winkler, 'Electron flow through metalloproteins', *Biochimica et Biophysica Acta*, 1797, 1563–72 (2010).

3 Gabor Vattay et al., 'Quantum criticality at the origin of life', *Journal of Physics: Conference Series*, 626, 012023 (2015).

4 Ibid.

5 Gregory S. Engel et al., 'Evidence for wavelike energy transfer through quantum coherence in photosynthetic systems', *Nature*, vol. 446, 782–6 (12 April 2007); doi: 10.1038/nature05678.

6 Patrick Rebentrost et al., 'Environment-assisted quantum transport', *New Journal of Physics*, 11 (3):033003 (2009).

7 Roswitha Wiltschko and Wolfgang Wiltschko, 'Sensing magnetic directions in birds: radical pair processes involving cryptochrome',

Biosensors, 4, 221–42 (2014).

8 Ibid.

9 Thorsten Ritz et al., 'Resonance effects indicate a radical-pair mechanism for avian magnetic compass', *Nature*, 429, 177–80 (13 May 2004); doi: 10.1038/nature02534.

10 Mark Anderson, 'Study bolsters quantum vibration scent theory', *Scientific American*, 28 January 2013; https://www.ted.com/talks/luca_turin_on_the_science_of_scent; 'Smells, spanners, and switches' by Luca Turin, inference-review.com, vol. 2, no. 2 (2016).

11 이 주제를 탁월하게 비평한 다음 글을 참고하라. Ross D. Hoehn et al., 'Status of the vibrational theory of olfaction', *Frontiers in Physics*, 19 March 2018; doi: 10.3389/fphy.2018.00025.

12 Scott Aaronson, 'Are quantum states exponentially long vectors?' *Proceedings of the Oberwolfach Meeting on Complexity Theory*, arXiv: quant-ph/0507242v1, accessed 8 March 2010.

13 여기서 문제는 잡음의 유형이 제각기 다르고 그 잡음이 양자계에 미치는 파괴적 결과의 정도도 서로 매우 다를 수 있다는 것이다. 최근에 이루어진 계산에 따르면, 역설적이게도 잡음이 양자수송효과를 **높여주는** 체제도 있음이 밝혀졌다. 다음 글을 참고하라. S. F. Huelga and M. B. Plenio, 'Vibrations, quanta and biology', *Contemporary Physics*, vol. 54, no. 4, 181–207 (2013); http://dx.doi.org/10.1080/00405000.2013.829687. See also reference 6.

14 Apoorva Patel, 'Quantum algorithms and the genetic code', *Pramana*, vol. 56, 365 (2001).

15 Philip Ball, 'Is photosynthesis quantum-ish?', *Physics World*, April 2018.

16 Adriana Marais et al., 'The future of quantum biology', *Royal Society Interface Focus*, vol. 15, 20180640 (2018).

6. 거의 기적

1 George Whitesides, 'The improbability of life', in: John D. Barrow et al., *Fitness of the Cosmos for Life: Biochemistry and Fine-tuning* (Cambridge University Press, 2004), p. xiii.

2 Stanley Miller, 'A production of amino acids under possible primitive Earth conditions', *Science*, vol. 117 (3046): 528–9 (1953).

3 Francis Crick, *Life Itself: Its Origin and Nature* (Simon and Schuster, 1981), p. 133.

4 Charles Darwin, 1863년 3월 29일에 친구인 조지프 돌턴 후커(Joseph Dalton Hooker)에게 보낸 편지. 그 편지를 전후한 맥락은 다음의 역사 에세이를 참고하라. Juli Pereto, Jeffrey L. Bada and Antonio Lazcano, 'Charles Darwin and the origin of life', in: *Origins of Life and Evolution of Biospheres*, vol. 39, 395–406 (2009).

5 J. William Schopf et al., 'SIMS analyses of the oldest known assemblage of microfossils document their taxon-correlated isotope compositions', *Proceedings of the National Academy of Sciences*, vol. 115, no. 1, 53–8; doi: 10.1073/pnas.1718063115.

6 Manfred Eigen and Peter Schuster, *The Hypercycle: A Principle of Natural Self-Organization* (Springer, 1979).

7 Eugene V. Koonin and Artem S. Novozhilov, 'Origin and evolution of the genetic code: the universal enigma', *IUBMB Life*, February 2009; 61(2): 99–111 (February 2009); doi: 10.1002/iub.146.

8 Jacques Monod, *Chance and Necessity*, trans. A Wainhouse: (Alfred A. Knopf, 1971), p. 171.

9 George Simpson, 'On the nonprevalence of humanoids', *Science*, vol. 143, issue 3608, 769–75 (21 February 1964).

10 Christian de Duve, *Vital Dust: The Origin and Evolution of Life on Earth* (Basic Books, 1995).

11 Mary Voytek, quoted in Bob Holmes, 'The world in 2076: We still

haven't found alien life', *New Scientist*, 16 November 2016.

12 Carl Sagan, 'The abundance of life-bearing planets', *Bioastronomy News*, vol. 7, 1-4 (1995).

13 Erwin Schrödinger, *What is Life?* (Cambridge University Press, 1944), p. 80.

14 Harold Morowitz and Eric Smith, *The Origin and Nature of Life on Earth: The Emergence of the Fourth Geosphere* (Cambridge University Press, 2016).

15 Paul C. W. Davies et al., 'Signatures of a shadow biosphere', *Astrobiology*, vol. 9, no. 2, 241-51 (2009).

16 John Maynard-Smith and Eors Szathmary, *The Major Transitions of Evolution* (Oxford University Press, 1995).

7. 기계 속의 유령

1 Werner Loewenstein, *Physics in Mind* (Basic Books, 2013), p. 21.

2 Erwin Schrödinger, *Mind and Matter* (Cambridge University Press, 1958).

3 Gilbert Ryle, *The Concept of Mind* (Hutchinson, 1949).

4 Alan Turing, 'Computing machines and intelligence', *Mind*, vol. 49, 433-60 (1950).

5 Roger Penrose, *The Emperor's New Mind: Concerning Computers, Minds and the Laws of Physics* (Oxford University Press, 1989).

6 Fred Hoyle, *The Intelligent Universe* (Michael Joseph, 1983).

7 Albert Einstein, 1955년 3월 21일에 친구 미셸 베소(Michel Besso)의 미망인에게 보낸 편지.

8 Lewis Carroll, *Alice's Adventures in Wonderland* (1865).

9 다른 세포들도 있다. 예를 들어 신경아교세포(glial cells)는 실제로 신경세포 수를 능가한다. 그 세포가 하는 일은 아직도 완전하게 밝혀지

지 않았다.

10 예를 들어 다음 글을 참고하라. 'Ion channels as Maxwell demons', in: Werner Loewenstein, *The Touchstone of Life* (Oxford University Press, 1999).

11 Giulio Tononi et al., 'Integrated information theory: from consciousness to its physical substrate', *Perspectives*, vol. 17, 450 (2016).

12 Larissa Albantakis, 'A tale of two animats: what does it take to have goals?', FQXi prize essay (2016).

13 Masafumi Oizumi, Larissa Albantakis and Giulio Tononi, 'From the phenomenology to the mechanisms of consciousness: integrated information theory 3.0', *PLoS Computational Biology*, vol. 10, issue 5, e1003588 (May 2014).

14 Titus Lucretius Carus, *De rerum natura*, Book II, line 216.

15 Erik Hoel, 'Agent above, atom below: how agents causally emerge from their underlying microphysics', FQXi prize essay (2017). Published in Anthony Aguirre, Brendan Foster and Zeeya Merali (eds.), *Wandering towards a Goal: How Can Mindless Mathematical Laws Give Rise to Aims and Intention?* (Springer, 2018), pp. 63–76.

16 Penrose, *The Emperor's New Mind*.

17 Ibid.

18 George F. R. Ellis, Denis Noble and Timothy O'Connor, 'Top-down causation: an integrating theme within and across the sciences?', *Royal Society Interface Focus*, vol. 2, 1–3 (2012).

19 옥스퍼드대학교의 물리학자들도 이런 계열에 가까운 제안을 했다. 다음 글을 참고하라. Kobi Kremnizer and Andre Ranchin, 'Integrated information-induced quantum collapse', *Foundations of Physics*, vol. 45, issue 8, 889–99 (2015).

20 David Chalmers, *The Character of Consciousness* (Oxford University Press, 2010).

나가는 말

1 Albert Einstein, 실라르드 레오에게 보낸 편지. 다음 책을 참고하라. R. W. Clark, *Einstein: The Life and Times* (Avon, 1972).

2 RenÉ Descartes, *Philosophical Essays and Correspondence*, ed. Roger Ariew (Hackett, 2000), pp. 28–9.

3 Charles Darwin, *On the Origin of Species* (John Murray; 1st edn, 1859), p. 490.

4 Nigel Goldenfeld and Carl Woese, 'Life is physics: evolution as a collective phenomenon far from equilibrium', *Annual Reviews of Condensed Matter Physics*, vol. 2, 375–99 (2011).

5 Ibid.

6 다른 주석가들도 이와 비슷한 생각을 제시했다. 예를 들어 필립 볼(Philip Ball)은 이렇게 적었다. "생명의 목적론과 행위성의 배후에 어떤 물리가 있다면, 그 물리는 근본적인 물리학 자체의 심장부에 설치된 것으로 보이는 것과 동일한 개념, 곧 정보와 어떤 관련이 있을 것이다." 다음 글을 참고하라. 'How life (and death) spring from disorder', *Quanta*, 26 January 2017, p. 44.

7 George F. R. Ellis, Denis Noble and Timothy O'Connor, 'Top-down causation: an integrating theme within and across the sciences?', *Royal Society Interface Focus*, vol. 2, 1–3 (2012).

8 Sidney Fox, 'Pre-biotic roots of informed protein synthesis', in *Cosmic Beginnings and Human Ends*, eds. Clifford Matthews and Roy Abraham Varghese (Open Court, 1993), p. 91.

9 Gary Steinman and Marian Cole, 'Synthesis of biologically pertinent peptides under possible primordial conditions', *Proceedings of the National Academy of Sciences*, vol. 58, 735 (1976).

10 다음 논문이 바로 이런 계열의 연구의 출발점이 되었다. Ivo Grosse et al., 'Average mutual information of coding and noncoding DNA', *Pacific Symposium on Biocomputing*, vol. 5, 611–20 (2000), 이 논문에

서 저자들은 이렇게 적었다. "여기서 우리는 부호화 DNA와 비부호화 DNA에서 서로 다른 종-독립적인 통계 패턴들이 존재하는지 탐구했다. 우리는 정보-이론적 양인 평균상호정보average mutual information(AMI)를 도입하여, 부호화 DNA와 비부호화 DNA에서 AMI의 확률분포함수들이 유의미하게 다름을 알아냈다."

11 법칙이라는 것 자체가 궁극적으로 어디에서 오느냐는 것은 이보다 훨씬 어려운 물음이다. 나는 다음 책에서 이 물음과 씨름했다. *The Goldilocks Enigma* (2006).

12 Jacques Monod, *Chance and Necessity*, trans. A. Wainhouse (Vintage, 1971), p. 180.

13 Christian de Duve, *Vital Dust: The Origin and Evolution of Life on Earth* (Basic Books, 1995), p. 300.

그림 저작권

1 MPI/Stringer/Getty Images

2 Prof. Arthur Winfree/Science Photo Library/Getty Images

4 Adapted from Fig. 1 of Koji Maruyama, Franco Nori and Vlatko Vedral, 'The physics of Maxwell's demon and information', arXiv: 0707.3400v2 (2008)

10 Courtesy of Alyssa Adams

12 Courtesy of Michael Levin

13 Adapted from C. Athena Aktipis et al., 'Cancer across the tree of life: cooperation and cheating in multicellularity', *Philosophical Transactions of The Royal Society B*, 370: 20140219 (2015), by kind permission of the authors

찾아보기

ㅇ

ㅈ

ㅊ

ㅋ

ㅌ

기타

옮긴이 **류운**

과학과 철학 분야의 책을 주로 번역하고 있다. 서강대학교 철학과를 졸업하고 동 대학원 철학과에서 석사 학위를 받았으며 옮긴 책으로는《대멸종》《왜 사람들은 이상한 것을 믿는가》《진화의 탄생》《왜 다윈이 중요한가》《최초의 생명꼴, 세포》《화석은 말한다》 등이 있다.

기계 속의 악마

초판 1쇄 발행 2023년 8월 25일
초판 2쇄 발행 2023년 11월 15일

지은이 폴 데이비스
옮긴이 류운
기획 김은수
책임편집 이기홍
디자인 주수현 정진혁

펴낸곳 (주)바다출판사
주소 서울시 종로구 자하문로 287
전화 02-322-3885(편집) 02-322-3575(마케팅)
팩스 02-322-3858
이메일 badabooks@daum.net
홈페이지 www.badabooks.co.kr

ISBN 979-11-6689-177-9 93400